特种建（构）筑物建造安全控制技术丛书

旧工业建筑再生利用施工过程结构安全控制

李慧民　裴兴旺　著

北　京
冶　金　工　业　出　版　社
2021

内 容 提 要

本书依托实际工程项目案例进行撰写，系统阐述了旧工业建筑再生利用施工过程结构安全控制的基本理论与方法。全书共5章，分别探讨了旧工业建筑再生利用施工过程的安全基础知识、安全模拟方法、安全监测方法和安全预控方法，并通过工程实例进行了论证分析。

本书可供从事旧工业建筑再生利用的工程技术人员及管理人员阅读，也可作为高等院校土木工程与安全工程等专业的教学用书。

图书在版编目(CIP)数据

旧工业建筑再生利用施工过程结构安全控制/李慧民，裴兴旺著. —北京：冶金工业出版社，2021.10

(特种建（构）筑物建造安全控制技术丛书)

ISBN 978-7-5024-8874-1

Ⅰ.①旧… Ⅱ.①李… ②裴… Ⅲ.①旧建筑物—工业建筑—废物综合利用—工程施工—研究 Ⅳ.①X799.1

中国版本图书馆CIP数据核字（2021）第147000号

出 版 人 苏长永

地　　址 北京市东城区嵩祝院北巷39号 邮编 100009 电话 (010)64027926

网　　址 www.cnmip.com.cn 电子信箱 yjcbs@cnmip.com.cn

责任编辑 杨 敏 美术编辑 彭子赫 版式设计 禹 蕊

责任校对 葛新霞 责任印制 李玉山

ISBN 978-7-5024-8874-1

冶金工业出版社出版发行；各地新华书店经销；北京建宏印刷有限公司印刷

2021年10月第1版，2021年10月第1次印刷

710mm×1000mm 1/16；11.5印张；219千字；172页

69.00元

冶金工业出版社 投稿电话 (010)64027932 投稿信箱 tougao@cnmip.com.cn

冶金工业出版社营销中心 电话 (010)64044283 传真 (010)64027893

冶金工业出版社天猫旗舰店 yjgycbs.tmall.com

（本书如有印装质量问题，本社营销中心负责退换）

前　言

《旧工业建筑再生利用施工过程结构安全控制》依托工程项目案例进行撰写，主要针对旧工业建筑再生利用施工全过程所涉及的安全控制关键技术问题进行分析，采用有限元数值模拟、施工现场动态监测、GRNN 广义回归神经网络等方法，系统全面地阐述了旧工业建筑再生利用施工安全模拟方法、监测方法、预控方法。全书共5章，第1章为旧工业建筑再生利用施工安全基础知识，第2章为旧工业建筑再生利用施工安全模拟方法，第3章为旧工业建筑再生利用施工安全监测方法，第4章为旧工业建筑再生利用施工安全预控方法，第5章为实例分析。本书内容丰富，与工程实际结合紧密，便于操作，具有较强的实用性。

本书主要由李慧民、裴兴旺撰写。其中各章分工为：第1章由李慧民、裴兴旺撰写；第2章由裴兴旺、李慧民、赵向东撰写；第3章由裴兴旺、李慧民、李兵撰写；第4章由裴兴旺、李慧民、周崇刚撰写；第5章由李慧民、裴兴旺、李文龙、刘怡君撰写。

本书的撰写与出版得到了西安建筑科技大学、中天西北建设投资集团有限公司、北京建筑大学、中冶建筑研究总院有限公司、中国核工业二四建设有限公司、中国核工业中原建设有限公司、西安建筑科技大学华清学院、西安高新硬科技产业投资控股集团、昆明871文化投资有限公司、百盛联合集团有限公司、西安市住房保障和房屋管理局、西安华清科教产业（集团）有限公司等单位的大力支持与帮助，并且在撰写过程中，还参考了许多专家和学者的有关研究成果及文献资料，在此一并表示衷心的感谢！

由于作者水平有限，书中不足之处，敬请广大读者批评指正。

作　者

2021 年 3 月于西安

目　录

1 旧工业建筑再生利用施工安全基础知识

20世纪90年代，我国存在大量旧工业建筑因产业结构调整在“拆”与“留”之间做着艰难的抉择；在这种抉择过程中，拆除的比例占了绝大多数。近年来，随着我国总体经济的快速发展，生态环境保护越来越受到高度重视，尤其是在十九大报告中，已经明确了生态文明建设和绿色发展的路线图。因此，通过大拆大建的利用模式已不符合时代的发展要求，而绿色、生态、安全的旧工业建筑再生利用模式更符合我国现阶段的政策方针和发展潮流。进入21世纪以来，国内外将老工业区内的旧工业建筑再生利用为博物馆、创意办公、学校等用途的项目数不胜数，如图1-1所示。然而多数旧工业建筑建设年代久远，存在结构缺陷严重、承载力严重下降、使用年限超限等结构安全风险，如图1-2所示。

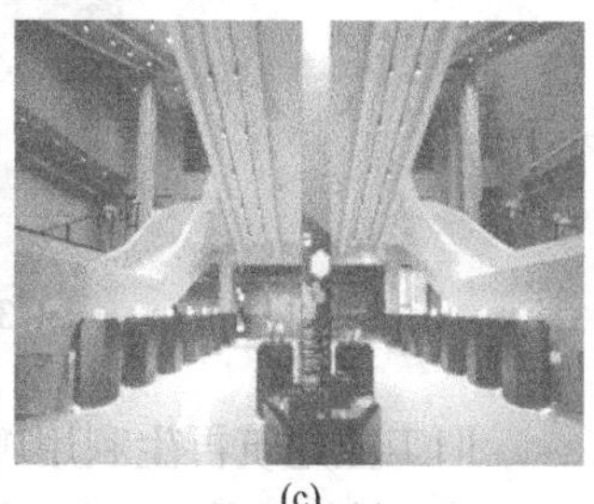

(a) (b) (c)

图1-1 改造后的项目

（a）北京首钢工业遗产公园；（b）陶溪川陶瓷文化创意园；（c）上海3D打印博物馆

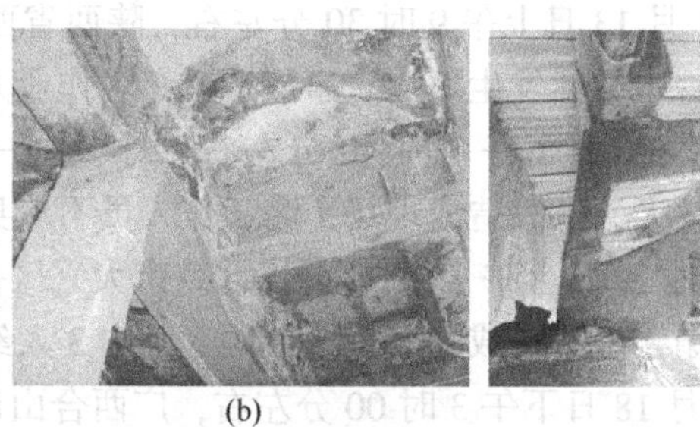

(a) (b) (c)

图1-2 常见的结构外观缺陷

（a）板底漏筋、锈蚀；（b）梁柱节点锈蚀、变形；（c）屋架漏筋、变形

相比于新建项目，旧工业建筑再生利用施工过程（工序自下而上相对单一）

伴随着大量的“拆除”“加固”“扩建”等工序的交替，再生利用项目具有施工周期短、体量相对较小、作业人员少、管理水平低等特点；此外，从业人员对再生利用项目特点和施工规律不熟悉，存在大量的盲目作业、野蛮施工等现象。而旧工业建筑再生利用施工安全问题具有极强的不确定性，不仅存在新旧结构体系协同工作失误带来的安全风险，还存在原受损构件在施工过程中自身应力变化带来的安全隐患，施工过程中结构安全的控制难度更大。近年来，国内发生多起因野蛮施工或管理不善（新旧体系理解失误、计算模型可信度低、监测信息不完整、控制手段滞后、相关工程经验不足等）导致的新旧结构开裂、屋架坍塌、主体倾覆等安全事故，造成了大量的人员伤亡，尤其以2019年上海市长宁区再生利用项目坍塌事故为最，如图1-3所示。

图1-3 上海“光之里”商业艺术厂房坍塌

旧工业建筑再生利用施工过程结构安全事故典型案例如下：

2005年11月17日上午9时00分左右，杭州市临安区一老旧厂房在拆除过程中因违章作业导致立柱破坏引起坍塌，事故造成3名作业人员当场死亡，1人重伤。

2007年11月13日上午9时30分左右，陕西省西安市北郊凤城二路一废弃厂房在拆除过程中突然发生坍塌，事故造成1名作业人员当场死亡。

2011年3月20日下午1时40分左右，丹水池一改建厂房突然发生屋顶坍塌，垮塌面积较大，事故造成现场1名工作人员不治身亡。

2011年3月29日上午6时30分，北京市大兴区一处扩建的厂房在建设过程中突然发生坍塌，事故造成6名工人被砸，其中3人经抢救无效死亡。

2011年6月18日下午3时00分左右，广西合山市一厂房在施工拆除时发生坍塌事故，事故共造成现场施工人员6人死亡，4人受伤，1人失踪。

2011年6月19日上午8时45分左右，无锡市惠山区一改建厂房突然发生坍塌，垮塌面积较大，事故造成现场14名工作人员被埋。

2012年8月20日，南京溧水的洪蓝镇福尔玻纤织造厂在厂房加固改造施工过程中房顶整体坍塌，事故造成5名作业人员被困。

2012年9月9日，北京市丰台区一老旧厂房在拆除过程中发生垮塌，现场垮塌面积较大，事故共造成1人当场死亡，4人重伤。

2013年7月27日，广州市白云区一厂房在拆除过程中发生整体坍塌（结构从建筑中部拦腰折断），事故共造成2人当场死亡。

2018年4月12日，东莞一厂房改建工程在增层施工过程中因结构失稳而发生坍塌事故，事故共造成5人死亡1人受伤，如图1-4所示。

2019年5月16日11时10分左右，上海市长宁区昭化路148号“光之里”商业艺术中心再生利用项目（拟建）1幢厂房在施工过程中发生局部坍塌，事故造成12人死亡，10人重伤，3人轻伤，直接经济损失约3430万元。

图1-4 东莞某厂房改建过程中坍塌

“安全第一”是旧工业建筑再生利用施工管理的基石，是项目顺利开展的保证。然而旧工业建筑再生利用施工状态与设计理想状态之间内力状态和几何形状等方面存在差异，这种差异严重时会对整个施工过程造成巨大的威胁。此外，旧工业建筑再生利用施工空间狭窄、穿插工序烦琐、作业人员众多，一旦发生结构失稳的倒塌事故，将造成不可设想的人身伤害和财产损失及恶劣的社会影响。而既有建筑物的检测鉴定、加固改建设计、施工管理等内容的研究，在国内外已经成为一门研究学科，虽然取得了一定的研究成果成绩，但是至今为止，旧工业建筑再生利用施工安全控制的研究尚有诸多问题需要解决。至此，为降低我国旧工业建筑再生利用项目施工安全事故的发生率，实现旧工业建筑的再生利用设计目标，本书结合现代控制理论和方法，采用科学的技术手段对施工过程中影响结构安全的响应参数进行模拟、监测、调整，对施工过程中可能出现的不利因素进行全面预控（预警、预估），为确保施工过程中的结构安全提供技术指导。

1.1 旧工业建筑再生利用内涵

1.1.1 旧工业建筑结构体系

旧工业建筑多指工业厂房，存在不同的分类方法，按层数分类：单层厂房，多层厂房，混合层厂房；按材料分类：砌体结构，钢筋混凝土结构，钢结构等；按结构体系分类：砖混结构，框架结构，排架结构等，砖混结构和框架结构形式较为常规。而钢混排架工业厂房是目前我国重工业厂房中应用最为普遍的一种结构形式，也是存世的旧工业厂房中体量最多的一种，其内部空间高大，易于再生利用过程中新增空间功能的实现，工程实例中存在承重结构改动程度大、施工风险高、安全控制难度大等特点，如图 1-5 所示。

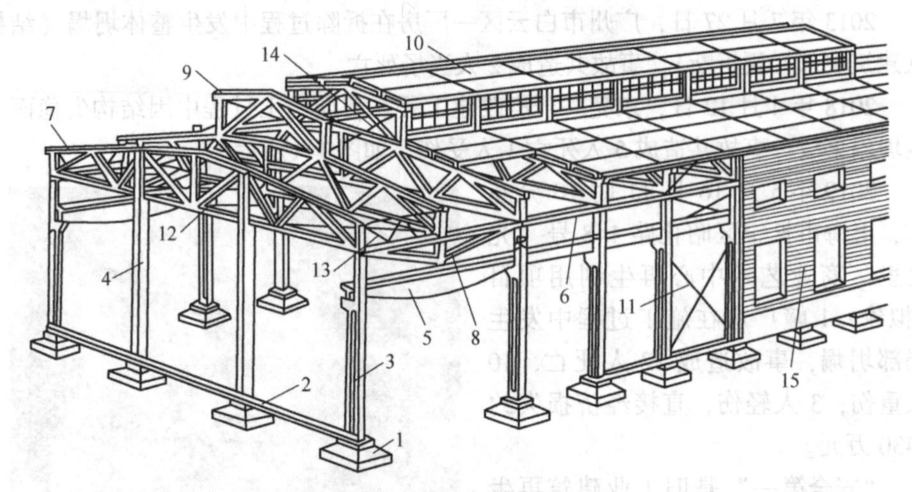

图 1-5 常见的钢筋混凝土排架厂房

1—基础；2—基础梁；3—排架柱；4—抗风柱；5—吊车梁；6—连系梁；7—屋架；8—托架；9—天窗架；10—屋面板；11—柱间支撑；12—屋架下弦水平支撑；13—屋架端部垂直支撑；14—天窗架垂直支撑；15—围护墙

(1) 基础的主要形式。一般来说，厂房的基础形式由厂房整体结构上部荷载大小和场地的地质条件共同决定，旧工业建筑中独立杯型基础是最为常见的基础形式（地基多采用多次夯实后再铺设 100mm 厚的混凝土垫层加以处理），现浇柱体结构的基础构造如图 1-6（a）所示，预制柱体结构的杯型基础构造如图 1-6（b）所示。为防止钢筋混凝土排架厂房地基基础产生不均匀沉降（柱与墙所受的荷载作用不同），一般采用将墙体砌筑于基础梁上等构造措施加以处理，如图 1-6（c）所示。

(2) 柱的主要形式。钢筋混凝土单肢柱截面形式有矩形、工字形和单管圆形；双肢柱截面形式有双肢矩形或双肢圆形，用腹杆（平腹杆或斜腹杆）连接而成，如图 1-7 所示。

(3) 梁的主要形式。旧工业建筑梁的主要类型包含吊车梁（T 形、工字形、鱼腹式）、连系梁（承重和非承重、墙内和墙外）、圈梁（预制和现浇）三种，如图 1-8 所示。

(4) 屋盖的主要形式。屋盖起围护和承重作用，包含承重构件，如屋架或屋面梁；覆盖构件，如屋面板或檩条、瓦等。按结构形式分为有檩条系和无檩条系两种，如图 1-9 所示。

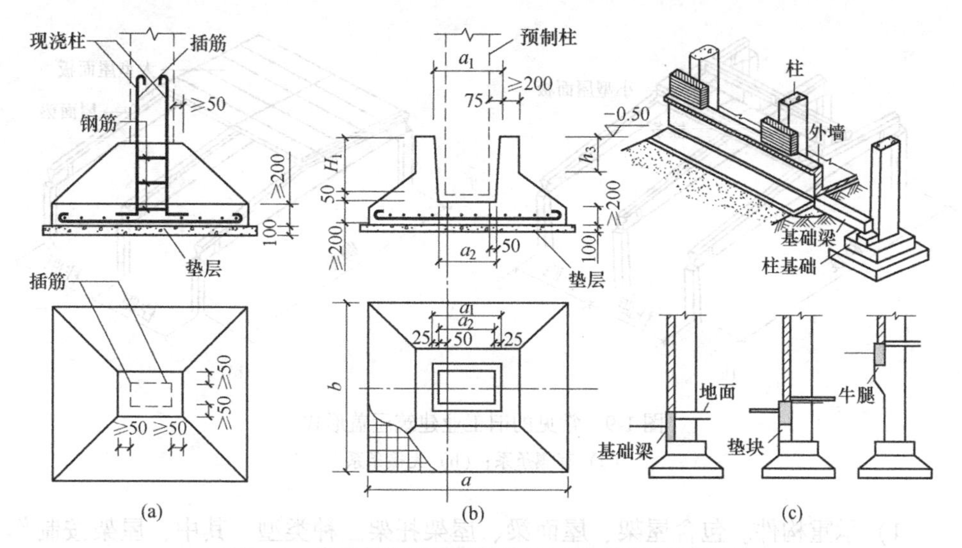

图 1-6　常见的钢混排架结构基础形式及构造措施

(a) 现浇排架柱的柱下基础；(b) 预制排架柱的柱下杯形基础；(c) 墙体、基础梁与柱基础的构造

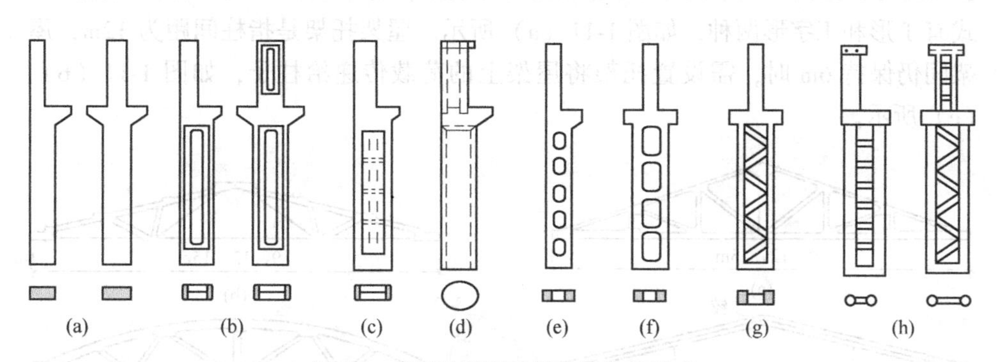

图 1-7　常见的钢混排架结构柱体形式

(a) 矩形柱；(b) 工字形柱；(c) 空腹板工字形柱；(d) 单肢管柱；(e) 双肢管柱；(f) 平腹杆双肢柱；(g) 斜腹杆双肢柱；(h) 双肢管柱

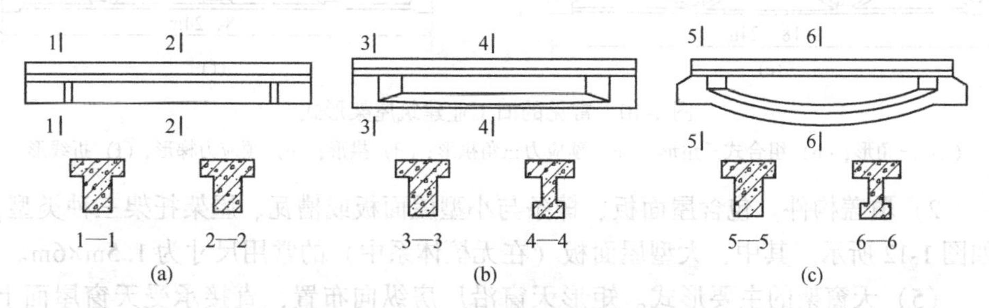

图 1-8　常见的旧工业建筑吊车梁形式

(a) T形梁；(b) 工字形梁；(c) 鱼腹式梁

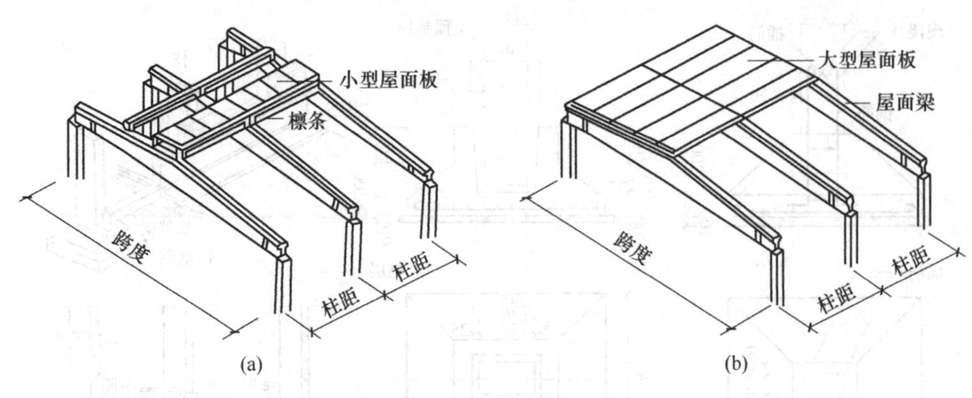

图 1-9 常见的旧工业建筑屋盖形式

(a) 有檩条系；(b) 无檩条系

1）承重构件。包含屋架、屋面梁、屋架托架三种类型。其中，屋架按制作材料分为钢混屋架和预应力钢混屋架，按其构造形式分为三角形、拱形、梯形、折线形等，如图 1-10 所示。屋面梁也叫薄腹梁，有单坡和双坡两种，其截面形式有 T 形和工字形两种，如图 1-11（a）所示。屋架托架是指柱间距为 12m，屋架间仍保持 6m 时，需设置托架将屋架上的荷载传递给柱子，如图 1-11（b）、（c）所示。

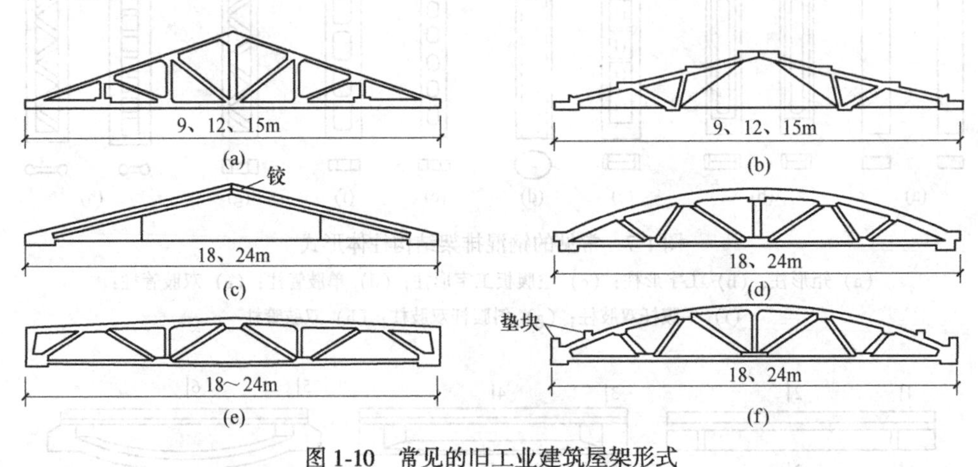

图 1-10 常见的旧工业建筑屋架形式

(a) 三角形；(b) 组合式三角形；(c) 预应力三角拱形；(d) 拱形；(e) 预应力梯形；(f) 折线形

2）覆盖构件。包含屋面板、檩条与小型屋面板或槽瓦、屋架托架三种类型，如图 1-12 所示。其中，大型屋面板（在无檩体系中）的常用尺寸为 1.5m×6m。

（5）天窗架的主要形式。矩形天窗沿厂房纵向布置，直接承受天窗屋面上的全部荷载，在厂房两端通常不设天窗，有钢筋混凝土天窗架和钢结构天窗架两种，如图 1-13 所示。

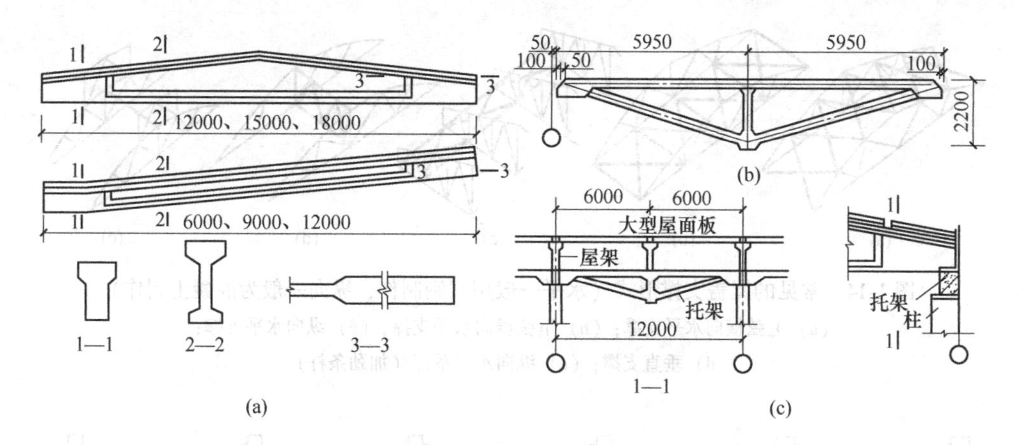

图 1-11 常见的旧工业建筑屋面梁及屋架托架结构形式

（a）钢筋混凝土工字形屋面大梁；（b）托架；（c）托架布置

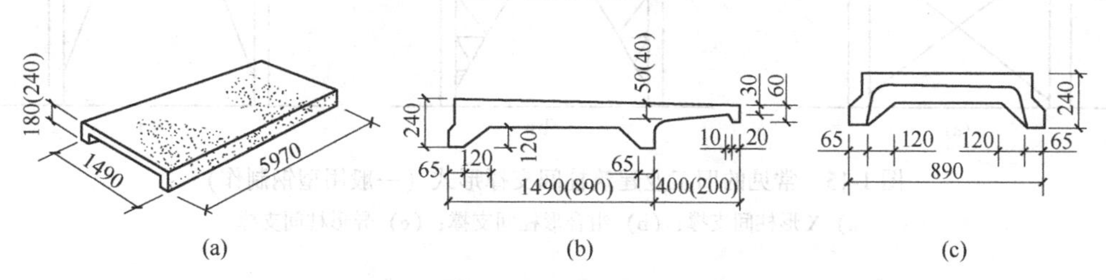

图 1-12 常见的预应力钢筋混凝土屋面板、檐口板、嵌板结构形式

（a）屋面板；（b）檐口板；（c）嵌板

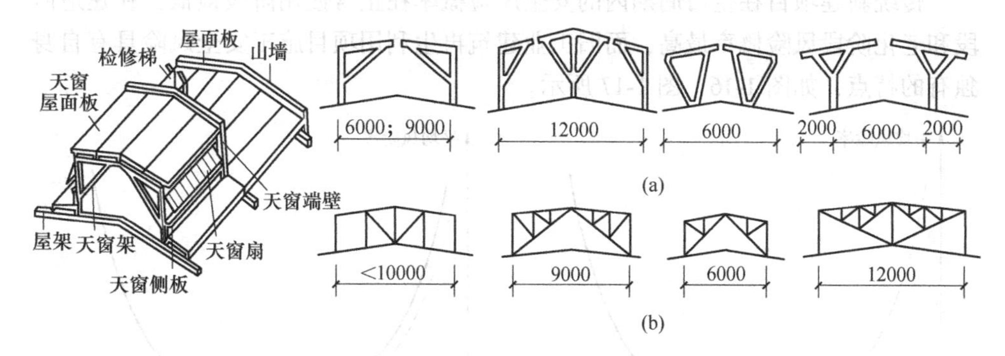

图 1-13 常见的旧工业建筑天窗架结构形式

（a）钢筋混凝土组合式天窗架；（b）钢天窗架

（6）支撑的主要形式。支撑的主要作用是保证厂房结构和构件的承载力、稳定性和刚度，并传递部分水平荷载。支撑有屋盖支撑和柱间支撑两种，如图 1-14、图 1-15 所示。

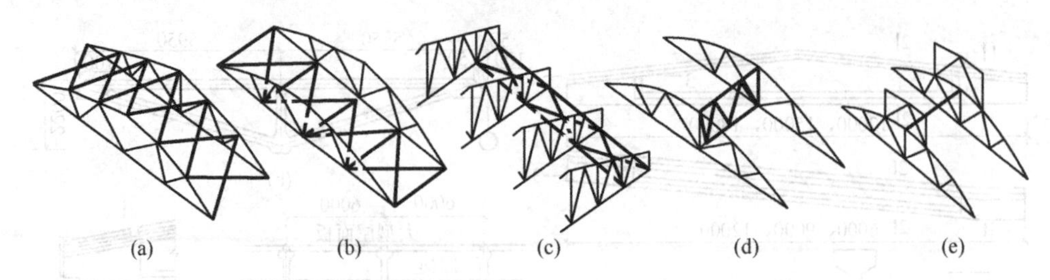

图 1-14 常见的屋盖支撑形式（水平一般用型钢制作，纵向一般为混凝土制作）
（a）上弦横向水平支撑；（b）下弦横向水平支撑；（c）纵向水平支撑；
（d）垂直支撑；（e）纵向水平系杆（加劲条杆）

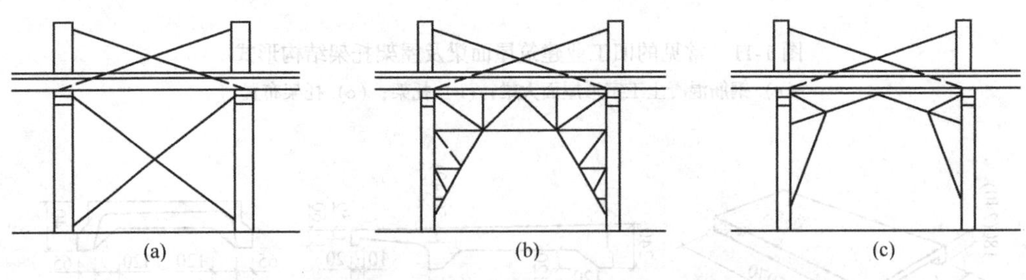

图 1-15 常见的旧工业建筑柱间支撑形式（一般用型钢制作）
（a）X 形柱间支撑；（b）组合形柱间支撑；（c）异形柱间支撑

1.1.2 再生利用施工作业特点

传统新建项目在生命周期内的安全风险概率在正常使用阶段最低，在建造阶段和老化阶段风险概率最高，而旧工业建筑再生利用项目施工安全风险具有自身独有的特点，如图 1-16、图 1-17 所示。

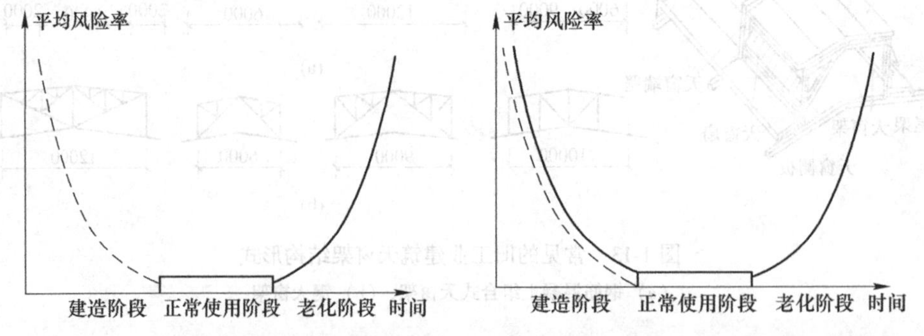

图 1-16 常规新建项目生命周期的风险概率　图 1-17 再生利用项目生命周期的风险概率

其中，正常使用阶段和老化阶段的风险概率与新建项目保持一致，而建造阶段的风险概率是“老化阶段”和“建造阶段”风险的叠加，过程中存在诸多未知的、不确定的、多维度的危险因素。而这种复杂的作业条件我们称之为“多元耦合作用下的复杂施工环境”，特指旧工业建筑在实现其设计功能目标时所处的“多个维度风险因素间交互耦合”下的不利施工环境，即施工过程中当因结构构件自身损伤作用、新旧结构体系相互作用、施工活动相互扰动等多个维度的不利因素相互作用而导致旧工业建筑的整体或者局部出现极高的结构安全风险概率，结构濒临承载力极限状态（地基基础破坏导致承载力丧失，构件因变形超限导致承载力丧失、抗压或抗拉极限强度超限导致构件承载力丧失；结构构件因关键传力节点失效而转变为机动体系等）时施工环境的统称，如图 1-18 所示。

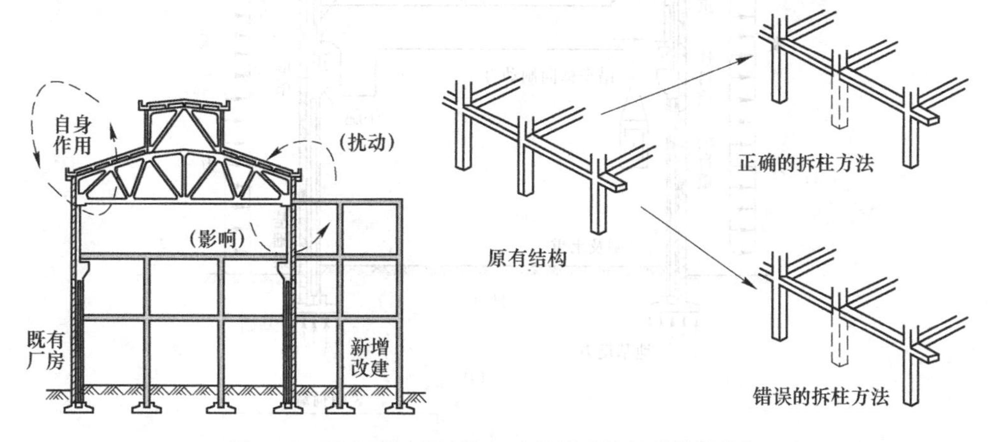

图 1-18 再生利用项目施工过程风险特征及举例分析

（1）原有结构损伤不利作用。一方面，早期所修建的旧工业建筑由于年代久远技术资料难以查找，旧结构往往存在诸多因原始设计、施工质量、后期使用不当造成的不确定性的结构缺陷，而原始缺陷的分布、程度、影响等不利因素蕴含着诸多不利风险。另一方面，旧工业建筑在使用过程中吊车梁、牛腿柱等主要承重构件长期受不利的静力荷载和动力荷载作用（长期偏心受压或超负荷工作等)，应力容易集中并造成结构疲劳损伤，严重的会导致构件产生受力裂缝、变形超限等结构损伤缺陷。

（2）新增改建作业不利作用。旧工业建筑再生利用施工前原结构已经承受荷载，称之为第一次受力，在受力过程中结构构件会产生不同程度的结构损伤（裂缝、破损、变形等)；施工过程中的再受力则属于第二次受力，施工活动中拆除、加固、改建等作业会导致荷载作用的不断变化而极易造成新的损伤破坏。再生利用施工安全控制围绕结构安全问题，其首要工作就是确定多元耦合作用下的旧工业建筑再生利用施工活动可知、可控（以新旧结构体系相互作用为首要关注对象)。

（3）结构传力路径不利作用。旧工业建筑因调整使用功能，或因改变结构布局而需要进行一系列施工作业，施工过程中伴随着结构体系和传力路径的不断变化，随之产生一系列的安全问题，且风险程度极高，常见的钢混凝排架厂房的荷载分布及传力路径如图 1-19 所示。而再生利用施工过程中的传力路径需要关

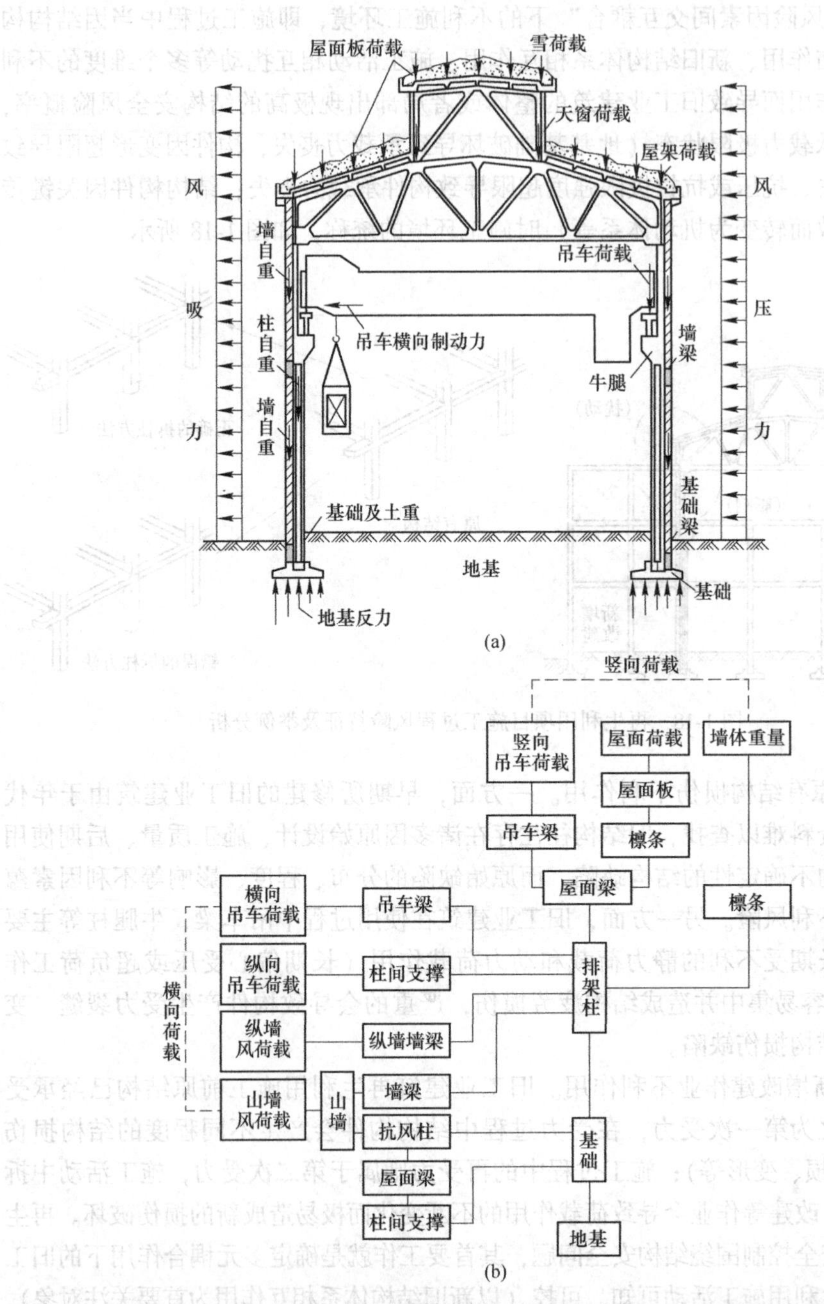

图 1-19 钢筋混凝土排架结构工业厂房的荷载分布及传力路径示意图

(a) 钢筋混凝土排架厂房荷载分布；(b) 排架厂房一般传力路线图

注以下问题：

1）新的结构体系伴随着新的传力路径。施工中拆除一部分原建筑，增加一部分新建筑，从而从根本上改变旧结构体系，建立新结构体系并构成新的传力路径，需要说明的是，内嵌、独立外接与原结构是完全脱离的，未改变原结构体系。

2）临时支撑装、拆伴随着新的传力路径。在拆除柱、墙、梁等构件时，破坏了原结构受力的平衡体系，同样改变了原结构的传力路径，需要采取可靠的临时支撑，以重新建立新的平衡体系，而支撑的安装、拆除也伴随着传力路径的变化。

3）传力路径中的部分荷载需灵活考虑。对于吊车废弃的厂房，或再生利用施工中和竣工后吊车废弃不用的厂房，在施工过程中仅考虑吊车自身恒载作用。此外，传力路径中的屋顶雪荷载、检修荷载等也需要根据实际情况而定。

4）注意传力路径中新增的施工荷载。施工过程中会搭设诸多操作平台和防护脚手架以便于施工，这里需要在实际传力路径中对操作平台和脚手架上的施工荷载予以充分的考虑，一旦对施工荷载控制不到位，就极易造成超载事故的发生。

1.1.3 再生利用施工关键环节

旧工业建筑再生利用施工活动作为土木工程行业内的一种较为特殊的施工方式，其全过程的施工工序、方法等有别于传统新建项目，按逻辑顺序可分为检测鉴定、施工方案制定、脚手架施工、主体结构加固施工、切割拆除施工、主体结构改建施工等方面，需要说明的是，脚手架施工、主体结构加固施工、切割拆除施工的交叉施工作业特点突出，如图 1-20 所示。

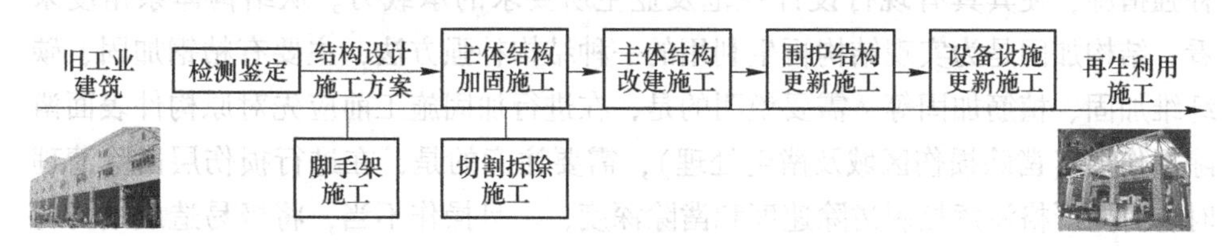

图 1-20 旧工业建筑再生利用施工涵盖的主要内容

（1）检测鉴定。旧工业建筑再生利用前应进行结构性能检测与鉴定，通过对旧工业建筑的结构构成（包括结构布置、构件尺寸及连接构造等）、材料性能（包括材料成分、力学性能等）、结构损伤（包括损伤程度、原因和范围等）和历史使用情况及结构上的荷载作用等情况进行详尽的检测与调查，结合检测结果验算结构的承载能力，并依据相关标准对结构进行等级评定。为厂房功能改变、改建或扩建提供依据，为整体结构或构件制定修复或加固方案提供技术依据。

（2）施工方案制定。旧工业建筑的结构损伤情况往往很复杂，因此依据结构设计要求开展施工方案的制定时应充分考虑其实际现状。采取切实有效的加固补强措施和临时防护措施，保障结构系统传力清晰，并使新旧材料连接可靠且协同作用。另外，在进行施工组织设计时，需综合考虑旧工业建筑再生利用的施工特点、技术水平和人员素质等因素，应采取有效的措施，设计合理可行的逻辑顺序，同时尽量多的考虑施工期间的作业环境和相邻建筑结构的相互影响。

（3）脚手架工程施工。脚手架工程包含卸荷支撑脚手架施工、操作脚手架施工、防护脚手架施工。对于设计要求卸载的原结构构件，卸载过程需支顶保护；此外，在顶升过程中一旦顶升力过大及速度控制不到位，将会直接导致结构构件跨中或支座区域应变超限，严重的将致使结构再次破坏。切割拆除作业前，必须对结构构件进行卸荷，经过扣件式钢管支撑架将结构构件所需承受的荷载有效地传递到基础或下层竖向受力构件，从而保证结构构件在不承受荷载的前提下被切割拆除。

（4）切割拆除工程施工。应设计要求切割拆除原结构上影响施工的管道、线路、障碍物、构件等，作业顺序应符合相关安全规程，所使用的机械应保证冲击力小，振动小，安全可靠，确保切割拆除作业对临近结构不会产生不利影响。此外，部分主要传力构件的拆除会导致该构件影响区域的结构传力体系发生变化，影响区域的结构受力体系内力将再分布，此过程中若没有完善有效的临时支撑承受原构件所承担的荷载，将会导致结构构件局部内力增大，严重的将导致结构开裂、破坏等情况。

（5）主体结构加固施工。对承载力不足的承重结构采取加固、局部更换等补强措施，使其具有现行设计规范及业主所要求的承载力。从结构体系角度来看，结构加固是为实现结构再生利用的一种结构补强方法，主要有粘钢加固、碳纤维加固、植筋加固等。需要说明的是，在进行加固施工前应先对原构件表面凿除损伤层（凿除损伤区域及凿毛处理），需要注意的是，在进行损伤层凿除清理时，需要严格注意控制凿除速度和凿除深度，一旦操作不当，将极易造成结构的二次损伤与破坏。

（6）主体结构改建施工。旧工业建筑再生利用时，往往会改变原有的生产功能并赋予其新的使用功能，其结构改建类型目标方案是结构设计的指引，常见的结构改建类型一般包括外接（图 1-21（a）、（b））、内嵌（图 1-21（c））、增层（图 1-21（d）~（f））等，其中外接分为独立外接和非独立外接两种，增层分为内部增层、上部增层、下挖增层三种。

按照原结构与新增改建结构之间的受力关系，可将总的改建类型划分为“独立受力结构体系（独立于原结构）”和“非独立受力结构体系（依托原结构）”

图 1-21 旧工业建筑再生利用改建类型（改建结构多为钢框架结构形式）

（a）独立外接；（b）非独立外接；（c）内嵌；（d）内部增层；（e）上部增层；（f）下挖增层

两大类。其中独立受力结构体系指新增改建结构与原结构完全分离，结构之间无刚性联系，原结构不承担新增改建结构的荷载传递，具有结构布置灵活，后续再改建方便等特点，适用于原结构承载力严重不足或具有保护意义的工业厂房；而非独立受力结构体系指新增改建结构与原结构协同工作（存在刚性连接），原结构需承担新增改建结构的荷载传递，具有原结构利用充分、大空间得以保留、结构形式多样等特点，适用于承载力有较大富余的工业厂房。

需要说明的是，由调研统计分析可知，钢框架结构因施工方便快捷，新增的改建结构中多采用钢框架的结构形式，所占比例高达85%以上，而本书再生利用施工安全控制的重点围绕旧工业建筑，新增改建结构无论是混凝土结构或钢结构，均将其施工活动以荷载作用的方式同原结构发生联系即可。

（7）再生利用施工风险特征分析。本书通过对全国26个城市122个典型的旧工业建筑再生利用项目展开实地调研，统计分析其建设年代、主要作业内容、新增结构、改建形式等，梳理了常见的旧工业建筑再生利用特点，见表1-1。

表 1-1 旧工业建筑再生利用典型工程实例

项目名称	地点	年代	主要内容	新增结构	改建形式	工程项目实例
越界世博园	上海	20 世纪 80 年代/2015 年	结构拆除 构件加固 设备增设	钢结构/框架	内部增层	
8 号桥	上海	1970 年/2004 年	构件加固	钢结构	独立外接 内部增层	
798 艺术区	北京	1952 年/2002 年	构件加固	钢结构	独立外接	
751D · PARK 北京时尚设计广场	北京	1950 年/2007 年	构件加固	钢结构	独立外接 内部增层	
棉三创意街区	天津	1921 年/2012 年	构件加固	钢结构	独立外接	
丝联 166 文创园	杭州	1956 年/2008 年	墙板开洞 构件加固	钢结构/砌体结构	内嵌	
老钢厂设计创意产业园	西安	1958 年/2013 年	构件加固	钢结构	独立外接/非独立外接/内嵌等	

续表 1-1

项目名称	地点	年代	主要内容	新增结构	改建形式	工程项目实例
红博·西城红场	哈尔滨	20 世纪 50 年代/2014 年	构件加固 设备增设	钢结构	内部增层	
699 文化创意园	南昌	1957 年/2014 年	构件加固 设备增设	钢结构	独立外接 上部增层 内部增层	
晨光 1865 科技创意产业园	南京	1865 年/2007 年	构件加固	钢结构	内部增层	
信义会馆	广州	1850 年/2013 年	构件加固	钢结构	内嵌 独立外接	
怡山文创园	福州	1958 年/2016 年	构件加固	钢结构	内嵌 独立外接	
纺织谷	青岛	1934 年/2014 年	构件加固	钢结构/砌体结构	内嵌	
东郊记忆	成都	1953 年/2009 年	构件加固 设备增设	钢结构	内部增层	

续表 1-1

项目名称	地点	年代	主要内容	新增结构	改建形式	工程项目实例
香樟 1958 会所	合肥	1958 年/ 2006 年	构件加固	钢结构 砌体结构	内部增层 独立外接	
汉阳造文化 创意产业园	武汉	1960 年/ 2009 年	构件加固	砌体结构	内嵌	
万科紫台 售楼部	长沙	1912 年/ 2013 年	结构拆除 构件加固	钢结构/ 砌体结构	独立外接 内嵌	
陶溪川陶瓷 文化创意园	景德镇	20 世纪 50 年代/ 2016 年	结构拆除 构件加固	钢结构	独立外接 内部增层	
1905 创意 产业园	沈阳	1937 年/ 2013 年	结构拆除 构件加固	钢结构/ 框架	内部增层	
内蒙古 工业大学 建筑系馆	呼和浩特	1968 年/ 2008 年	结构加固	钢结构/ 砌体结构	内部增层 独立外接	

依据 122 个调研实例，据此总结出我国旧工业建筑再生利用施工过程中的危险工况分布特点，并归纳了其相应的施工风险特征，见表 1-2。

表 1-2 旧工业建筑再生利用施工危险工况统计表

序号	内容	工况分析	关键工序	工艺成熟	施工难度	施工工期	传力路径	事故率	图例
1	结构拆除	对已经建成或部分建成的建筑物或构筑物等进行拆除，按拆除的程度，分为全部拆除和局部拆除，拆除对象涵盖设备拆除、构件（板、梁、柱）拆除、屋架拆除等	确定拆除和保留部位→拆除方案→必要的防护措施→结构拆除（板、梁、墙、柱或设备拆除）	★★★	★	★	★★★	★★★	
2	构件加固	对承载力不足的构件及其相关部分采取增强等措施，使其具有现行设计规范的要求 加固方法包含：碳纤维、粘钢、外包钢、增大截面、置换、植筋、压力注浆等	支撑、操作平台设置→受损部位拆除→凿毛处理→植筋等加固工艺→支撑、操作平台拆除	★★★	★★	★★	★	★	
3	墙板开洞	为增设门洞、电梯、楼梯、采光井等，对墙板所涉及到的区域进行切割作业，一方面会造成洞口的应力集中，另一方面墙板区域承载力下降，需要作补强处理	支撑、操作平台设置→洞口切割拆除→洞口加固处理→设备安装→支撑、操作平台拆除	★★★	★★	★★	★★	★★★	
4	托梁抽柱	在保证上部结构不发生变化的前提下，通过对中柱进行切割拆除，实现大空间结构的施工技术，过程中需要加强临时支护并对两侧边柱及梁体进行加固补强	支撑、操作平台设置→加固作业→顶升→切柱→托架梁安装→卸载→支撑、操作平台拆除	★★	★★★	★★★	★★★	★★★	
5	基础托换	既有建筑物加固、增层、扩建或基础下方需要修建地下工程及其邻近建筑需要建造新工程而影响到既有建筑物时，进行地基基础加固所采用的各种技术的总称	确定合适方法→支托原结构的全部或部分荷载→地基和基础加固施工或其他地下工程施工	★★	★★★	★★	★★★	★★	地基 基础

续表 1-2

序号	内容	工况分析	关键工序	工艺成熟	施工难度	施工工期	传力路径	事故率	图例
6	结构纠偏	采用掏空结构沉降量较小一侧地基土或采取补强措施增强该侧土地应力的方式，使一侧沉降加剧，从而纠正倾斜；或者在另一侧进行顶升，平衡两侧标高	人工、机械掏土或另一侧顶升→两侧沉降高差监测对比→掏土/顶升至两侧高差趋于0停止	★★	★★★	★★★	★★	★★	
7	上部增层	原有结构层数不满足使用功能和面积要求时，在保留原有建筑结构的基础上，在建筑的上部增加一层或多层	地基基础加固→新增基础→上部结构加固→新增上部结构→设备管线	★★	★★★	★★★	★★★	★★★	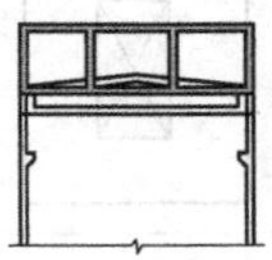
8	内部增层	原有结构层数不满足使用功能和面积要求时，在保留原有建筑结构的基础上，在建筑内部依托原结构增加一层或多层	新增基础→上部结构加固修复→新增内部框架结构→设备管线	★★	★★	★★	★★	★★	
9	下挖增层	原有结构层数不满足使用功能和面积要求时，在保留原有建筑结构的基础上，在建筑的内部往下挖一层或多层	边坡、基础补强加固→分层下挖→挡土墙施工→新建地下结构	★	★★★	★★★	★★	★★★	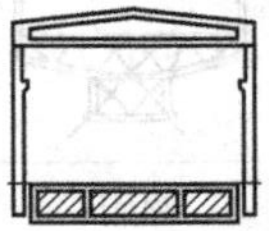

续表 1-2

序号	内容	工况分析	关键工序	工艺成熟	施工难度	施工工期	传力路径	事故率	图例
10	内嵌	原有结构层数不满足使用功能和面积要求时，在保留原有建筑结构的基础上，在建筑内部独立于原结构增加一层或多层	上部结构加固修复→新增基础→新增内部框架结构→设备管线	★★★	☆	★	☆	☆	
11	非独立外接	原有结构空间不满足使用功能和面积要求时，在保留原有建筑结构的基础上，在建筑外侧增加一个相互连接的建筑	新增单排基础施工→新增结构施工→设备管线	★★	★★	★	★★	★★	
12	独立外接	原有结构空间不满足使用功能和面积要求时，在保留原有建筑结构的基础上，在建筑外侧增加一个相互不连接的建筑	新增双排基础施工→新增结构施工→设备管线	★★★	★	★	☆	☆	
13	设备增设	主体结构完工后，需要架设消防、通风、照明等管道和设备，特别注意吊挂在屋架上的荷载。此外，部分废旧设备以景观装饰的形式吊挂在外墙等结构面	操作平台架设→管道架设/景观装饰吊挂→设备安装→操作平台拆除	★★★	★★	★	★★	★★	

注：★～★★★表示程度由低到高；☆表示程度相对最低。

1）施工技术复杂，线性控制要求严格。再生利用施工具有技术难点多、工艺流程复杂、作业强度大等特点，对施工精度控制的要求非常高，如拆除作业中的防倒塌装置位置控制、新增构件的空间位置控制、托梁抽柱过程中的荷载控制及施工顺序控制、屋架替换过程中的吊装精度及偏移误差控制等。

2）作业空间复杂，交叉作业特点突出。原有旧工业建筑结构不明确，厂房多常年失修闲置，结构自身的安全隐患极大，随时有局部破坏或坍塌的风险。此外，再生利用施工过程存在着大量的交叉施工作业，加之工作面狭窄，施工作业活动中存在着诸多潜在的安全风险，一旦控制不到位将极易导致安全事故的发生。

3）作业危险性大，具有衍生性和蔓延性。旧工业建筑再生利用施工存在大量的切割拆除作业、机械吊装作业、交叉施工作业、高空临边作业等，加之作业空间限制，导致现场的作业活动危险性极大，且旧工业建筑再生利用施工作业风险具有极强的衍生性和蔓延性，一旦因管控失误产生不安全的工作行为，就会引起连锁反应，进而导致后续一系列的不安全事故发生。

4）旧结构不确定性大，施工荷载不明确。旧工业建筑在早期修建时没有特别完善的技术标准和规范依据，导致结构在设计之初就存在诸如材料强度、截面尺寸、施工荷载等设计参数不确定的情况，加之现场作业环境、工人技术水平、施工工艺成熟与否等不利因素的制约，致使实际结构存在偏离原设计理论模型的不利情况。此外，在制定施工方案时应充分考虑实施过程中存在的诸多不明确的施工荷载（施工机具、人员集中等临时荷载变化）带来的结构安全影响。

5）对外部自然环境影响敏感程度高。一方面，再生利用施工过程中存在大量的吊装作业，作业过程容易受外部自然环境变化的影响，导致诸如屋架变形不协调、受力不均衡的不利影响；另一方面再生利用施工过程中新增部位多采用钢构件（替换钢支撑、新增改建结构等），而新旧节点处的焊接质量是施工过程中的控制重点，钢结构施工受环境影响大，避免因焊接质量对结构带来的不利影响。

6）一旦发生事故，后果严重。旧工业建筑再生利用项目作为一种建设难度系数高的工程项目类型，其本身就是一个复杂的特大系统，加上旧工业建筑原结构存在诸多不确定的、不同程度的结构损伤，而施工活动中伴随着大量机械设备作业，对原结构的扰动较大，一旦发生破坏，无法立即有效地消除所产生的不安全状态，轻则造成结构的局部破坏，重则将导致严重的结构倾覆事故。

1.2 再生利用施工安全影响因素

1.2.1 在役结构安全影响因素分析

（1）基本安全因素。在役结构是否安全可靠，由其服役过程中的结构状态决定（失效、极限、可靠）。极限状态是结构安全与否的临界点，是结构可靠状态和结构失效状态的分界线，在特定状态下当结构超出设计规定的某一功能要求时，此状态称为该功能的极限状态（承载力极限状态和正常使用极限状态），其功能函数表达如下：

$$Z = g(X_1, X_2, \cdots, X_n)\begin{cases} < 0 & \text{失效状态} \\ = 0 & \text{极限状态} \\ > 0 & \text{可靠状态} \end{cases} \tag{1-1}$$

式中 $X_1, X_2, \cdots, X_n$——随机变量或过程；

n——个数。

（2）结构服役状态。由服役状态判定旧工业建筑结构能否完成预定的功能要求，而旧工业建筑结构的服役状态由自身结构的性能决定，主要包含以下四类，见表1-3。

表1-3 在役旧工业建筑结构服役状态类别及结构性能描述

序号	类别	结构状态	结构性能
1	几何状态与性能	结构的位移和变形、构件的相对位置和几何尺寸、构件的裂缝分布和宽度、材料的应变等	构件的截面面积、惯性矩、长细比等
2	力学状态与性能	构件的内力、材料的应力、钢筋与混凝土间的黏结力等	结构的抗力、刚度、固有频率等
3	物理状态与性能	构件的表面温度和内部湿度、钢筋表面的极值电位、钢筋中的电流密度等	结构材料的热膨胀系数、电阻率等
4	化学状态与性能	构件中物质化学反应的速度、混凝土的碳化深度、混凝土液相的pH值等	结构材料的耐腐蚀性能等

（3）不利的状态作用。重点关注由机械、物理、化学、生物等四类作用类别引起在役旧工业建筑结构服役期内产生结构变形、结构开裂、应力突变等损伤行为，见表1-4。

表1-4 在役旧工业建筑结构不利状态作用

序号	类别	包括项目
1	机械作用	各种集中力和分布力的施加，能量波的输入等
2	物理作用	水分的渗入、蒸发与冻融，材料组分的结晶和溶解等
3	化学作用	腐蚀介质对结构材料的侵蚀，混凝土中的碱-集料反应等
4	生物作用	昆虫对结构的噬咬，防腐材料表面的繁殖等

（4）承载力极限状态下限。依据《工程结构可靠性设计统一标准》

(GB 50153)，可靠指标下限见表1-5。

表1-5 指标β及对应的P_f值

破坏类型		安全等级		
		一级	二级	三级
延性破坏	β	3.7	3.2	2.7
	P_f	1.0×10^{-4}	3.8×10^{-4}	34×10^{-4}
脆性破坏	β	4.2	3.7	3.2
	P_f	0.13×10^{-4}	1.0×10^{-4}	6.8×10^{-4}

(5) 在役旧工业建筑结构安全性影响因素。在役旧工业建筑结构在荷载作用下，结构损伤超过现行规范限值时，结构就会发生失效或破坏，结构损伤的基本类型见表1-6。

表1-6 在役旧工业建筑结构损伤类型

序号	损伤类型分类	结构损伤类型
1	按时间长短	(1) 突发性损伤；(2) 累积性损伤
2	按影响部位	(1) 构件损伤；(2) 节点损伤；(3) 结构损伤
3	按损伤现象	(1) 弯曲变形；(2) 裂缝开展；(3) 钢材锈蚀；(4) 混凝土碳化；(5) 混凝土蜂窝麻面；(6) 混凝土空鼓；(7) 缺角；(8) 其他缺陷
4	按失效形式	(1) 结构构件强度与刚度失效；(2) 结构构件失稳破坏；(3) 结构局部失稳破坏；(4) 结构整体失稳破坏
5	按材质角度	(1) 构件承载力和刚度失效；(2) 失稳破坏；(3) 疲劳破坏；(4) 塑性破坏；(5) 脆性破坏；(6) 腐蚀破坏；(7) 火灾破坏；(8) 其他类型破坏

在役旧工业建筑多为预制混凝土构件和部分钢构件构成，造成结构在服役期间损伤的原因很多，主要体现在以下五个方面，见表1-7。

表1-7 在役旧工业建筑结构构件的损伤原因

序号	原因	原因描述
1	原始缺陷	构件多为预制或提前加工，运输或吊装中引起构件变形、损伤或局部失稳，安装时缺乏足够临时支承或锚固导致变形或失稳甚至倾覆，安装顺序不当且不及时纠正的偏差、支座出现强迫位移或约束条件与设计不符
2	力的作用	在服役期间，在役工业厂房结构不可避免地遇到正常载荷和非正常载荷作用，导致结构或构件出现损伤，如构件断裂、裂缝、失稳、弯曲和结构局部挠屈，严重时可能导致整个结构倒塌

续表 1-7

序号	原因	原因描述
3	温度作用	工业厂房结构温度作用多指高温作用与负温作用，高温会引起结构构件（混凝土构件和钢构件）翘曲、变形，负温会引起构件（钢构件）脆性破坏。例如，钢材受高温恢复到常温下后，其力学性能前后相差约为10%~20%
4	化学作用	结构化学作用多指金属腐蚀以及防护层的损伤和破坏等。钢材锈蚀改变了钢材物理性能，引起杆件有效截面的削弱，减小了其抗拉能力，导致结构局部破坏，严重的会引起整个结构倒塌
5	人为因素	使用过程中，不按设计要求随意增加荷载，对防锈和防腐等处理不当，对结构损伤隐患没有及时维修和处理，过于频繁地使用机械设备，使得承重构件长期处于疲劳状态，均可能造成构件或连接部位的损坏。

1.2.2 新建结构安全影响因素分析

可靠度理论已从研究单一构件问题逐步发展为研究结构体系问题。按照结构体系的不同损伤破坏模式，将新建结构（时变结构体系）分为串联和并联两类。

（1）串联结构体系的可靠度。串联结构体系中的任一构件失效将导致整个结构体系失效。假设由 n 个结构构件组成某串联结构体系，其结构构件的功能函数 Z_i 为

$$Z_i = R_i - S_i \tag{1-2}$$

式中 S_i——第 i 个构件的荷载效应；

R_i——抗力。

则构件的失效概率为

$$P_f = P\{Z_i = R_i - S_i \leqslant 0\} \tag{1-3}$$

设定 F_i 表示结构体系中构件 i 的失效事件，结构体系整体失效事件表示为

$$F = F_1 \cup F_2 \cup \cdots \cup F_i \cup \cdots \cup F_{n-1} \cup F_n \tag{1-4}$$

由此可知，各个构件的可靠度直接决定着整体结构体系的可靠度。

（2）并联结构体系的可靠度。并联结构体系中某一个或部分结构构件失效不一定能导致整个结构体系失效，而整体体系失效需要所有结构构件同时失效才能实现。结构体系失效概率为

$$P_f = P\{F_1 \cap F_2 \cap \cdots \cap F_i \cap \cdots \cap F_{n-1} \cap F_n\} \tag{1-5}$$

式中 F_i——机构失效事件（假设结构体系中存在 n 种机构）。

而失效机构（失效机构指具有一个自由度或瞬变的结构体系）的功能函数为

$$Z_i = \sum_{j}^{h} a_{ij} R_j - \sum_{k}^{l} b_{ik} S_k \tag{1-6}$$

式中 h——塑性铰数；

a_{ij}——第 i 机构与 R_j 对应的抗力效应系数；

R_j——第 j 截面的抗力；

l——荷载数；

b_{ik}——第 i 机构 S_k 相对应的荷载效应系数；

S_k——作用在第 i 结构上的第 k 个荷载。

(3) 新建结构时变特性分析。传统新建项目的结构施工过程是一个复杂的结构系统渐变过程，其结构体系从无到有，从小到大，从简单到复杂，从局部到整体，从施工零态到竣工后的初始态，经历了一系列巨大变化，如图 1-22 所示。整个施工过程中表现出很强的时变特性，主要包括边界条件时变、荷载时变、材料性质时变等。

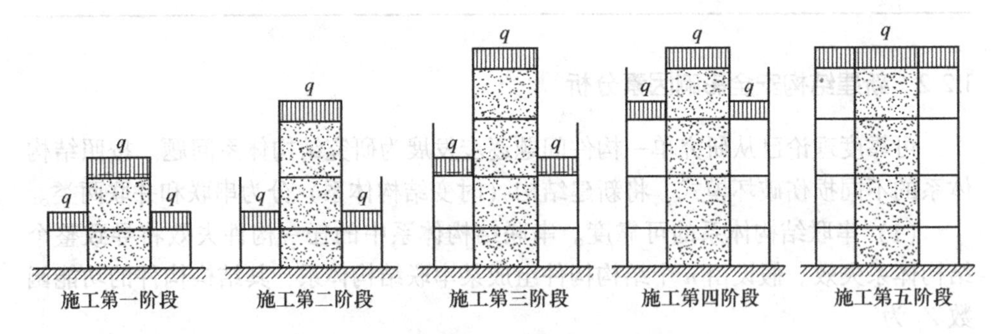

图 1-22 施工过程荷载变化示意图

1）边界条件时变。随着施工进展，上部荷载不断增加，下部基础也在不断地产生沉降压缩变形，支撑边界条件时变；施工中临时支撑承担结构未成形前的荷载。随着结构逐渐成形，支撑逐步拆除，边界条件发生变化，约束边界条件时变。

2）荷载时变。荷载边界时变主要是指施工过程中由于人流流动、材料堆放、施工设备等一系列因素产生的施工活荷载和不断变化的结构自重荷载，这些荷载将随着施工进度而不断变化空间位置和大小，即表现出强烈的荷载时变特性。

3）材料时变。由混凝土材料性质决定，其强度、收缩徐变变形等都随着时间而不断变化；混凝土浇筑一般分段分时进行，在下一段浇筑时，前一段还未稳定，形成了一个物理特性不断变化的材料组成，表现出强烈的材料时变特性。

4）几何构形时变。按照拟定设计目标，结构的几何形状随着施工步骤的不断进展，结构几何构形和几何形状由小到大，逐步完善，最终实现设计位形。因此，每一施工阶段结构几何构造和形状都是不断变化的。而几何构形时变之外，体系时变和刚度时变也是结构施工过程中的重要时变特性。

5）体系时变。由于施工顺序问题，部分构件不能及时安装到位，使得形成的临时结构体系与设计结构体系不一致；复杂结构往往需要设置临时支撑并临时与结构协同工作，而随着几何构形的完善，拆除支撑会再次引起结构体系的转换。

6）刚度时变。施工过程中构件的安装和拆除直接影响相应部位的刚度，进而影响结构的整体刚度。伴随几何构形的不断变化和结构体系的转换，结构的刚度也在不断地变化，刚度时变特性表现在构件数量的变化和预应力水平的变化。

1.2.3 再生利用施工安全控制要素

旧工业建筑再生利用施工安全控制的主要任务是使结构施工实际状态与理想状态最大限度地保持一致。然而，随着施工进程的不断发展，主体结构和施工措施的不断增减，影响再生利用施工安全控制目标顺利实现的因素很多，边界条件和结构体系不断变化，结构特征参数响应数据也随之发生变化。而在结构施工工序数值模拟过程中，参数的设定往往为理想值，然而实际的施工过程中相应参数值也存在诸多的不确定性，若不及时找出相关参数的误差原因并及时调整，结构的线性和受力状态都将偏离原设计的理想状态，最终影响结构安全。此外，需要在施工过程对设计中的重要设计参数（有限元模型中设定的参数）以及结构的实际状态进行监测，以获得真实反映结构实际状态的相关信息数据，并不断地进行调整、再调整，使施工状态处于控制范围之中。而影响旧工业建筑再生利用施工安全控制的要素有很多，见表1-8。

表1-8 旧工业建筑再生利用施工结构安全控制要素

序号	要素	主要内容
1	原始损伤	结构在服役期间不可避免地遇到正常荷载和非正常荷载作用，导致结构构件出现损伤，如开裂、变形等；水平支撑和柱间支撑均为型钢材料，在遭受高温作用下极易引起构件翘曲、变形等，导致承载力急剧下降。此外，工业厂房多处于酸碱腐蚀环境中，对主要承重混凝土构件和次要承重型钢构件都会造成损伤破坏，这些损失在施工过程中处理不当将导致结构破坏
2	施工方案	（1）施工工艺。不同的施工工艺和施工顺序会直接影响结构施工过程中结构体系和荷载状态的变化，结构线性状态和恒活载内力值随之不断变化。 （2）临时荷载。临时结构体系存在的临时荷载，包括：1）固定荷载。如卷扬机、压浆机等；2）随机荷载：如平台上的钢筋、人等。重点关注超载、偏载。 （3）材料特性。收缩、徐变会使结构的变形增大，随着时间的增加对超静定结构还会产生内力重分布。特别是原结构和新增结构的相互影响
3	计算模型	无论采用何种分析方法和软件进行结构分析时，总是要对实际结构进行简化后建立计算模型，计算模型的各种假定、结构参数确定、边界条件处理等，都与实际结构之间存在差异，使理论计算控制指标存在一定的误差。如何使结构参数尽量接近真实值是首要解决的问题，包括：（1）结构构件截面尺寸；（2）结构材料弹性模量；（3）材料容重；（4）施工荷载；（5）预加应力或索力等

续表 1-8

序号	要素	主 要 内 容
4	施工监测	在进行应力与变形等监测的时候，因测量仪器可靠性、仪器的安装、测点位置、测点数量、监测内容、测量方法、数据采集以及环境情况等不可避免存在误差，误差一方面可能造成结构实际参数、状态与设计或控制值吻合较好的假象，也可能造成将本来较好的状态调整到更差的情况，因此，在监测过程中要从监测设备、测点布置、测量方法上尽量设法减小测量误差
5	环境影响	包括温度、湿度、风力等。其中，温度变化对大跨度结构的受力与变形影响很大，在不同时刻对结构状态应力、变形状态进行量测，其结果是不一样的。如果环境控制中忽略了该项因素，就难以得到结构的真实状态数据与理想状态数据的差值，从而也难以保证控制的有效性。此外，环境湿度、温度影响着混凝土的收缩徐变，风力等环境作用力对测量精度影响很大
6	管理水平	施工管理水平的高低与否往往直接影响到对结构体系偏离程度发现得早晚与否。施工中的理论值与实测值偏离的程度在一定程度上与施工中是否严格按预定的施工顺序进行作业以及施工临时荷载的控制、测量时机的选择等人为因素有关系。另外施工管理好坏也直接影响结构施工进度等。施工进度延误会导致混凝土徐变变形、悬臂结构长时间悬臂状态等危险状况

1.3 再生利用施工安全控制方法

1.3.1 再生利用施工安全控制内容

再生利用施工安全控制目的就是确保原受损结构和新增结构在施工过程中的线性、应力、稳定性指标处于安全可控的范围内，如图 1-23 所示。

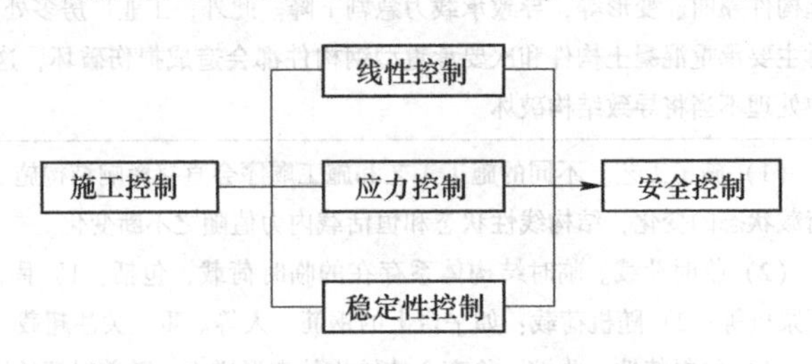

图 1-23 施工安全控制的主要内容

(1) 线性控制。再生利用施工过程中，结构体系会不断发生变化。在诸多因素的影响下，结构会与实际位置状态产生较大的偏离，使原结构处于不安全状态。一般来说，线性控制包括平面线形控制和竖向线形控制两个方面。对结构线性影响的主要因素包括施工误差和温度等，线性控制的目的是对这些因素进行有效控制，保证完工后的结构线性状态满足设计要求，达到或接近于设计的理想状态。

（2）应力控制。一般情况下，施工过程中的结构内力状态无法得到准确的监测，而应力是内力在结构中的响应，可以通过有效的应力监测了解结构在实际状态下的受力性能。因此应力控制的好坏会直接影响到施工过程中的结构安全，通过各个阶段下的应力理论值与实测值进行对比分析，可以对结构的施工状态进行不断调整和改善。但应力控制的好坏不如变形控制易于发现，若应力控制不当，将会给原结构构件造成危害，轻者影响构件受力性能，严重者将发生结构或构件破坏。

（3）稳定性控制。再生利用施工过程中，不仅结构体系会不断变化，还会受到动荷载、外界风荷载以及各种偶然荷载的作用，这些均会影响到结构的整体稳定性，进而会对施工安全造成不利影响。再生利用施工过程伴随着局部构件拆除和加固、支撑体系的增设和拆除等，导致局部受力极为复杂，结构局部构件的稳定性也不容忽视。因此结构稳定性对于施工安全来说至关重要，在施工过程中不仅要严格控制线性和应力，而且还要严格地控制各施工阶段下结构的稳定性。

1.3.2 再生利用施工安全控制方法

确保再生利用施工过程中的结构实际状态最大限度地与理想设计状态（线性状态、应力状态、稳定性状态）相吻合是结构安全控制的核心。要实现上述目标，必须采取必要的技术手段准确地获取理想状态和实际状态的结构参数数据，据此控制好两者之间的偏离程度。常见的五大类安全控制方法对比见表1-9。

表1-9 常见的施工安全控制方法对比

序号	分类	方法概述	特点	不足
1	开环控制法	按设计荷载计算出最终结构的理想状态，根据各阶段的施工荷载准确估计各项参数，在施工中严格控制这些参数，即可达到理想状态	该方法操作方便，方法成熟，适用于结构简单、跨度小、体系小的项目	不考虑测量、参数或者模型误差，不按实际状态调整参数，需严格施工
2	闭环控制法	考虑实际施工和理想状态之间的偏差，引入误差控制量开展反馈分析调整，反馈计算结果决定调整的方向，形成了一个闭环控制过程	反馈计算具有一定纠正效果，适用于跨度大、工序多、周期长的作业	不能达到理想状态，只能按最优原则，使已产生的结构状态达到最优
3	最大宽容度控制法	在闭环控制法的基础上增加了一个误差允许值，对施工中的各阶段参数调整设定一个最大宽容度（误差允许值），减少繁重的计算	适当减少工作量，误差允许值的设置至关重要（自我调整能力非常有限）	偏差超出了允许范围值时，才进行后续施工参数的调整计算，较为死板

续表 1-9

序号	分类	方法概述	特点	不足
4	自适应控制法	主动找出引起施工状态偏差的模型误差，可从偏差的根源上减少后续误差，也可用更符合实际状态的计算参数值指导下一步的施工	主动减少误差，而不是被动地纠正误差，这是自适应控制法的优势	对于非参数误差，如人为操作误差、挂篮非正常变形误差等难以辨识
5	预测控制法	在全面考虑影响结构状态的各种因素和施工所要达到的目标后，对结构每一施工阶段（节段）形成前后的状态进行预测分析	侧重于考虑调整因设计参数引起的施工误差（参数误差和非参数误差）	不能修正引起施工偏差的各种误差，对预测方法的相关精度要求极高
6	本书所提出的方法	再生利用施工安全控制方法不再仅仅是一种单一的控制手段，而是一种基于模型修正开展工序模拟、基于点位优化开展自动监测、基于智能算法开展数据预警预控于一体的综合智能控制方法	改进自适应控制法并融合预测控制法的优点，可同时实现施工参数误差的主动识别和施工状态预测、预控等	初始受损状态下的模型精度是关键，对数据采集的覆盖率和有效性要求较高，所需处理的数据量极大

施工安全控制方法由最初的开环控制法、闭环控制法的基础上发展到最大宽容度控制法，进而是现在的自适应控制法、预测控制法，控制的理念和精度已经有了较大提高。近年来伴随着现代科学技术的进步，工程技术人员将先进的数值模拟技术、自动监测技术、数据处理技术运用到结构施工安全控制中，而控制方法不断往高度智能化发展。为确保施工过程中的结构安全，本书在自适应控制法的基础上融合预测控制法的优点并对其进行了智能化的改进，提出了旧工业建筑再生利用施工安全控制方法，该方法不再仅仅是一种单一的控制手段，而是一种集关键工序模拟（基于模型修正）、特征数据自动监测（基于点位优化）、数据预警预控（基于智能算法）于一体的综合控制方法。

1.3.3 再生利用施工安全控制流程

本章以现行在役结构安全理论和传统项目施工时变结构理论为依据，对旧工业建筑再生利用施工的特点及影响因素进行分析，确定旧工业建筑再生利用施工安全控制内容，给出控制方法与控制流程，为旧工业建筑再生利用施工安全控制的研究提供基础。旧工业建筑再生利用施工安全控制方法主要包括三个关键环节：安全模拟、安全监测、安全预控。整体流程如图 1-24 所示。

(1) 施工安全模拟（计算模型修正、关键工序分析模拟）。为了有效降低原结构损伤不确定性导致的施工初期风险概率，在有限元模型修正的基础上，准确的实现不同工况下的关键工序模拟，真实了解结构的预演状态，并据此提供相应

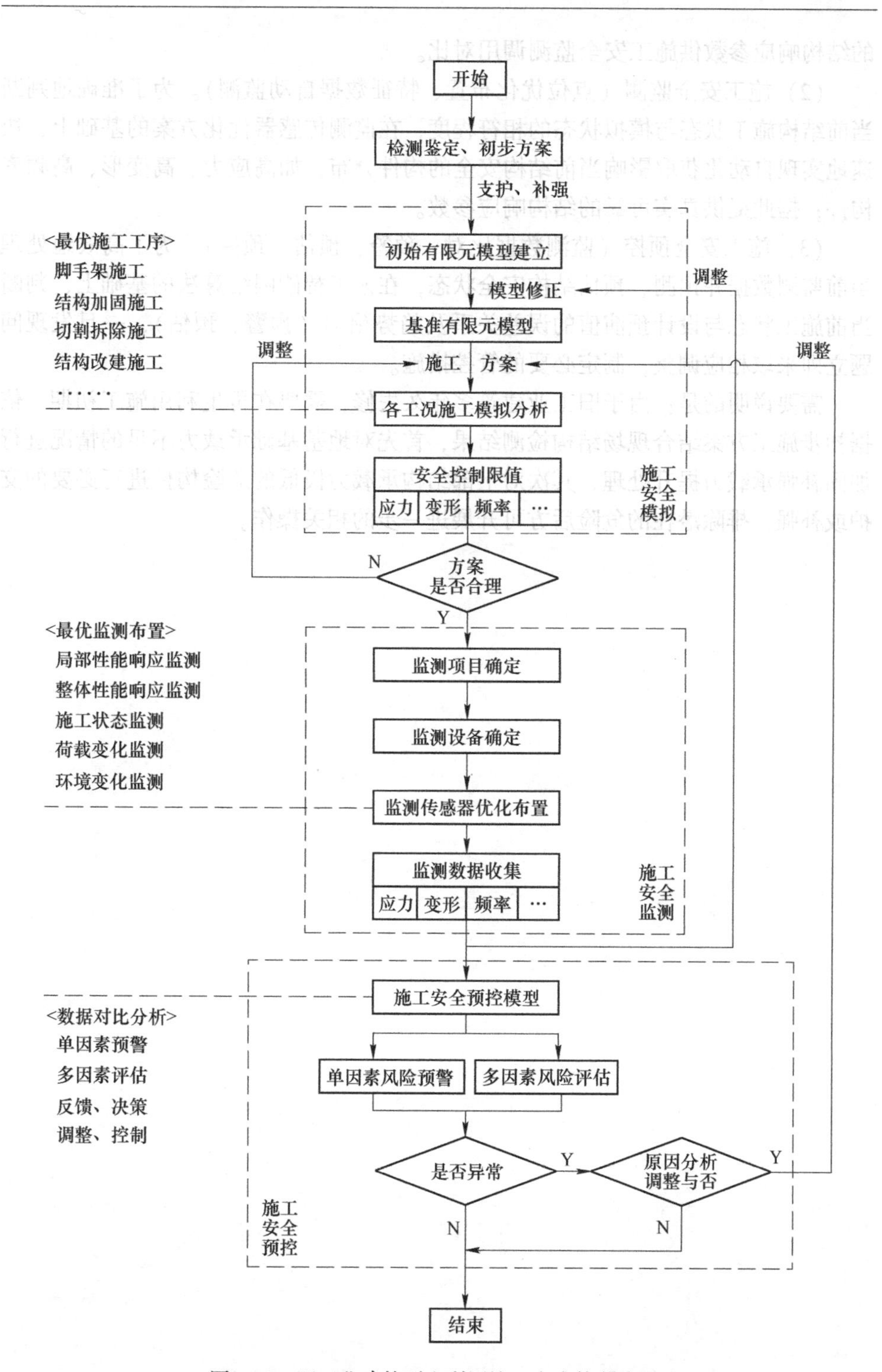

图 1-24 旧工业建筑再生利用施工安全控制流程

的结构响应参数供施工安全监测调用对比。

(2) 施工安全监测（点位优化布置、特征数据自动监测）。为了准确地判断当前结构施工状态与模拟状态的相符程度，在监测传感器优化方案的基础上，快速地实现自动化获取影响当前结构安全的构件分布，如高应力、高变形、高频率构件；据此提供真实可靠的结构响应参数。

(3) 施工安全预控（监测数据比对、预警、预估、预控）。为了高效地处理当前监测数据并预测、预估结构安全状态，在人工智能网络算法的基础上，判断当前施工状态与设计预演值的误差关系及趋势预测（预警、预估），一旦发现问题立即采取相应调整，制定必要的管控措施。

需要说明的是：由于旧工业建筑多年久失修，需要在再生利用施工初期，依据初步施工方案结合现场结构检测结果，首先对地基基础承载力不足的情况进行加固补强承载力提升处理，其次对上部结构承载力极低的危险构件进行必要的支护或补强，排除潜在的危险后方可开展进一步的相关操作。

2 旧工业建筑再生利用施工安全模拟方法

本章以旧工业建筑再生利用施工安全控制流程为出发点，介绍了旧工业建筑再生利用施工安全模拟有限元模型修正方法，利用修正后的有限元模型进行结构安全施工分析，以期更加准确地掌握下一个阶段的结构响应，从而更好地指导施工，确保结构安全。

2.1 再生利用项目施工安全模拟的内容及方法

2.1.1 施工安全模拟分析内容

结构布置状态最终形成前，各结构构件的受力状态不断地发生变化，施工过程中易发生因结构体系不完整、扰动过大等因素导致的结构失稳、倾覆事故，而如何保证施工过程中结构体系平稳有序地转换，是旧工业建筑再生利用施工安全控制的关键。因此，需要利用 ANSYS、MIDAS/Gen 等有限元软件对再生利用施工过程中的不利工况进行模拟计算，依据模拟结果制定合理安全的施工方案，确保施工过程中的结构安全。然而同一个项目在不同的工况下，起控制性作用的因素不同，最不利工况也不尽相同，施工安全模拟内容和技术要求见表 2-1、表 2-2。

表 2-1 施工安全模拟主要内容及适用条件

序号	施工安全模拟内容	适用条件及范围
1	施工全过程模拟分析	结构整体安全状况低或整体工况复杂
2	部分施工过程模拟分析	局部安全状况低或部分工况复杂
3	部分施工过程局部模拟分析	局部或个别构件安全状况低
4	施工临时补强措施模拟分析	特殊构造或设计要求

原结构损伤程度的不确定性及再生利用施工过程的复杂性，导致了旧工业建筑再生利用施工力学问题的多样性，在施工模拟分析中根据侧重的角度不同，需要关注的落脚点也不同，本书侧重研究再生利用施工中遇到的结构安全问题。

表 2-2 施工安全模拟的主要技术要求

序号	技术要求	序号	技术要求
1	结构施工单元的划分及力学性态	6	结构构件内力和变形的累积变化
2	临时支撑布置对结构性态的影响	7	施工过程中温度的影响和变化
3	结构在施工过程中的稳定性	8	结构实际内力及变形与设计状态的差异
4	临时支撑拆除顺序与控制方法	9	新增张拉或预应力结构的施加与控制
5	大型构件吊装过程中的力学性能	10	边界条件的变化及其他非线性影响因素

2.1.2 施工安全模拟分析方法

施工安全模拟计算方法主要包括正算法、倒拆法、无应力状态法和联合法。而无论使用何种方法，得到的结果都不尽相同，不同方法的特点见表 2-3。

表 2-3 再生利用施工安全控制分析计算方法

序号	方法	方法介绍	优点	缺点
1	正算法	正算法又称为前进分析法或正装法，它能将混凝土收缩、徐变等与结构形成历程有关的影响因素考虑在内。不仅可以为结构的受力提供较为精确的结果，还可以提供数据文件来描述施工阶段理想状态，作为结构施工控制的基础	模拟施工过程，并得到各阶段的理论变形和受力状态	计算中梁体标高会随着施工加载而下挠，造成误差
2	倒拆法	倒拆法也称为倒退分析法或倒装法，它是由结构最终状态出发，按照实际施工步骤的逆过程，进行逐步倒退分析来获得各施工阶段的控制参数。主要作用是针对分段施工等复杂结构，以设计标高作为线性分析的起点以达到控制目的	理论上恒载内力与线性可以达到预定的理想状态	初始应力难以确定，必须依靠正算法的结果等
3	无应力状态法	用构件或者单元的无应力长度和曲率保持不变的原理进行结构状态分析计算。将建成的结构解体，结构中各构件或者单元的无应力长度和曲率是一个确定的值、是恒定不变的，只是构件或者单元的有应力长度和曲率不相同而已	以单元的无应力长度为控制量，该法应变能力较强	结构状态分析精度较为依赖过程中结构应力解的分布操作
4	联合法	由于倒拆法初始内力不容易单独确定，故多采用倒拆法与正算法联合运用：先以设计标高按正算法建模，求得最终结构的内力与新增构件的挠度；再以此内力和设计标高为初始状态进行倒拆，从而获得施工阶段的施工控制参数	可以集合正算法等多种方法分析过程中的自身优点	分析方法的联合亦增加了分析过程的工作量

根据实际工程经验，仅仅采用正算法进行分析就能够获得令人满意的计算结果，其在理论上和工作量上都明显优于其他方法，故本书采用正算法。

2.1.3 施工安全模拟分析流程

基于设计图纸和施工方案所建立的理想化有限元模型，不可避免地与工程实际存在差异，而据此进行的施工安全模拟分析结果可信度极低，因此，本书提出了在基于有限元模型修正的基础上开展再生利用施工安全模拟的思路，建立 G_0+i 的旧工业建筑再生利用施工有限元模型修正方法，具体流程如图 2-1 所示。

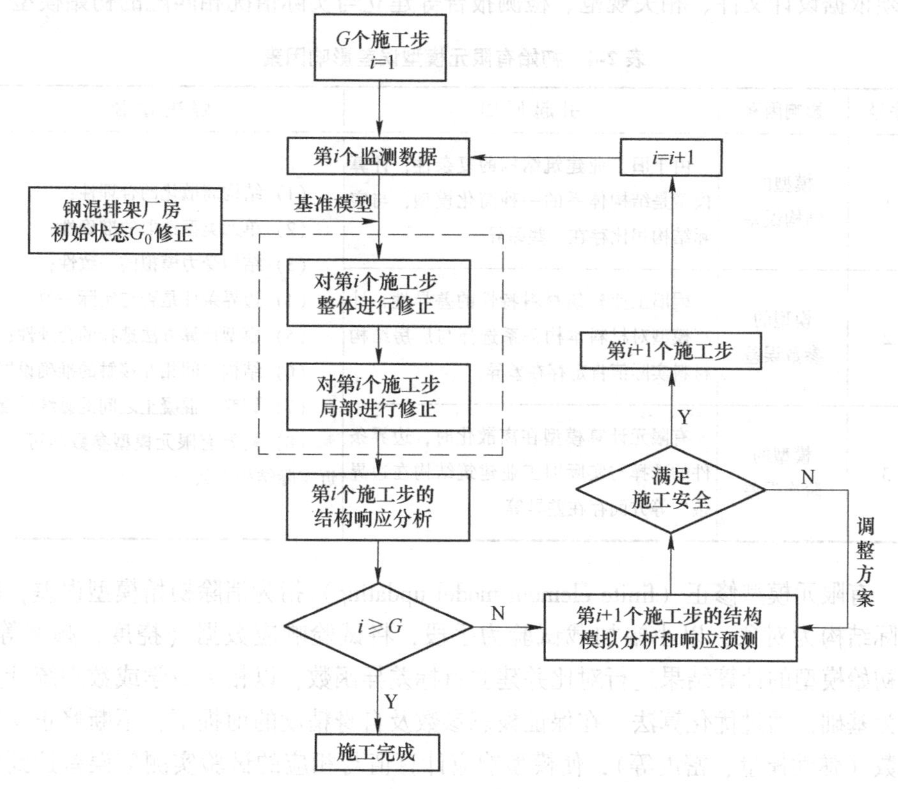

图 2-1 G_0+i 多阶段旧工业建筑再生利用施工有限元模型修正流程图

首先，将再生利用施工过程划分为 i 个阶段（G_0 为再生利用前的初始阶段，G_0 唯一，i 为再生利用施工过程中的关键工序阶段，$i=1$，2，3…）。其次，首先开展对 G_0 阶段的模型修正（最为关键的模型阶段），采用灵敏度分析法确定待修正参数，依据静动力测试获得结构的响应值并与实测值进行对比，据此建立基于静动力测试的目标函数，并通过 NSGA-Ⅲ展开多目标优化，得到与实际响应相符合的基准模型。最后，第 G_0+i 阶段的模型修正（延续上述方法），重点关注新旧结构体系连接节点处的参数修正，通过先后校正各阶段模型响应值与实测值之间的差异，从而减小模型响应与实测值之间的误差。

2.2 有限元模型修正方法分析

2.2.1 有限元模型修正原理

模型修正不是对模型的否定重建，而是对初始模型参数的优化，影响初始有限元模型的不精确因素及解决途径见表2-4。要求技术人员对结构有足够的认识，必须依据设计文件、相关规范、检测报告等建立与实际情况相匹配的初始模型。

表 2-4 初始有限元模型误差影响因素

序号	影响因素	引起原因	解决途径
1	模型的结构误差	由于旧工业建筑结构的复杂性，计算模型是结构体系的一种简化模型，与实际结构相比存在一些差异	(1) 结构离散化的合理性； (2) 单元类型选取的准确性； (3) 结构受力模拟的一致性； (4) 边界条件是否与实际一致； (5) 模型计算方法选择的合理性； (6) 结构之间相互接触的准确设置； (7) 钢筋与混凝土之间的黏结设置； (8) 初始有限元模型参数尽可能接近实际结构参数
2	模型的参数误差	因旧工业建筑材料特性的差异性，计算模型对材料本构关系选择与厂房结构材料实际值肯定存在差异	
3	模型的阶次误差	有限元计算模型在离散化时，边界条件的选择与实际旧工业建筑结构在边界条件等方面存在差异等	

有限元模型修正（finite element model updating）指为消除初始模型误差，以实际结构为对象，以小幅加载试验为手段，将试验响应数据（挠度、频率等）与初始模型的计算结果进行对比并建立目标差异函数；以相关数学或数理统计方法为基础，通过优化算法，在保证模态参数及自身精度的前提下，不断修正模型参数（弹性模量、密度等），使模型响应计算值与相应的试验实测值误差达到精度要求，即得到了反映结构实际状况的有限元分析模型，如图2-2所示。

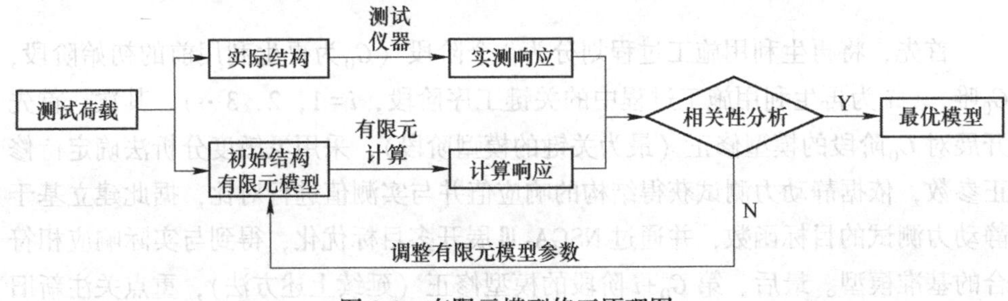

图 2-2 有限元模型修正原理图

修正后的模型不仅可以模拟结构真实的力学行为，还可以开展以下应用：（1）静、动力的再分析；（2）损伤部位定位与评价；（3）极限承载力校核；（4）施工监测/健康监测；（5）施工控制分析；（6）安全性或综合评价；（7）结构优化设计和模型确认等。

2.2.2 模型修正方法对比分析

有限元模型修正属于反演分析范畴，根据修正对象的不同，模型修正又可分为矩阵型修正和设计参数型修正两大类。而根据不同的测试信息来源、计算方法、修正范围等角度，有限元模型修正也有了如下常见的分类，如图 2-3 所示。

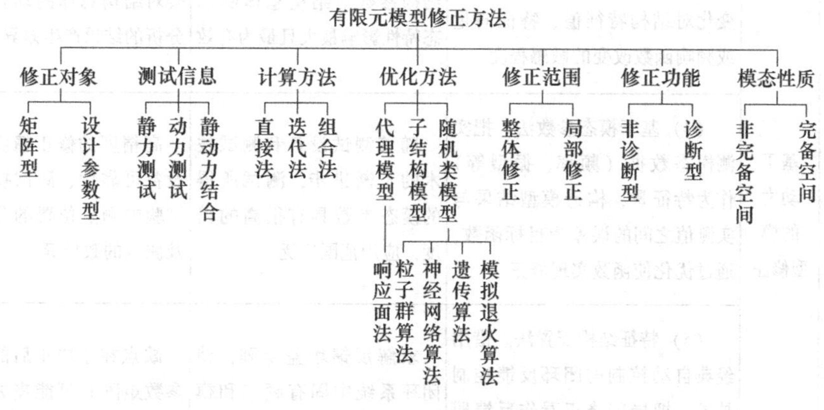

图 2-3 有限元模型修正分类图

模型修正最后往往归结为目标函数的优化问题，合适的优化算法可以加速迭代计算时的收敛速度，进而提升修正效率，不同模型修正方法的优缺点见表 2-5。

表 2-5 常用的有限元模型修正方法优缺点对比分析

序号	方法	方法释义	优点	缺点
1	基于静力的模型修正	结构的静力参数主要包括结构刚度、结构的位移和应变，结构的刚度和位移反映结构的整体效应，结构应变反映结构的局部效应。采用静力测试数据进行有限元模型修正研究	对位移或应变等静力参数进行测量，对静力参数的计算与测量值间的残差进行分析，来实现对结构的有限元模型修正	对位移或应变等静力参数进行测量，对静力参数的计算与测量值间的残差进行分析，来实现对结构的有限元模型修正
2	基于动力的模型修正	（1）矩阵优化法。以实测模态参数和有限元模型（质量、刚度、阻尼矩阵）作为参考基，寻找满足特征方程、正交条件等，且与参考基最逼近的模型	通过矩阵优化法得到的质量矩阵和刚度矩阵改变了原矩阵的带状性和稀疏性，可操作性较强	改变元素后的矩阵与原结构的连接方式产生变化，同时物理意义不清晰，导致修正结果不可靠

续表 2-5

序号	方法	方法释义	优点	缺点
2	基于动力的模型修正	(2) 设计参数法。是直接对结构设计参数进行修正，即结构的几何特性和物理特性参数，如构件的截面惯性矩阵、材料的弹性模量、密度等	其结果具有明确的物理意义，便于实际结构分析计算，并与其他优化设计过程兼容，实用性强	模型修正精度比较依赖待修正参数的确定，待修正参数的选择准确与否直接影响模型的修正精度
		(3) 灵敏度分析法。可求出结构各部分质量、刚度及阻尼变化对结构特征值、特征向量或频响函数改变的敏感程度	进一步指示修改何处的结构参数对结构总体的动态特性影响最大且最为有效	不同的灵敏度分析方法会对结构总体的动态特性分析的结果产生差异
		(4) 基于模态参数法。把实测模态数据（频率、振型等）作为特征量，构造模型结果与实测值之间的误差为目标函数，通过优化使函数实现修正	随着测试设备和测试技术的不断进步，测试所得的模态参数具有很高的精度，应用范围广泛	高精度的修正精度依靠设备可靠性、测试技术和试验中测点位置的分布以及测点的数量等
		(5) 特征结构配置法。借用经典自动控制的闭环反馈控制技术，把局部修正看作反馈回路来研究它对原系统的影响，从而达到模型修正的目的	求解反馈增益矩阵，使闭环系统中固有频率和模态与实测值吻合，而高阶频率和模态保持不变	缺点在于修正后的模型参数矩阵有可能丧失原来的对称性以及原模型各单元的连接信息
		(6) 频响函数法。频响函数反映了系统输入和输出之间的关系和固有特性，是系统在频域中的一个重要特征量。分为方程残差和输出力残差两类	参数为线性函数，可很快收敛。输出力残差精度高，当结果具有零均值噪声时，参数估计是无偏的	频响函数法因噪声污染，参数是有偏的。因引入非线性罚函数，使计算收敛时间增加
3	其他模型优化方法	(1) 随机优化方法。随机优化方法较为广泛的是遗传算法和模拟退火法，它们按概率寻找问题的最优解	可较好解决陷入局部最优问题，较好地找到全局最优解，具有很强的鲁棒性	随机优化算法对于模型修正过程主要依靠算法自身的优化收敛效率，依赖性强
		(2) 基于响应面方法。该法包括基于方差分析的参数筛选、基于回归分析的响应面拟合、利用响应面进行模型修正三种方法	常见的优化算法进行修正得到的结果均要好于采用常规算法修正的结果	响应面法对于模型的修正精度关键在于建立响应面函数，对函数要求较高

一般将结构静、动力测试的响应参数作为目标函数，利用优化算法在限定条件下将目标函数结果最小化，这种过程便于实际操作且具有极强的可信性。

2.2.3 联合静动力测试的修正方法

现场实测数据具有极强的可靠性、经济性，基于现场实测数据的有限元模型修正方法主要有基于静力测试和基于动力测试两种类型。

2.2.3.1 基于静力测试的有限元模型修正方法

通过对旧工业建筑具有代表性的点位采用现场小幅度静力加载试验的方式，实测记录加载过程中的结构静力响应数据，将实测的构件挠度、裂缝变化、应变变化等静力响应数据同有限元模型计算值进行对比，最终通过核算模型计算值和实测值之间的误差关系，实现对模型的约束条件、荷载分布等参数的修正。该方法具有现场工作周期短、实测成本低、技术成熟等优点，修正流程如图 2-4 所示。

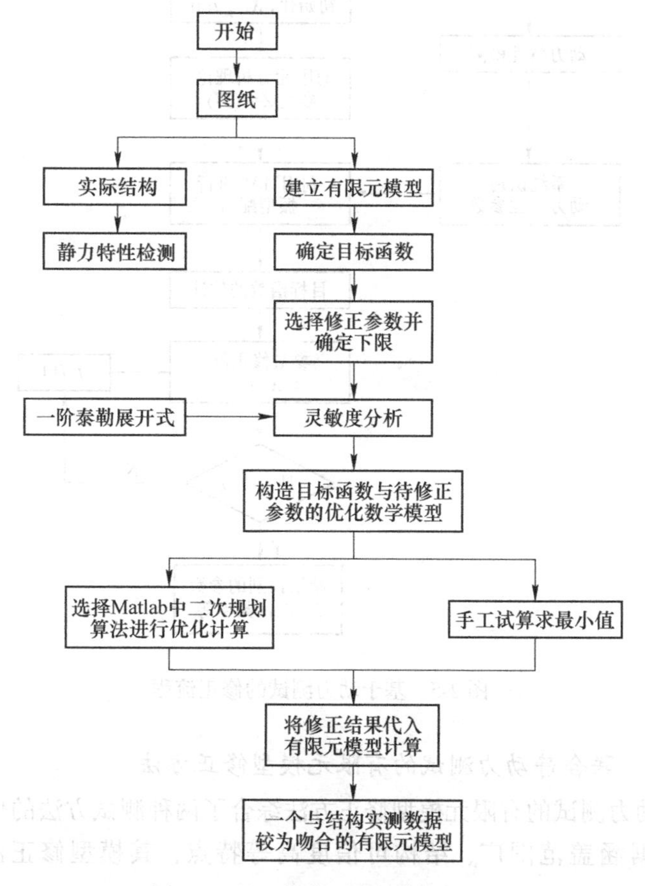

图 2-4 基于静力测试的修正流程

2.2.3.2 基于动力测试的有限元模型修正方法

同静力测试方法一样，采用现场小幅度动力加载，实测记录加载过程中的结构动力响应数据，将实测的应力应变、频率、周期等动力响应数据同计算值进行对比，最终通过核算其中的误差关系，实现对模型参数的修正。该方法同样具有现场工作周期短、实测成本低、技术成熟等优点，修正流程如图 2-5 所示。

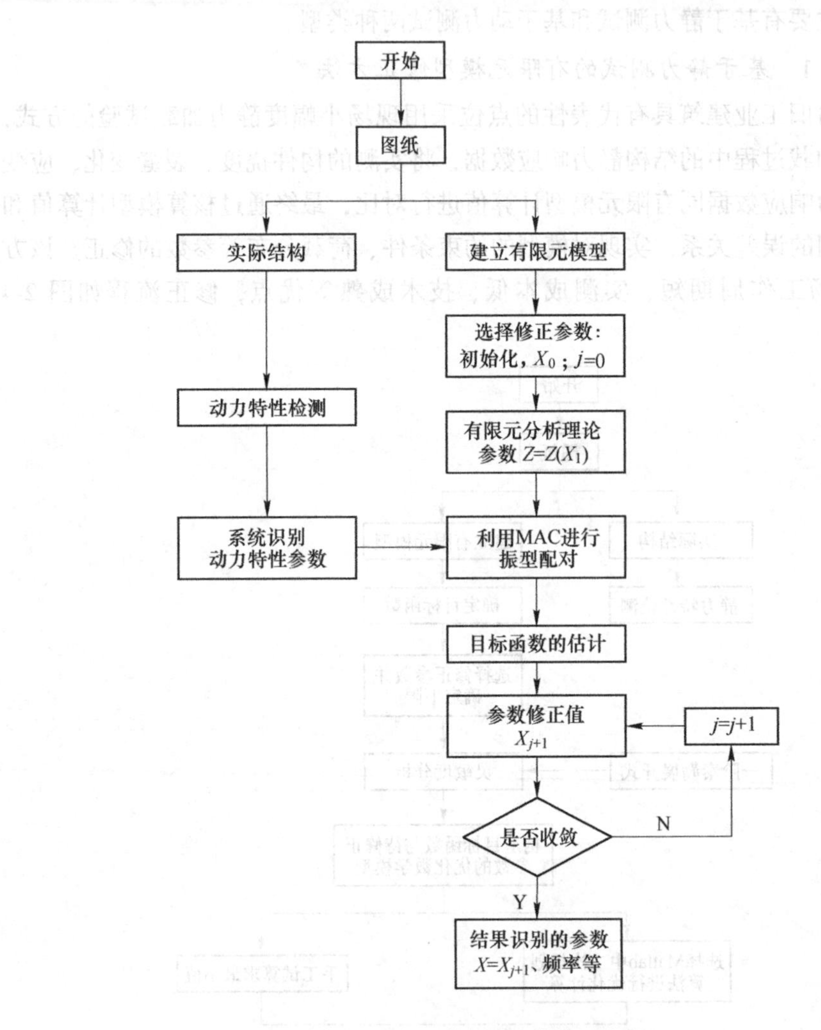

图 2-5 基于动力测试的修正流程

2.2.3.3 联合静动力测试的有限元模型修正方法

联合静动力测试的有限元模型修正方法综合了两种测试方法的优点，具有适应性强、数据涵盖范围广、结构可信度高等特点，其模型修正流程如图 2-6 所示。

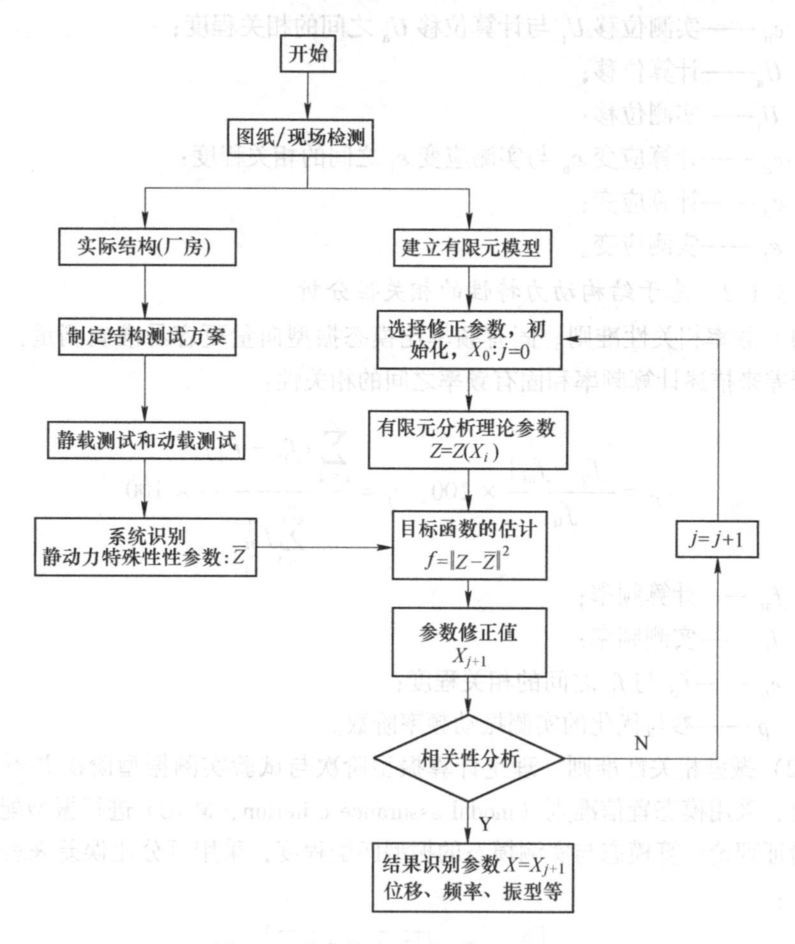

图 2-6 联合静动力测试修正流程图

2.3 再生利用施工结构有限元模型修正方法

2.3.1 模型精度判定的相关性分析准则

对两个或两个以上的相关变量进行相关性分析，判断误差大小是否符合修正所需的精度要求，现阶段常用的相关性判定准则如下。

2.3.1.1 基于结构静力特性的相关性分析

采用百分比误差来描述有限元模型计算值（位移和应变）和现场实测值（位移和应变）所对应的参数之间的相关性：

$$e_u = \frac{|U_a - U_t|}{U_t} \times 100,\ e_\varepsilon = \frac{|\varepsilon_a - \varepsilon_t|}{\varepsilon_t} \times 100 \tag{2-1}$$

式中 e_u——实测位移 U_t 与计算位移 U_a 之间的相关程度；

U_a——计算位移；

U_t——实测位移；

e_ε——计算应变 ε_a 与实测应变 ε_t 之间的相关程度；

ε_a——计算应变；

ε_t——实测应变。

2.3.1.2 基于结构动力特性的相关性分析

(1) 频率相关性准则。固有频率比模态振型向量更容易准确测量，采用百分比误差来描述计算频率和固有频率之间的相关性：

$$e_{fi} = \frac{|f_{tj} - f_{ai}|}{f_{ti}} \times 100,\quad e_f = \frac{\sum_{i=1}^{p}(f_{ti} - f_{ai})}{\sum_{i=1}^{p} f_{ti}^2} \times 100 \tag{2-2}$$

式中 f_{ai}——计算频率；

f_{ti}——实测频率；

e_{fi}——f_{ai} 与 f_{ti} 之间的相关程度；

p——参与优化的实测振动频率阶数。

(2) 振型相关性准则。理论计算振型阶次与试验实测振型阶次并不一定完全吻合，采用模态置信准则（modal assurance criterion，MAC）进行振型配对，以此来验证理论计算模态与实测模态的振型匹配程度，采用百分比误差来表示振型相关性：

$$e_\varphi = \left[1 - \frac{1}{p}\sqrt{\sum_{i=1}^{p}(\mathrm{MAC}_i)^2}\right] \times 100 \tag{2-3}$$

通过 MAC_i 来计算振型相关性 e_φ。其中，MAC_i 值介于 0~1，如果 $\mathrm{MAC}_i=0$，则表明两者完全不相关；如果 MAC_i 值越接近于 1 则两者相关性越好。而 p 表示现场实际发生的实测振动频率阶数。MAC_i 计算公式见式（2-4）：

$$\mathrm{MAC}_i = \frac{|\boldsymbol{\varphi}_{ai}^{\mathrm{T}}\boldsymbol{\varphi}_{ti}|^2}{(\boldsymbol{\varphi}_{ai}^{\mathrm{T}}\boldsymbol{\varphi}_{ti})(\boldsymbol{\varphi}_{ai}^{\mathrm{T}}\boldsymbol{\varphi}_{ti})} \tag{2-4}$$

式中 $\boldsymbol{\varphi}_a$，$\boldsymbol{\varphi}_t$——理论、实测模态的振型向量。

而理论计算模态与实测模态的振型配对界限值为 $\mathrm{MAC}_i \geqslant 0.8$ 时，认为两者此时对应同一阶频率的振型。

2.3.2 基于灵敏度分析的修正参数确定

为了使有限元模型修正过程获得更好的效果，需要对模型中的初始待修正参数展开深入分析，从中筛选出具有较大敏感度的参数作为待修正参数。常见的方法有经验选择、灵敏度分析和方差分析，本书选用较为成熟的灵敏度分析法。

2.3.2.1 参数的确定原则

由于静力、动力试验条件的限制和结构自身的力学特性，不可能对模型所有参数进行修正。因此，对修正参数的选取遵循以下几个原则，见表2-6。

表2-6 有限元模型修正参数的选取原则

序号	选取原则	内容解析
1	必须确保所选的参数数量不能太多	有效减少工作量，但不影响模型精确度。待修正参数过多易造成优化规模大、求解困难，使优化后的参数失去物理意义
2	必须是反映结构力学性能的主要参数	待修正参数可以选择结构材料的本构关系、弹性模量、单元截面几何参数或者是相互组合等
3	必须在荷载测试下具有较高敏感性	在待修正参数个数有限的情况下，若参数灵敏度小会造成灵敏度矩阵病态，导致优化不收敛或得到错误的求解结果
4	必须实现参数之间彼此不相关联	若待修正参数彼此相关，参数将有无穷多个满足结构实测响应的参数组合，将使模型修正变得有无穷解，造成修正失败
5	不利点位必须覆盖	选取的修正参数可以恰当反映模型中存在的不利因素

2.3.2.2 基于灵敏度分析方法

灵敏度分析方法旨在求解有限元模型输出变化对相关响应参数或约束条件变化的敏感程度大小，确定出对结构响应影响程度较大的参数作为待修正参数，并据此重新构造待修正参数与结构响应间的函数关系，一阶灵敏度定义：

$$s = \frac{\partial \lambda}{\partial p} = \frac{\Delta \lambda}{\Delta p} \tag{2-5}$$

式中 s——灵敏度值；

$\frac{\partial \lambda}{\partial p}$——一阶微分灵敏度；

$\frac{\Delta \lambda}{\Delta p}$——一阶差分灵敏度；

λ——响应特征值；

p——模型的参数值。

通过求导或差分法可求出结构响应对参数的灵敏度，具体实现过程如下：

设定灵敏度目标函数 $\boldsymbol{y}_\lambda$ 和旧工业建筑结构参数 x_i 的函数关系为

$$\boldsymbol{y}_\lambda = f_\lambda(x_1, x_2, \cdots, x_m) \tag{2-6}$$

式中 $\boldsymbol{y}_\lambda$——第 λ 个旧工业建筑结构参数变化向量，$\lambda = 1, 2, \cdots, n$；

x_i——第 i 个旧工业建筑结构初始修正参数，$i=1, 2, \cdots, m$。

当初始修正参数 x_i 发生 Δx_i 的改变时，参数变化向量 $\boldsymbol{y}_\lambda$ 的改变量为 $\Delta \boldsymbol{y}_\lambda$，则

$$\Delta \boldsymbol{y}_\lambda = f_\lambda(x_1 + \Delta x_1, x_2 + \Delta x_2, \cdots, x_m + \Delta x_m) - f_\lambda(x_1, x_2, \cdots, x_m) \tag{2-7}$$

此时，灵敏度目标函数 $\boldsymbol{y}_\lambda$ 可就此展开为

$$f_\lambda(x_1 + \Delta x_1, x_2 + \Delta x_2, \cdots, x_m + \Delta x_m) = f_\lambda(x_1, x_2, \cdots, x_m) + \sum_{i=1}^{m} \frac{\partial y_\lambda}{\partial x_i} \Delta x_i \tag{2-8}$$

当修正参数有 m 个，目标函数有 n 个时，式 (2-6) 可进一步改写为式 (2-9)：

$$\Delta \boldsymbol{y}_n = \boldsymbol{S}_{n \times m} \Delta \boldsymbol{x}_m \tag{2-9}$$

式中 $\Delta \boldsymbol{y}_n$——结构响应变化向量；

$\boldsymbol{S}_{n \times m}$——灵敏度矩阵；

$\Delta \boldsymbol{x}_m$——结构参数变化向量。

此时，结构参数变化向量 $\Delta \boldsymbol{x}_m$ 和结构响应变化向量 $\Delta \boldsymbol{y}_n$ 的表达式如下：

$$\Delta \boldsymbol{x}_m = [\Delta \boldsymbol{x}_1, \Delta \boldsymbol{x}_2, \cdots, \Delta \boldsymbol{x}_m]^{\mathrm{T}} \tag{2-10}$$

$$\Delta \boldsymbol{y}_n = [\Delta \boldsymbol{y}_1, \Delta \boldsymbol{y}_2, \cdots, \Delta \boldsymbol{y}_n]^{\mathrm{T}} \tag{2-11}$$

式中 m——修正参数的数量；

n——目标函数的数量。

此时，$\boldsymbol{S}_{n \times m}$ 为灵敏度矩阵，表达式为

$$\boldsymbol{S}_{n \times m} = \begin{bmatrix} \frac{\partial y_1}{\partial x_1} & \frac{\partial y_1}{\partial x_2} & \cdots & \frac{\partial y_1}{\partial x_m} \\ \frac{\partial y_2}{\partial x_1} & \frac{\partial y_2}{\partial x_2} & \cdots & \frac{\partial y_2}{\partial x_m} \\ \vdots & \vdots & \ddots & \vdots \\ \frac{\partial y_n}{\partial x_1} & \frac{\partial y_n}{\partial x_2} & \cdots & \frac{\partial y_n}{\partial x_m} \end{bmatrix}_{n \times m} \tag{2-12}$$

需要说明的是，不同的目标函数所采用的灵敏度计算公式不尽相同，结构位移灵敏度、结构应力灵敏度、结构频率灵敏度的计算公式分别如下：

$$S_d = \frac{y_d^{\mathrm{Fem}} - y_d^{\mathrm{Test}}}{y_d^{\mathrm{Test}}} \times 100\% \tag{2-13}$$

$$S_s = \frac{y_s^{\mathrm{Fem}} - y_s^{\mathrm{Test}}}{y_s^{\mathrm{Test}}} \times 100\% \tag{2-14}$$

$$S_f = \frac{y_f^{\mathrm{Fem}} - y_f^{\mathrm{Test}}}{y_f^{\mathrm{Test}}} \times 100\% \tag{2-15}$$

式中 S_d——结构位移灵敏度值；

S_s——结构应力灵敏度值；

S_f——结构频率灵敏度值；

y_d^{Fem}——结构模型位移目标函数值；

y_d^{Test}——结构位移实测值；

y_s^{Fem}——结构模型应力目标函数；

y_s^{Test}——结构应力实测值；

y_f^{Fem}——结构模型频率目标函数；

y_f^{Test}——结构频率实测值。

2.3.3 联合静动力测试的目标函数建立

目标函数反映了测试响应与模型计算响应的差别，它的选择是有限元模型修正成功的关键，本书联合静动力测试建立的目标函数如下：

（1）基于静力位移的目标函数。

采用现场小幅度加载测试旧工业建筑结构位移的过程十分方便，且数据精度和可靠性较高，根据现场测试位移和模型计算位移构造静力位移目标函数为

$$F_1 = \sum_{j=1}^{m} \alpha_j \sum_{i=1}^{n} \left(\frac{U_{aij} - U_{tij}}{U_{tij}} \right)^2 \tag{2-16}$$

式中 F_1——静力位移目标函数；

U_{aij}——第 j 次荷载工况的第 i 个点位处的静力位移的有限元模型计算值；

U_{tij}——第 j 次荷载工况的第 i 个点位处的静力试验实测值；

m——荷载工况数；

α_j——第 j 工况的权重系数；

n——位移的测点个数。

（2）基于频率的目标函数。

考虑到振动频率对结构刚度变化非常敏感的特点，采取现场小幅度动力加载的手段，利用现场测试振动频率和模型计算振动频率构造频率目标函数为

$$F_2 = \sum_{i=1}^{p} \left(\frac{f_{ai} - f_{ti}}{f_{ti}} \right)^2 \tag{2-17}$$

式中 F_2——频率目标函数；

f_{ai}——第 i 阶的有限元模型振动频率计算值；

f_{ti}——第 i 阶的现场测试振动频率实测值；

p——参与优化的实测振动频率阶数。

（3）基于振型的目标函数。

同现场振动频率目标函数的构造手段一致，对现场小幅度动力加载过程进行振型核算，利用现场测试数据核算振型和模型计算振型构造振型目标函数为

$$F_3 = \sum_{i=1}^{p} \frac{(1 - \sqrt{\mathrm{MAC}_i})^2}{\mathrm{MAC}_i} \tag{2-18}$$

式中 F_3——振型（MAC 置信准则）目标函数；

MAC_i——第 i 阶的模态置信准则值；

p——参与优化的实测振动频率阶数。

（4）联合静动力测试的目标函数。

联合静动力现场测试的旧工业建筑再生利用施工有限元模型修正目标函数见式（2-19），相关约束条件见式（2-20）：

$$\min\{F_1, F_2, F_3\} =$$

$$\min\left\{\sum_{j=1}^{m}\alpha_j \sum_{i=1}^{n}\left(\frac{U_{aij} - U_{tij}}{U_{tij}}\right)^2, \sum_{i=1}^{p}\left(\frac{f_{ai} - f_{ti}}{f_{ti}}\right)^2, \sum_{i=1}^{p}\frac{(1 - \sqrt{\mathrm{MAC}_i})^2}{\mathrm{MAC}_i}\right\} \tag{2-19}$$

$$\begin{cases} 0 \leqslant |U_{ai} - U_{ti}| \leqslant U_R \\ 0 \leqslant |f_{ai} - f_{ti}| \leqslant f_R \\ M_m \leqslant \mathrm{MAC}_i \leqslant 1 \end{cases} \tag{2-20}$$

式中 U_R——测试位移与计算位移之间误差的上限；

f_R——测试频率与计算频率之间误差的上限；

M_m——MAC_i 值的下限。

2.3.4 改进 NSGA-Ⅱ的多目标函数优化

经过静动力目标函数式（2-19）和约束条件式（2-20）处理后，旧工业建筑的有限元模型修正问题已经变换为结构参数的约束优化问题。需要注意的是，本书联合静动力测试的目标函数为多目标优化问题，有别于单目标优化问题。

2.3.4.1 多目标优化问题分析

多目标优化问题指采用特定的数学方法对两个或两个以上的目标函数优化问题进行同时处理的过程。多目标优化数学模型一般由 n 个决策变量和 m 个目标变量组成的目标函数及与之相应的约束条件构成，典型数学描述如式（2-21）所示：

$$\left.\begin{aligned} &\min y = F(x) = (f_1(x), f_2(x), \cdots, f_m(x)) && \text{目标函数} \\ &\text{s.t.}\quad g_j(x) \leqslant 0,\ j = 1, 2, \cdots, J \\ &\qquad h_k(x) = 0,\ k = 1, 2, \cdots, K && \text{约束条件} \\ &\qquad x_{l\text{-}\min} \leqslant x_l \leqslant x_{l\text{-}\max},\ l = 1, 2, \cdots, N \end{aligned}\right\} \tag{2-21}$$

式中 $F(x)$——目标函数的表达式；

x——目标函数中的 n 维决策变量；

m——整个目标函数的数量；

$g_j(x)$，$h_k(x)$——目标函数的约束条件；

j，k——目标函数约束条件的数量；

$x_{l-\min}$，$x_{l-\max}$——目标维度向量的搜索限值。

2.3.4.2 多目标优化的 Pareto 最优解

多目标优化问题的 Pareto 最优解在于全局最优解不唯一，其 Pareto 最优解以一个 Pareto 最优解集合的形式存在，存在至少一个 Pareto 解优于集合内的其他所有解。这里假定 Pareto 解 x_i 优于 Pareto 解 x_j，数学描述为

$$\text{任意 } k \in [1,\ n],\ f_k(x_i) \leqslant f_k(x_j) \tag{2-22}$$

$$\text{存在 } k \in [1,\ n],\ f_k(x_i) < f_k(x_i) \tag{2-23}$$

以最为常见的双目标优化问题举例分析，Pareto 解集中的协调最优解为曲线最凸点，即 Pareto 最优解曲线上弯曲角最大的点，如图 2-7 所示。

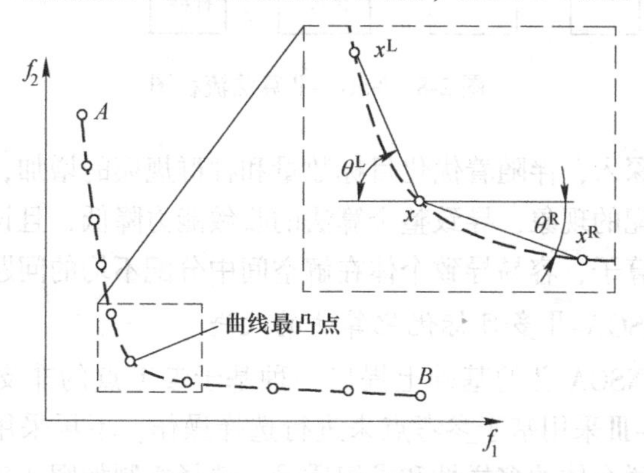

图 2-7 Paret 解集中的协调最优解

Pareto 前沿指 Pareto 最优解对应目标函数值所涉及的区域范围，图中即为曲线 AB；此外，目标函数值以纵横坐标表示，而 x 作为 Pareto 前沿上曲线最凸点上的一个 Pareto 解存在，该 Pareto 解弯曲角的数学描述为

$$\theta = \theta^{\mathrm{L}} - \theta^{\mathrm{R}} \tag{2-24}$$

$$\theta^{\mathrm{L}} = \arctan\frac{f_2(x^{\mathrm{L}}) - f_2(x)}{f_1(x) - f_1(x^{\mathrm{L}})} \tag{2-25}$$

$$\theta^{\mathrm{R}} = \arctan\frac{f_2(x) - f_2(x^{\mathrm{R}})}{f_1(x^{\mathrm{R}}) - f_1(x)} \tag{2-26}$$

式中 θ——Pareto 前沿曲线最凸点解 x 的弯曲角；

θ^{L}，θ^{R}——Pareto 前沿曲线最凸点解 x 与其最为接近的两个上下解 x^{L}，x^{R} 所构成的夹角。

2.3.4.3 NSGA 多目标优化算法

非支配排序遗传算法（non-dominated sorting genetic algorithm，NSGA）与传统遗传算法最大的区别在于该算法在执行选择操作前需要依据个体间的支配关系进行分层。该方法由 Deb 教授于 1994 年提出，于 2000 年改进为 NSGA-Ⅱ，相比于 NSGA，该算法引入了拥挤度的概念，增加了快速非支配排序策略和精英保留机制，在保证种群多样性的前提下降低了计算的复杂度，克服了需要确定共享参数的诸多不足，流程如图 2-8 所示。

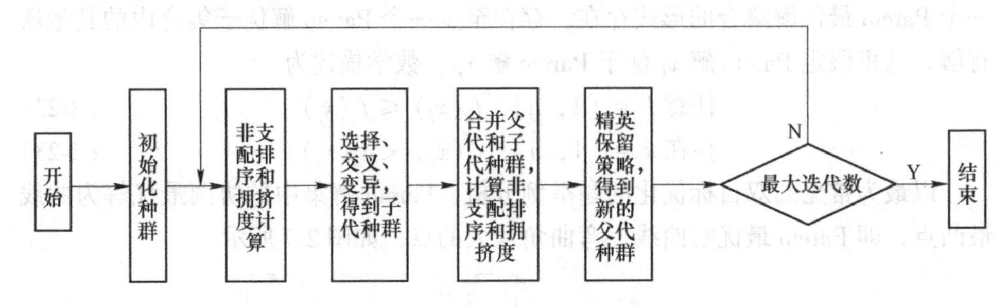

图 2-8 NSGA-Ⅱ算法流程图

随着研究的深入，伴随着优化目标数量和种群规模的增加，存在实际操作中部分个体不被支配的现象，导致整个算法的收敛能力降低，且该方法的寻优过程过于依靠拥挤度算子，容易导致个体在解空间中分配不均的问题发生。

2.3.4.4 NSGA-Ⅱ多目标优化算法的改进

基于此，在 NSGA-Ⅱ的基础上提出一种基于参考点的非支配排序遗传算法 NSGA-Ⅲ，NSGA-Ⅲ采用基于参考点来进行选择操作，不再采用拥挤距离，从而更好地保证了种群个体的多样性和求解质量，选择机制如图 2-9 所示。

图中 P_t 表示父代种群，Q_t 表示由 P_t 产生的后代种群，R_t 表示 P_t 和 Q_t 合并后形成的新的种群，种群规模数量为 $2N$（父代种群规模 N 和后代种群规模 N）。F_1，F_2，F_3 等表示不同的非支配水平，位置不同表示层数不同。

（1）种群个体非支配排序。按照 NSGA-Ⅱ一样的方法进行非支配前沿的个体分级，若新种群 $|S_t|=N$，则终止操作；若新种群 $|S_t|>N$，则表示 1 到 $L-1$ 层的需要被分级操作的个体已经处理完毕，$P_{t+1}=\cup_{i=1}^{L-1}F_i$，则其他的个体需要从 F_L 层选择。

（2）确定参考点。为了确保种群多样性和所求解的质量，NSGA-Ⅲ采用提前预设一组参考点的处理手段来确保种群个体与参考点的关联性。而参考点个数和位置采用 DAS 所提出的方法，在（$M-1$）维度的超平面上确定（优化目标所在的坐标轴一一对应着一个截距），确定方法不受参考点决策者的主观意愿影响且确定方法不固定。超平面中的参考点具体计算公式为

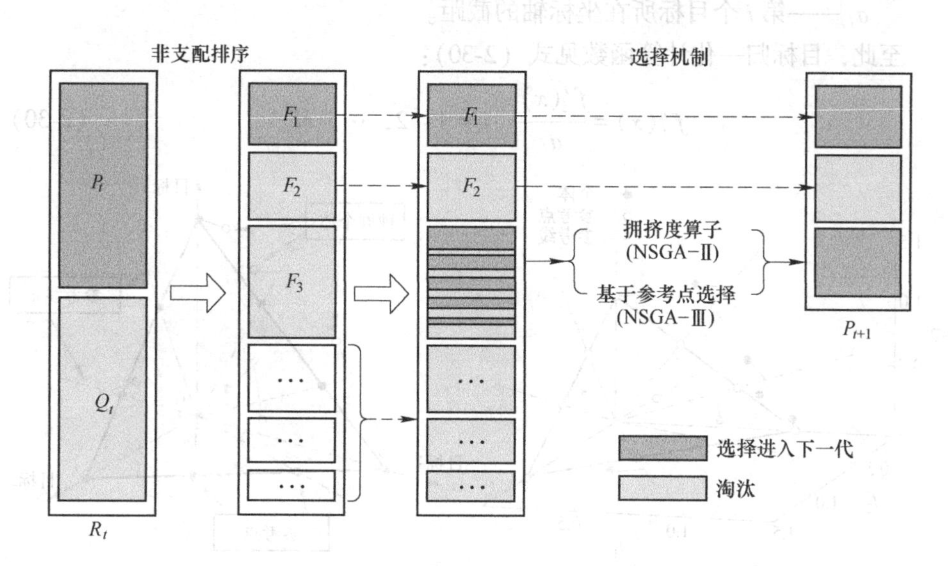

图 2-9 NSGA-Ⅱ、NSGA-Ⅲ的选择机制差别示意图

$$H = \binom{M + p - 1}{p} \tag{2-27}$$

式中 H——超平面中的参考点；

M——目标的优化问题的数量；

p——假定的每个目标所在坐标轴的分区数。

以一个简单的三目标优化问题举例，参考点分别为（0，0，1），（0，1，0），（1，0，0），且均设定于三角形定点处，假定三目标中的任一目标的坐标轴被分为 $p(p = 4)$ 部分，由此可知，超平面中的参考点为 $H = \binom{3 + 4 - 1}{4}$ 或参考点为 15 个，如图 2-10（a）所示。

（3）个体归一化处理。目标种群 S_t 的理想点需要通过对象中每一个目标函数的最小值 $z_i^{\min}$ 来确定，而 $\bar{z} = (z_1^{\min}, z_2^{\min}, \cdots, z_M^{\min})$ 表示理想点集合。第一步，用每个目标函数值 $f_i(x)$ 分别减去各自函数值所对应的理想点，见式（2-28）：

$$f'_i(x) = f_i(x) - z_i^{\min} \tag{2-28}$$

第二步，通过 ASF 函数来确定各个坐标轴上的极值点，而 M 维的超平面由 M 个极值向量构成，极值点计算函数见式（2-29）：

$$\mathrm{ASF}(x, z, w^i) = \max_{i=1}^{M}\left(\frac{f_i(x) - z_i^{\min}}{w_i^i}\right) \tag{2-29}$$

式中 w^i——所在坐标轴空间中第 i 个目标的方向；

a_i——第 i 个目标所在坐标轴的截距。

至此，目标归一化计算函数见式（2-30）：

$$f_i^n(x) = \frac{f'_i(x)}{a_i} \quad i = 1, 2, \cdots, M \tag{2-30}$$

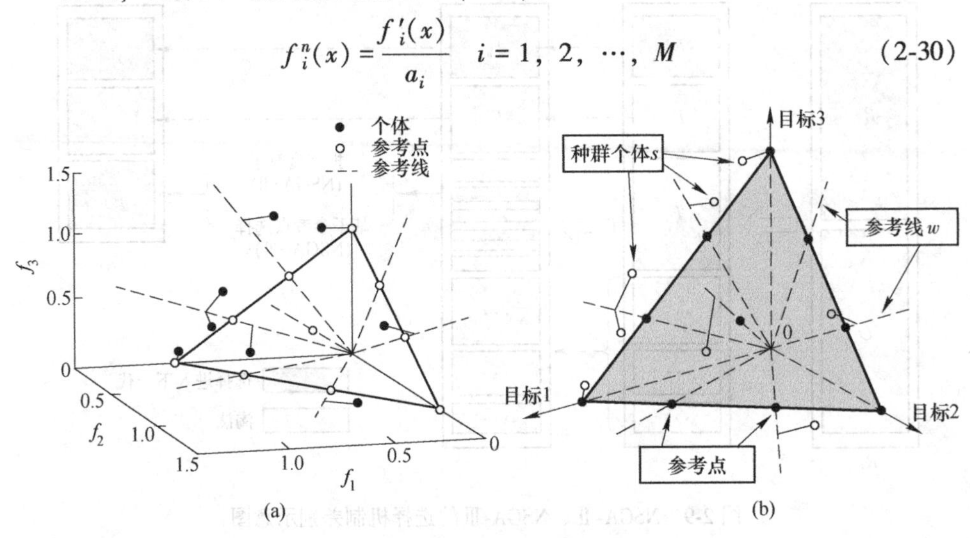

图 2-10　关联参考点解析

(a) 参考点举例分析；(b) 关联参考点处理示意图

(4) 关联参考点处理。参考线是连接零点与参考点之间的线段。待目标逐一归一化之后，对种群中的个体和提前设定的参考点通过计算种群个体与参考线举例来实现关联处理（距离最近为原则），如图 2-10（b）所示。

(5) 剔除与保留参考点。某一个参考点同一个或若干个种群个体相互关联，或与任一个体毫无关联，需要通过不断地剔除和保留，直至满足种群规模 N 为止。

2.3.4.5　NSGA-Ⅲ算法的基本流程

采用带精英策略的快速非支配排序遗传多目标优化算法 NSGA-Ⅲ来求解有限元模型修正的多目标优化问题，基本步骤如图 2-11 所示。

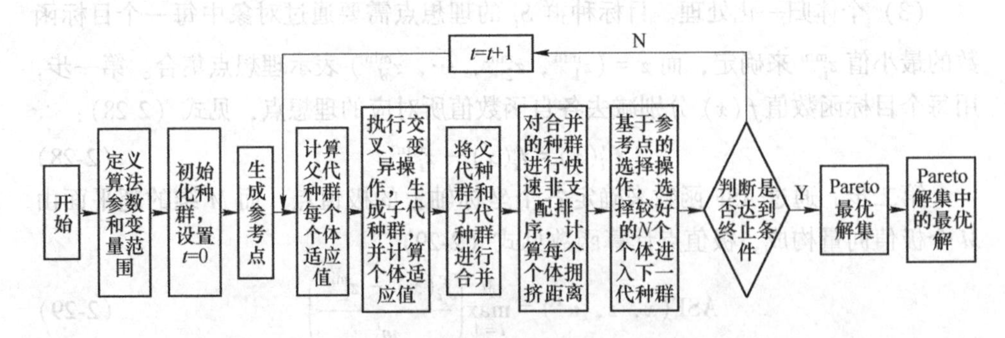

图 2-11　NSGA-Ⅲ算法的基本流程

2.3.5　实现多目标优化的有限元模型修正

在上述理论分析的基础上，构建基于静、动力实测数据的旧工业建筑结构有限元模型的修正方法，具体实现流程如图 2-12 所示。

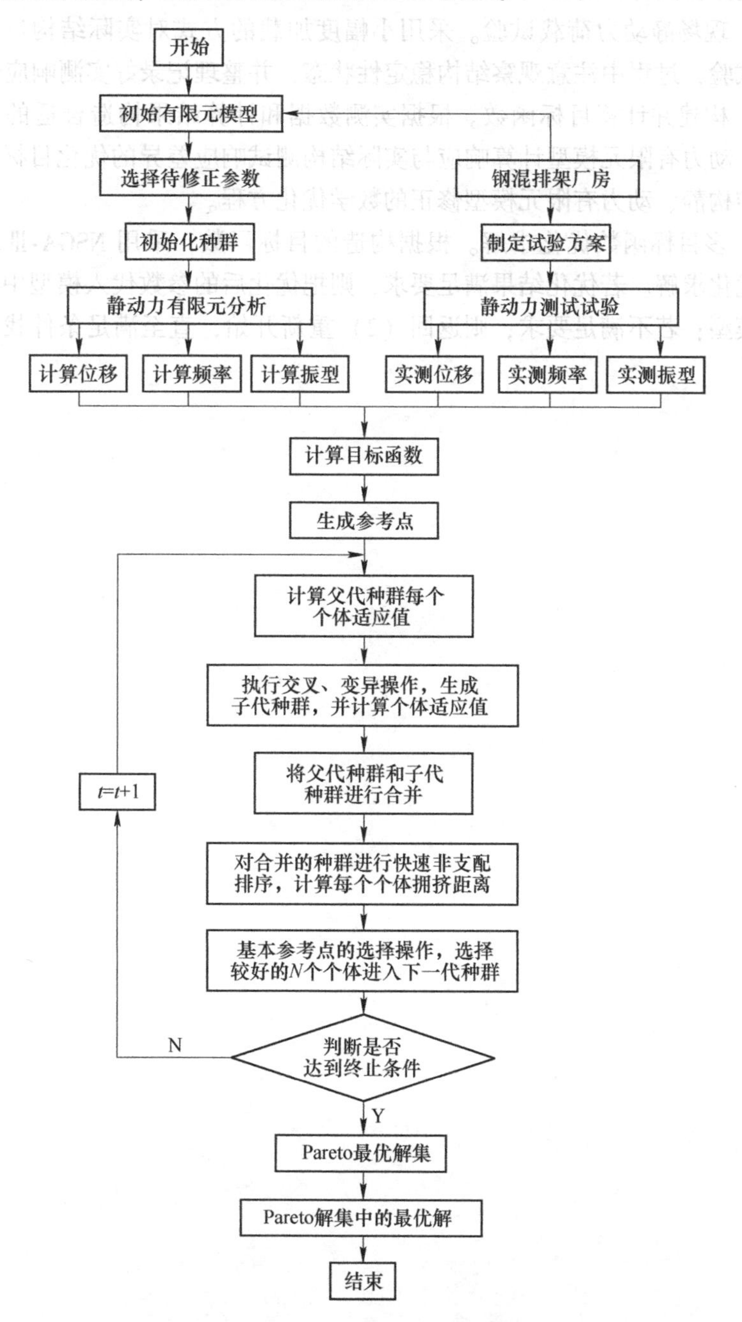

图 2-12　基于多目标优化的旧工业建筑结构有限元模型修正流程图

(1) 建立初始有限元模型。依据原始设计图纸、检测报告，结合结构当前的实际状况和相关工程经验，建立初始旧工业建筑结构有限元模型。

(2) 确定模型修正参数。依据过往工程实践经验初选初步修正参数，并结合灵敏度分析法计算对结构动静力响应影响较大的参数为待修正参数。

(3) 现场静动力荷载试验。采用小幅度加载的方式对实际结构进行静、动力荷载试验，过程中注意观察结构稳定性状态，并整理记录好实测响应数据。

(4) 构建并计算目标函数。根据实测数据和计算结果构造合适的能够反映结构静、动力有限元模型计算响应与实际结构测试响应差异的优化目标函数，从而得到结构静、动力有限元模型修正的数学优化方程。

(5) 多目标函数优化求解。根据构造的目标函数，采用 NSGA-Ⅲ对目标函数进行优化求解。若优化结果满足要求，则把优化后的参数代入模型中得到精准有限元模型；若不满足要求，则返回 (2) 重新开始，直至满足条件找到最优解为止。

3 旧工业建筑再生利用施工安全监测方法

本章在再生利用施工安全模拟方法研究成果的基础上，通过对再生利用施工安全监测项目、监测位置、监测传感器的归纳分析，提出了基于损伤可识别-模态可观测的旧工业建筑再生利用施工安全监测传感器优化布置方法，以期得到不同工况下的最优布置方案，据此实时获取施工状态信息。

3.1 再生利用施工安全监测内容及方法

3.1.1 监测项目及位置

旧工业建筑再生利用施工安全监测项目主要以线性控制、应力控制、稳定性控制为目的加以确定，有限的监测位置需要重点布置在结构的关键传力路径上，以结构传力路径的基本简化原则为基础，依据构件失效导致结构发生破坏的严重程度和影响范围来划分传力路径中构件重要度类型。基于此，将旧工业建筑结构传力体系中的所有构件按重要程度划分为三个等级，见表3-1。

表 3-1 旧工业建筑结构构件重要度划分

路径	具体说明
主要传力构件（核心构件）	在旧工业建筑的结构传力体系中重要性级别最高的承重构件，其失效后可能导致传力路径失效，严重影响结构传力体系的承重功能，并引起严重的后果
次要传力构件（重要构件）	在旧工业建筑结构传力体系中重要性级别较高，其失效后一般不会导致传力路径失效，对结构传力体系的承重功能影响相对较小，但可能导致相邻范围构件的破坏，后果较为严重
一般构件	在旧工业建筑结构传力体系中重要性级别最低，其失效后不会导致传力路径失效，对结构传力体系的承重功能影响最小，引起的破坏一般仅在本构件范围内，对相邻构件影响较小

注：核心构件可采取永久固定监测传感器，便于施工后结构服役期间继续使用。

3.1.1.1 监测项目的确定

旧工业建筑再生利用施工安全监测要求（点位、项目、数量等）远高于传统新建项目施工安全监测，尤其是监测项目的确定需要充分考虑：(1) 构件的原始缺陷及其重要性与易损性；(2) 充分反映结构自身响应规律且方便实现；(3) 充分考虑外部环境等因素的影响；(4) 设计中考虑的特殊监测项目。从以上几个方面出发，结合旧工业建筑再生利用的施工特点、所处环境、投资预算等，通常将监测项目分为结构自身响应监测和外部作用因素监测两个方面，见表3-2。

表3-2 旧工业建筑再生利用施工安全监测的主要内容

主项	分项	主要内容
结构自身响应	局部性能响应	（1）关键构件应力监测。因温度变化、结构缺陷或损伤等影响下的结构受力复杂性，可通过监测应变的方法获得构件的受力情况。关键构件在不同工况作用下的响应情况，包括构件应力、索力、上部压力等监测。 （2）关键构件变形监测。受损构件的局部为一薄弱部位，在竖向荷载作用下部分竖向承重构件存在压弯变形，或者在偶然的水平荷载作用下，出现侧移及整体倾斜增大，从而引起结构受力严重不均匀，导致结构开裂、破坏。监测过程中重点监测关键构件的扰度、垂直度、转角等变化。 （3）关键构件裂缝监测。由于施工振动、结构内力变化以及内力重分布的影响，结构构件原有裂缝可能有所扩展，也可能会产生一些新的裂缝，使结构构件的承载能力下降和刚度降低，从而导致变形过大，甚至造成结构构件破坏。 （4）特殊构件振动监测。如屋架弦杆的振动、吊车梁的振动等
	整体性能响应	（1）结构整体倾斜度、地基基础变形、支座变位等。结构构件的轴线位置是结构整体受力的综合反映，实际位置与设计位置的偏离程度是衡量结构安全状况的重要标志。若偏离程度超过容许值，整体性能会受到严重影响。 （2）稳定性监测。对结构动应变、振幅、加速度等响应的监测，分析结构的频率、振型和阻尼等整体振动特性指标，从整体上把握结构的稳定性状态，此外，结构的整体极限承载力也是衡量结构整体稳定性的一个重要指标
外部作用因素	施工状态	结构施工状态主要是根据施工进度将结构分为各种不同的工况，如设置临时支撑状态、构件拆除施工状态、构件加固施工状态、拆除临时支撑状态等；结构的施工状态直接关系到结构的安全，因此再生利用施工组织中的施工方法、施工进度、施工顺序、施工工艺、作业时间等信息的调整都应有详细的调查和记录，及时与施工模拟进程中的参数进行对比
	荷载变化	对施工过程中作用在结构上随机性较大的临时荷载分布（超载、偏载等）及变化进行描述和实时监测，与施工模拟中的设计荷载进行对比分析。重点对作业面上的临时荷载采用实地观察或摄影传感器等方法进行描述和监测，做到快速准确估计固定荷载（卷扬机、压浆机等）的重量，且随时记录随机荷载（钢筋、人等）的堆放位置、时间和重量
	环境变化	（1）风速、风压、风向监测。风速与风向对施工过程中的结构的受力状况有很大的影响，根据实测获得的结构不同部位的风场特性，结合气象部门及自身监测信息为监测系统的在线或离线分析提供准确的风载信息。 （2）温度、湿度监测。温度监测包括结构施工过程中的温度场和结构各部分的温度监测。温度场影响现浇结构施工，传感器的工作温度影响仪器精度。 （3）雪荷载监测。施工过程中的计算模型一般不考虑雪荷载作用，但是北方冬季施工期间，要及时监测突发的降雪现象，根据雪量描述雪荷载的作用。 （4）其他监测。如对需要抗震设防的结构进行地震荷载监测，为震后响应分析积累资料；对混凝土碳化、钢筋锈蚀等监测，为耐久性评价提供依据

3.1.1.2 监测位置的确定

原有结构存在受损、开裂等缺陷，在结构破坏时都会出现一些宏观或微观的变化，表现在变形急剧加大，局部应力突增等，在施工过程中再次受力时这种变形和应力变化会指数倍增加，而根据以往工程实际经验和对结构传力路径的分析，监测点位需要在经济合理的前提下最大限度地覆盖该类重点区域，见表3-3。

表3-3 常见的施工安全监测位置点

序号	内容	举例说明
1	受损严重的主要传力构件	构件出现裂缝超限、变形超限等
2	新旧结构的主要传力节点	新增钢构件在混凝土构件预埋连接处等
3	最大位移发生的位置	屋架跨中、主梁跨中、排架柱端部等
4	结构整体变形的主控制点	立柱两端（侧移）、沉降变形点等
5	最大应力变化的位置	屋架的跨中及端部、柱端处及中部等
6	应力集中或传力明确的位置	上部大量临时荷载的柱端、梁跨处等
7	受环境变化影响较大的区域	上弦、下弦水平钢支撑，纵向水平钢支撑等
8	对总体温度环境监控的监测点	高空操作平台测风点、传感器测温点等
9	外部风力荷载作用的主控点	外墙、抗风柱、屋顶几何作用点等

3.1.2 监测设备的选用

监测传感器是获得结构状态信号的一种量测装置，工作原理为将非电量物理量（如位移、应力、压力、应变等）转化为能够用电测方法进行识别的电量信号。在进行监测传感器选择时主要依据以下原则：（1）传感器的量程、采样频率等满足要求；（2）传感器的稳定性、可靠性、耐久性需满足要求；（3）传感器具有较好的相容性与扩展性且便于组网；（4）尽量选用同类型的传感器，避免设备的复杂化。常见的施工安全监测传感器类型见表3-4。

表3-4 监测传感器的类型及精度要求

序号	项目	内容	图例
1	几何线型测量传感器	（1）高智能型静力水准仪。由一系列智能液位传感器及储液罐组成，储液罐之间由连通管连通。通过测量液位的变化，了解被测点相对水平基点的升降变形	
		（2）全站仪光电测距。可测三维位移，通过布置棱镜，利用全站仪的红外激光探测功能，对棱镜连续监测，实现连续监测的目的，可确定各测点的几何坐标与位置结果	

续表 3-4

序号	项目	内 容	图 例
1	几何线型测量传感器	(3) 倾角仪测量。理论成熟，计算原理易理解，计算过程较为简单，费用较低，不受气候环境影响，无需设置基准点，测量范围较大，可测三个方向的变形，但精度较低	
		目前常用的主要有精密水准仪、百分表、全站仪光电测距、GPS 法、倾角仪、拉绳位移传感器、连通管等	
2	裂缝监测传感器	(1) 电测仪器监测。技术相对成熟，但监测仪器的安装对结构整体有一定的损害，且易受到周围电磁场的干扰	
		(2) 新型光纤传感器。广泛应用，只要裂缝的方向与光纤斜交，就能感知裂缝的存在（位置和宽度）	
3	应变测量传感器	(1) 电阻式应变传感器。用应变片的电阻变化与被测变形构件应变成正比的原理来测量应变。其敏感性好，但稳定性和耐久性差，抗电磁干扰能力差，不适用长期监测	覆盖层 黏结剂 敏感线 基底 引出线 b l
		(2) 振弦式应变传感器。通过钢弦的频率变化和伸长测试构件应变。该方法传输距离远、抗干扰性好和长期稳定性较好，但外观尺寸较大，不能测量变化很快的应变	
		(3) 光纤光栅应变传感器。主导产品是光纤布拉格光栅（FGB）应变传感器。它的传感信号为波长调制。在测量温度、应变、压力等物理量中得到了广泛的应用	
		主要技术指标要求，量程±1500με，测量精度<0.5%F.S.，分辨率<0.1%F.S.，零漂<0.01%F.S.，温漂<0.1%F.S./℃，使用环境温度-40~80℃	
4	振动测量传感器	(1) 压电式加速度传感器。利用压电材料制成的传感元件，受压后会在其表面产生与压力成正比的电荷。最常用的是电荷放大器，但其电路比较复杂，性价比不理想	
		(2) 电容式加速度传感器。利用两块极板来感应加速度引起的电容的变化。这种加速度传感器因具有测量精度高、温度系数小、稳定性好等优点而受到广泛关注	
		(3) 力平衡式加速度传感器：原理与电容式加速度传感器相似。该传感器体积小巧，造型美观，在灵敏度、分辨率、精度、线性度、动态范围和稳定性等方面表现良好	

续表 3-4

序号	项目	内　容	图 例
4	振动测量传感器	(4) 光纤光栅加速度传感器。具有耐腐蚀性好、体积小、重量轻、可埋入、绝缘性好、灵敏度高、精度高、便于实现分布式测量等优点。其最大的缺点是辅助设备多，费用高	
		加速度传感器主要技术指标要求：量程 0.01~50Hz，采样频率>200Hz，灵敏度±2.5V/g，信噪比>120dB	
5	支座位移监测传感器	(1) 拉绳式位移传感器。具有测量范围高（60m）、成本低、精度高、信号齐全、抗冲击性能好、兼容性强等特点	
		(2) 磁致伸缩仪。利用两个不同的磁场相交产生一个应变脉冲信号，计算信号被探测到的时间周期，换算位置	
		支座位移传感器主要技术指标要求：参考量程±1000mm，测量精度 1mm，误差±2mm，采样频率 100Hz	
6	索力拉力监测传感器	(1) 油压表读数法。简单直观，缺点为读数有偏差，用于施工阶段（较常用）	
		(2) 压力传感器法。精度较高，可进行长期监测，缺点为成本高，必须前期预装，用于施工阶段（较常用）	
		(3) 振动频率法。方法可靠，操作方便，精度高，适用范围广，缺点为精度受被测构件边界条件的限制（较常用）	
		在上述方法之外还有不常用的三种方法：振动波法、三点弯曲法、应变式测量法	
		索力传感器主要技术指标要求：参考量程为 1.2 倍极限杆索承载力，测量精度 0.1kN，误差±0.5kN，采样频率>100Hz	
7	工作环境监测传感器	(1) 空气温湿度监测传感器。温度测量范围−50~100℃，精度±0.3℃，采样频率 1 次/分。湿度测量范围 0~100% RH，精度±0.3% RH，采样频率 1 次/分	
		(2) 结构温度监测传感器。钢结构构件通常选用光纤光栅温度传感器。（量程−50~100℃，精度±0.5℃，分辨率 0.1℃，采样频率 1 次/分）	

续表 3-4

序号	项目	内　容	图 例
7	工作环境监测传感器	(3) 风速、风向监测传感器。多为机械式风速仪。风速：测量范围 0～60m/s，精度±0.3m/s，分辨率 0.1m/s。风向：测量范围 0°～360°，精度±3°，分辨率 3°，采样频率 1 次/秒	
		(4) 地震荷载监测传感器。地震荷载作用下，结构基础处地面运动情况通常采用地震仪或加速度传感器来观测。地震仪可显示地震加速度峰值、所持续的时间等参数	

结合旧工业建筑结构特点和再生利用施工中的特殊性，一个完善优良的传感器优化布置方案需做到：(1) 传感器系统的采集与配套设施费用最少；(2) 传感器数量及布设位置达最优，涵盖关键测点且能获取全面准确的结构响应信息；(3) 在极端环境工作下监测传感器获得的信息要可靠、稳定、全面；(4) 保证模态可观测且对监测中的结构性能具有较强的敏感性，使测试结果与模拟结果相互呼应。

3.1.3 监测系统的实施

施工安全监测工作中往往存在监测点位布置不合理，现有监测传感器布置方案难以全面感知旧工业建筑施工过程中的结构响应变化等问题。施工安全监测是确定最优施工工序执行情况的反映。基于此，本书通过对施工安全监测项目、监测位置需求的分析，结合市场上现有监测传感器的类型和精度水平，制定了施工安全监测传感器的优化布置流程，如图 3-1 所示。

(1) 结构自身响应监测传感器优化布置。首先不能直接单纯地套用传统新建项目或既有建筑健康监测传感器优化布置方法，一方面，旧工业建筑在服役期间结构自身往往存在不同程度的损伤（如锈蚀、磨损、变形、开裂等），分布规律表现出极强的随机性；另一方面，在施工期间因不利荷载作用下还会导致结构出现不同程度的破坏，且往往优先发生在关键传力构件处和关键节点处。因此，监测传感器点位布置方案不仅需要将有限个测点布置在对结构安全影响较大的已有损伤构件处，还需布置在时变体系的关键传力节点处。基于此，通过对现有传感器布置与优化方法的比较分析，结合对结构传力路径的分析及构件内力分布规律的梳理，提出了基于实测数据的旧工业建筑再生利用施工安全监测传感器优化布置方法。

(2) 外部作用因素监测传感器优化布置。外部作用因素监测传感器的布置

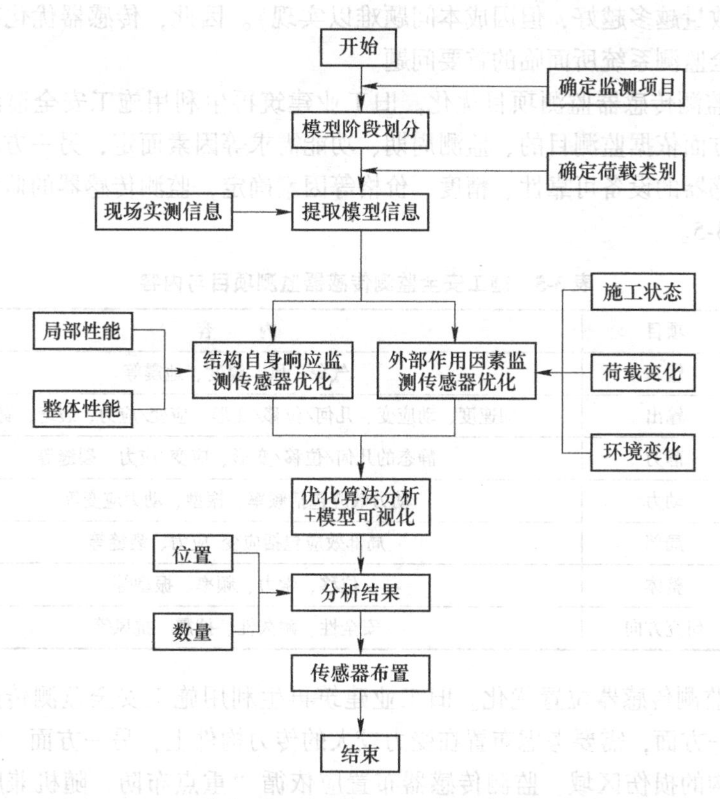

图 3-1 旧工业建筑再生利用施工安全监测传感器优化布置流程

根据项目预期的经济投入，分级采用三维扫描系统、数字图像技术或摄影传感器结合现场技术人员的日报对施工状态（施工进度、顺序、时间）、固定荷载和随机荷载变化、环境变化中的雪荷载变化等进行监测。摄影传感器等点位布置具体遵循布置方案经济合理、点位数量尽可能少、整体可观测的范围大、设备拆移频率低、传输信号延迟低、施工关键工序全覆盖等原则执行。具体操作可根据本书所建立的不同阶段有限元模型或建筑设计方案阶段的三维可视化模型，通过虚拟游览与现场实地踏勘相结合的方式进行，通过三维透视、全场景预览确定最终监测点位。针对环境变化因素中的风速、风压、风向、湿度等监测传感器的布置方法，主要依据当地气象部门的天气预报结合风荷载作用下结构最大位移值和风速特征值点位进行。

3.2 监测传感器布置原理与方法

3.2.1 监测传感器优化主要内容

施工安全监测的有效性很大程度取决于被测项目的数据质量和数量（理论上

监测项目数量越多越好，但因成本问题难以实现）。因此，传感器优化布置是建立施工安全监测系统所面临的首要问题。

（1）监测传感器监测项目优化。旧工业建筑再生利用施工安全监测项目的优化，一方面依据监测目的、监测周期、功能需求等因素而定；另一方面依据现有监测传感器的设备可靠性、精度、价格等因素确定，监测传感器的监测项目与内容见表3-5。

表3-5 施工安全监测传感器监测项目与内容

序号	项目	内容
1	输入	气象、风、温度、地震等
2	输出	加速度、动应变、几何/位移/变形、应变/应力、裂缝、腐蚀等
3	静力	静态的几何/位移/变形、应变/应力、裂缝等
4	动力	动力效应包括频率、振型、动力应变等
5	局部	局部效应包括应变/应力、裂缝等
6	整体	位移、索力、频率、振型等
7	研究方向	安全性、耐久性、抗震、抗风等

（2）监测传感器位置优化。旧工业建筑再生利用施工安全监测传感器位置的优化，一方面，需要考虑布置在受力较大的传力构件上；另一方面，需要考虑布置在结构的损伤区域。监测传感器布置应依循“重点布防、随机兼顾”的原则，见表3-6。

表3-6 施工安全监测传感器位置布置原则

序号	规律	原则介绍
1	原则一	原始受损状况较大的构件，作为重点布设位置
2	原则二	施工过程中结构受力较大的构件，作为重点布设位置
3	原则三	考虑到钢混排架厂房的对称性，传感器也应对称布设
4	原则四	按监测项目的重要程度分配监测传感器的类型

（3）监测传感器数量优化。旧工业建筑再生利用施工安全监测传感器数量的优化，一方面，工程实践中初始数量往往多以经验确定，具有较大的随意性和不确定性；另一方面，在初始数量确定之后，结合设备效益-成本分析曲线确定最终数量。

3.2.2 监测传感器优化布置准则

旧工业建筑再生利用施工安全监测传感器布置问题本质上是在N个待选测点中，确定m个最优点，而传感器优化布置准则是评价监测传感器布置方案好坏的标尺，常用的监测传感器优化准则见表3-7。

表3-7 监测传感器优化布置准则

序号	准则	优化布置准则详情
1	模态保证准则（MAC）	由于测量的自由度远远小于结构总自由度数，且测量过程易受测试精度和噪音的影响，使测得的模态向量不可能保证其正交性，极端情况下会由于向量的空间交角过小而丢失重要的模态。模态保证准则的实质是在进行传感器布置时尽量保证模态向量间获得较大夹角，避免结构因空间结构夹角过小而丢失重要模态，是评价模态向量空间夹角的较好工具
2	振型矩阵的条件数准则	矩阵$\boldsymbol{A}$的条件数可定义为：$\mathrm{cond}(\boldsymbol{A}) = \|\boldsymbol{A}\|\|\boldsymbol{A}^{-1}\|$。其中，$\|\boldsymbol{A}\|$表示矩阵$\boldsymbol{A}$的任意一种范数。由于矩阵的范数有多种，因此条件数的定义也有多种，但2-范数较为常用。一个可逆矩阵的条件数还可以表示为矩阵的最大奇异值与最小奇异值之商；若矩阵$\boldsymbol{A}$不是方阵，则它的条件数可定义为最大奇异值与最小非奇异值之商。矩阵条件数是判断矩阵是否病态的一种度量，反映了求解过程中的稳定性，条件数越大矩阵越病态；因此可用振型模态矩阵的条件数来评价方案好坏，通常条件数越接近1，布点越好，反之越差
3	Fisher信息阵准则	根据优化目标的不同，Fisher信息阵有不同的表达方式，常见的是有效独立法中根据模态振型或根据损伤灵敏度法推导出的Fisher信息阵。从统计学上看，可将Fisher信息阵等价于待估参数估计误差的最小协方差矩阵。实际应用中，Fisher信息阵有不同的指标，如迹、范数、行列式值等。Fisher信息阵行列式值、迹、某种范数越大，获取的有效信息就越多
4	模态运动能准则	模态运动能准则是指模态应变能越大，结构响应越明显，传感器布置在模态运动能较大的自由度上，且所在位置有利于参数识别。不足之处是参数识别的精确依赖于有限元模型网格划分的精确性。针对此类问题，平均模态动能法、特征向量乘积法等手段的提出可获得一定改进效果
5	识别误差最小准则	在传感器优化布置准则中，该准则应用最多，其要点是连续对传感器进行调整，直至识别目标的误差达到最小值，对于静动力传感器优化配置均可适用。基本思想是：当Fisher信息矩阵获得最大值时，系统参数识别误差最小。以此准则建立了很多优化算法，如有效独立法（EI）
6	插值拟合准则	利用有限测点的响应来构造未测量点的响应。通过模型响应信息进行插值拟合计算，并将传感器布置在误差最小位置，实现较小的传感器获取尽可能多的结构信息，多用于以获得未测量点的响应为目的的传感器布置
7	模型缩减准则	模型缩减准则将模型自由度分为主自由度和次自由度，将模型的约束方程代入动能或应变能方程进行迭代缩减，保留结构主自由度。将传感器布置在这些位置进行健康监测，能较好反映系统的低频模态
8	均方差最小准则	采用模态扩展方法，通过传感器输出效应值进行模态扩展，得到结构任一点的效应值，通过调整传感器位置得到不同的扩展效应值，与有限元计算值比较，进而取误差最小的传感器布置方案
9	抗噪声性能准则	用来评价测量模态与有限元分析模态两者的一致程度，即噪声对模态参数的影响。通常采用删除候选位置后的Fisher信息阵的行列式值，与原始测点的Fisher信息阵的行列式值两者的百分比来评价各方法的抗噪声能力

注：准则1、准则2在保证模态向量的正交性方面起到了基本作用，但不能保证测点对待识别参数的敏感性达最优；准则3能保证传感器布设在响应的高幅值点，有利于数据的采集及提高抗噪声性能，但较依赖于有限元模型的划分。实际使用中，前3个准则使用较多。

3.2.3 监测传感器优化布置算法

监测传感器优化布置算法根据监测用途的不同，总体上可以归纳为两大类，即基于模态可观测性的优化布置法和基于损伤可识别性的优化布置法，不同的方法具有不同的优缺点，常见的监测传感器优化布置方法见表 3-8。

表 3-8 监测传感器优化布置方法优缺点比较

方法	主要内容	优点	缺点
有效独立法（EI）	从所有测点出发，逐步消除对目标模态向量线性无关贡献最小的自由度，达到用有限的传感器采集到尽可能多的模态参数信息的目的	不依赖于集中复杂的搜索技术即可实现传感器的位置优化，精确性高，适用性强	抗干扰效果较弱，计算复杂，稳定性低
模态保证标准（MAC）	以模态保证准则矩阵的非对角线元素值最小为目标来配置传感器，模态向量需尽可能保持较大的空间交角	模态保证标准适应于检查两阶模态之间的相互独立性和一致性	很难保证测得模态向量正交性，极端情况下会丢失重要模态
模态动能法（MKE）	针对每一个目标振型绘出各自的模态动能分布图，然后将传感器布置在振幅较大或者模态动能较大的位置	可观性和可控度高，抗干扰强，减小误差影响，适应复杂环境	依赖有限元网格划分的大小，精确性较低
敏感性分析（DSAM）	基于结构损伤识别的传感器优化布置方法，假设结构出现损伤，仅考虑结构刚度参数变化，忽略质量和阻尼变化	采用最大化结构运动能来量测各自由度的贡献，避免模态扩阶	测试模态对结构的损伤需具有足够的灵敏度
动力响应分析法（DRS）	将模态可观性或损伤可识别性的优化目标结合起来，给出协调 Fisher 信息矩阵最大与条件数最小的优化算法	将基于模态可观性或损伤可识别性的优化目标结合起来	信息矩阵最大与条件数最小需优化
模态应变能法（MSE）	模态位移较大的位置，其模态应变能也较大，按结构各自由度上模态应变能从大到小的顺序来布置测点	以节点自由度对模态应变能的贡献度较大作为候选测点	比较依靠有限元模型的修正精度
随机类优化算法	根据概率进行，不会陷于局部极小点。常见的随机类优化算法有遗传算法、模拟退火算法、粒子群算法等	具有代表性的随机类算法求解过程不易陷入局部最优解	较难选取合理的参数，搜索效率较难控制

不同的监测传感器优化布置方法都存在一定的优缺点，任何一种单一的方法都很难独立高效地解决目标问题，因此，将两三种方法或多目标函数结合起来使用是一大发展趋势，这样既可以克服各自的缺点并相互补充，同时又可使传感器的布置达最优。优化用途的不同将导致测点优化结果的不同，局部响应监测传感器优化布置采用静态应变分析法 MSE 进行优化；整体响应传感器优化布置，本书在有效独立法 EI 和模态动能法 MKE 的基础上，提出有效节点法 EM 加以优化，在实现监测点位损伤可识别性的基础上又满足了模态振型观测性的最优条件。

3.3 再生利用施工安全监测点位优化布置方法

3.3.1 监测传感器优化布置的数学描述

针对旧工业建筑自身的结构特点，依据再生利用施工安全监测传感器的优化布置准则进行静力监测传感器和动力监测传感器的布置，相应的数学描述如下。

3.3.1.1 结构静力监测传感器优化布置

传递误差最小多作为旧工业建筑再生利用施工安全静力传感器的优化布置准则，静力监测传感器优化布置相关数学描述见式（3-1）：

$$y + \Delta y = f(x_1 + \delta_1, x_2 + \delta_2, \cdots, x_n + \delta_n) \tag{3-1}$$

式中 y——目标参数；

$x_1, x_2, \cdots, x_n$——现场监测值，监测值的大小直接影响目标参数，计为 $y = f(x_1, x_2, \cdots, x_n)$；

Δy——$\delta_1, \delta_2, \cdots, \delta_n$ 引起目标参数 y 的误差大小；

$\delta_1, \delta_2, \cdots, \delta_n$——现场监测值 $x_1, x_2, \cdots, x_n$ 自身的误差大小。

将式（3-1）按泰勒级数展开的同时略去高阶无穷小，见式（3-2）：

$$\Delta y = \frac{\partial f}{\partial x_1}\delta_1 + \frac{\partial f}{\partial x_2}\delta_2 + \cdots + \frac{\partial f}{\partial x_n}\delta_n \tag{3-2}$$

则相应的最大误差 Δy_{max} 为

$$\Delta y_{max} = \pm\left(\left|\frac{\partial f}{\partial x_1}\delta_1\right| + \left|\frac{\partial f}{\partial x_2}\delta_2\right| + \cdots + \left|\frac{\partial f}{\partial x_n}\delta_n\right|\right) \tag{3-3}$$

依据上述准则，旧工业建筑再生利用施工安全监测传感器优化布置的目标函数可定义为

$$\min(\Delta y_{max}) \tag{3-4}$$

工程实践中，旧工业建筑再生利用施工安全静力监测传感器优化布置的原则往往依据计算确定于结构施工过程中某阶段的关键受力部位。

3.3.1.2 结构动力监测传感器优化布置

由于存在偏微分方程难以对模型进行具体运动形式的描述问题，在工程实践中常采用有限单元法将分布参数体系的结构进行离散化处理，进而采取微分方程的形式对相应的模型进行描述分析。则线性不变系统的运动方法描述见式（3-5）：

$$\begin{aligned} \boldsymbol{M}\ddot{\boldsymbol{p}} + \boldsymbol{D}_p\dot{\boldsymbol{p}} + \boldsymbol{K}\boldsymbol{p} &= \boldsymbol{B}\boldsymbol{f} \\ \boldsymbol{y} &= \boldsymbol{C}_d\boldsymbol{p} + \boldsymbol{C}_v\dot{\boldsymbol{p}} + \boldsymbol{D}\boldsymbol{f} \end{aligned} \tag{3-5}$$

式中 $\boldsymbol{M}$ —— $n \times n$ 的正定质量矩阵；

n ——总自由度数；

$\boldsymbol{p}$ —— $n \times 1$ 的位移向量；

$\boldsymbol{D}_p$ ——阻尼矩阵（常为比例阻尼）；

$\boldsymbol{K}$ —— $n \times n$ 的非负定对称刚度矩阵；

$\boldsymbol{B}$ —— $n \times r$ 的作动器位置矩阵；

r ——作动器个数；

$\boldsymbol{f}$ —— $r \times 1$ 的控制力向量；

$\boldsymbol{y}$ —— $s \times 1$ 的测量向量；

s ——监测传感器个数；

$\boldsymbol{C}_d$，$\boldsymbol{C}_v$ ——输出系数矩阵。

根据监测传感器的模态叠加原理，监测传感器系统响应见式（3-6）：

$$\boldsymbol{p} = \sum_{i=1}^{n} \boldsymbol{\phi}_i \eta_i = \boldsymbol{\Phi\eta}\ ,\ \boldsymbol{\Phi} = [\boldsymbol{\phi}_1,\ \boldsymbol{\phi}_2,\ \cdots,\ \boldsymbol{\phi}_n] \tag{3-6}$$

式中 $\boldsymbol{\phi}_i$ ——第 i 阶振型向量；

η_i ——第 i 阶模态坐标；

$\boldsymbol{\eta} = [\eta_1,\ \eta_2,\ \cdots,\ \eta_n]^{\mathrm{T}}$。

将式（3-6）代入式（3-5），得式（3-7）：

$$\begin{gathered} \ddot{\boldsymbol{\eta}} + \boldsymbol{D}_r\dot{\boldsymbol{\eta}} + \boldsymbol{\Lambda\eta} = \boldsymbol{\phi}^{\mathrm{T}}\boldsymbol{Bf} = \boldsymbol{\Gamma f} \\ \boldsymbol{y}_d = \boldsymbol{C}_d\boldsymbol{\phi\eta} + \boldsymbol{C}_v\boldsymbol{\phi}\dot{\boldsymbol{\eta}} + \boldsymbol{Df} = \overline{\boldsymbol{C}}_d\boldsymbol{\eta} + \overline{\boldsymbol{C}}_v\dot{\boldsymbol{\eta}} + \boldsymbol{Df} \\ \boldsymbol{D}_r = \mathrm{diag}(2\xi_1\omega_1,\ 2\xi_2\omega_2,\ \cdots,\ 2\xi_n\omega_n) \end{gathered} \tag{3-7}$$

式中 ξ_i，$\omega_i(i = 1,\ 2,\ \cdots,\ n)$ ——模态阻尼比及频率；

$\boldsymbol{\Gamma}$ —— $n \times r$ 作动器影响系数矩阵；

$\overline{\boldsymbol{C}}_d$ —— $m \times n$ 监测传感器位移影响系数矩阵；

$\overline{\boldsymbol{C}}_v$ —— $m \times n$ 监测传感器速度影响系数矩阵。

考虑到在实际工程实践中现场模态测试往往更多地分析对象为低阶模态内的 m 个模态，由此可知，式（3-7）可转变为式（3-8）：

$$\begin{gathered} \ddot{\eta}_i + 2\xi_i\omega_m\dot{\eta}_i + \omega_m^2\eta_i = \boldsymbol{\phi}_i^{\mathrm{T}}\boldsymbol{Bf} = \boldsymbol{\Gamma}_i\boldsymbol{f},\qquad (i = 1,\ 2,\ \cdots,\ n) \\ \boldsymbol{y}_d = \sum_{i=1}^{m}\boldsymbol{C}_d\boldsymbol{\phi}_i\eta_i + \sum_{i=1}^{m}\boldsymbol{C}_v\boldsymbol{\phi}_i\dot{\eta}_i + \boldsymbol{Df} = \sum_{i=1}^{m}\overline{\boldsymbol{C}}_{di}\eta_i + \sum_{i=1}^{m}\overline{\boldsymbol{C}}_{vi}\dot{\eta}_i + \boldsymbol{Df} \end{gathered} \tag{3-8}$$

监测传感器的优化布置过程要求不仅能确保目标模态的识别精度，更要求由监测传感器所收集到的结构响应中的各阶模态正交且包容性大。

3.3.2 有效独立法 EI–模态动能法 MKE

3.3.2.1 有效独立法

有效独立法（effective independence，EI）的基本原理是通过不断地剔除样本集合内的所有自由度测点，实现 Fisher 信息矩阵行列式值趋于最小，一直达到监测传感器布点目标数量为止，考虑剩下的测点模态对线性无关的贡献最大，根据对目标模态分量线性独立性贡献进行传感器位置排序。监测传感器的输出响应 U_s，见式（3-9）：

$$U_s = \boldsymbol{\Phi}_s q = \sum_{i=1}^{N} \phi_i q_i \tag{3-9}$$

式中 $\boldsymbol{\Phi}_s$——现场测试得到的 $n \times N$ 阶模态矩阵；

n——自由度数；

q——模态坐标；

N——模态阶数；

ϕ_i——第 i 阶模态振型；

q_i——振型参与系数。

式（3-9）中的模态坐标 q 的最小二乘解即为

$$\hat{q} = [\boldsymbol{\Phi}_s^{\mathrm{T}} \boldsymbol{\Phi}_s]^{-1} \boldsymbol{\Phi}_s^{\mathrm{T}} U_s \tag{3-10}$$

当考虑噪声 S 的影响时，则监测传感器的输出响应表示为

$$U_s = \boldsymbol{\Phi}_s q + S = \sum_{i=1}^{N} \phi_i q_i + S \tag{3-11}$$

对于 $\hat{q}$ 存在偏差影响，在此假设为无偏有效估计，估计偏差的协方差矩阵 $\boldsymbol{P}$ 可以表示为

$$\boldsymbol{P} = \boldsymbol{E}[(q - \hat{q})(q - \hat{q})^{\mathrm{T}}] = \boldsymbol{Q}^{-1} \tag{3-12}$$

$$\boldsymbol{Q} = \frac{1}{\sigma^2} \boldsymbol{\Phi}_s^{\mathrm{T}} \boldsymbol{\Phi}_s = \frac{1}{\sigma^2} \boldsymbol{A}_0 \tag{3-13}$$

式中 $\boldsymbol{Q}$——Fisher 信息矩阵。

当矩阵 $\boldsymbol{A}_0$ 在特定条件下取得最大值时，Fisher 信息矩阵 $\boldsymbol{Q}$ 也同时取最大值，因此，可以采用矩阵 $\boldsymbol{A}_0$ 来反映 Fisher 信息矩阵 $\boldsymbol{Q}$。而矩阵 $\boldsymbol{A}_0$ 的特征方程可表示为式（3-14）：

$$(\boldsymbol{A}_0 - \lambda \boldsymbol{I}) \boldsymbol{\Psi} = 0 \tag{3-14}$$

式中 λ——矩阵 $\boldsymbol{A}_0$ 的特征值；

$\boldsymbol{\Psi}$——矩阵 $\boldsymbol{A}_0$ 的特征向量。由矩阵 $\boldsymbol{A}_0$ 的特征方程式（3-14）可推导出式（3-15）和式（3-16）：

$$\boldsymbol{\Psi}^{\mathrm{T}}\boldsymbol{A}_0\boldsymbol{\Psi} = \lambda \tag{3-15}$$

$$\boldsymbol{\Psi}^{\mathrm{T}}\lambda^{-1}\boldsymbol{\Psi} = \boldsymbol{A}_0^{-1} \tag{3-16}$$

用矩阵 $\boldsymbol{A}_0^{-1}$ 对 Fisher 信息矩阵 $\boldsymbol{Q}$ 进行加权处理，构建幂等矩阵 $\boldsymbol{E}$，见式（3-17）：

$$\boldsymbol{E} = \boldsymbol{\Phi}_s\boldsymbol{A}_0^{-1}\boldsymbol{\Phi}_s^{\mathrm{T}} = \boldsymbol{\Phi}_s\boldsymbol{\Psi}\lambda^{-1}(\boldsymbol{\Phi}_s\boldsymbol{\Psi})^{\mathrm{T}} = \boldsymbol{\Phi}_s[\boldsymbol{\Phi}_s^{\mathrm{T}}\boldsymbol{\Phi}_s]^{-1}\boldsymbol{\Phi}_s^{\mathrm{T}} \tag{3-17}$$

幂等矩阵 $\boldsymbol{E}$ 的对角线上第 i 个元素表示第 i 个自由度或测试点对矩阵 $\boldsymbol{\Phi}_s$ 秩的贡献。

获得幂等矩阵 $\boldsymbol{E}$ 后，按照对角元大小次序进行测点优先排序，通过不断地迭代计算和对角元最小即模态能最小测点的剔除，尽可能地确保模态矩阵尽量线性无关，直到达到目标要求保留的测点数量为止，从而更好地保留了原结构的相关特性。至此，有效独立法（EI）的计算流程如图 3-2 所示。

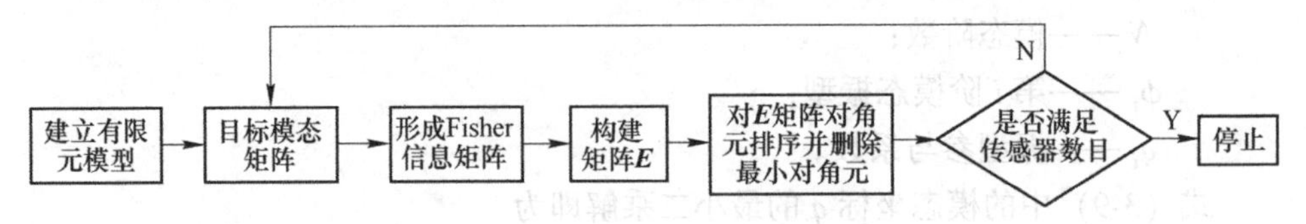

图 3-2 EI 法计算流程图

3.3.2.2 模态动能法

模态动能法（modal kinetic energy，MKE）的基本原理是，监测点位布置在动态响应较大的位置有利于模态参数识别和采集，而模态位移的大小与动能大小成正比。基于此，以节点自由度对所有目标模态的模态动能贡献率较大的集合作为候选监测点位布置集合，即按照结构各自由度上的模态动能大小顺序来布置测点。监测目标结构的总质量矩阵和模态振型共同作用即结构模态动能，定义结构动能矩阵见式（3-18）：

$$\boldsymbol{E} = (E_{ij})_{n\times n} = \frac{1}{2}\boldsymbol{u}^{\mathrm{T}}\boldsymbol{M}\boldsymbol{u} = \frac{1}{2}(\boldsymbol{\Phi}\boldsymbol{q})^{\mathrm{T}}\boldsymbol{M}(\boldsymbol{\Phi}\boldsymbol{q}) = \frac{1}{2}\boldsymbol{\Phi}^{\mathrm{T}}\boldsymbol{q}^{\mathrm{T}}\boldsymbol{M}\boldsymbol{\Phi}\boldsymbol{q} \tag{3-18}$$

式中 n——结构的自由度数目；

$\boldsymbol{u}$——结构的位移矩阵；

$\boldsymbol{M}$——质量矩阵；

$\boldsymbol{\Phi}$——结构的模态振型矩阵；

$\boldsymbol{q}$——模态坐标向量。

结构动能矩阵 $\boldsymbol{E}$ 展开为矩阵形式：

$$E = \begin{bmatrix} \sum_{i,j} \phi_{i1} m_{ij} \phi_{j1} & \sum_{i,j} \phi_{i1} m_{ij} \phi_{j2} & \cdots & \sum_{i,j} \phi_{i1} m_{ij} \phi_{jn} \\ \sum_{i,j} \phi_{i2} m_{ij} \phi_{j1} & \sum_{i,j} \phi_{i2} m_{ij} \phi_{j2} & \cdots & \sum_{i,j} \phi_{i2} m_{ij} \phi_{jn} \\ \vdots & \vdots & & \vdots \\ \sum_{i,j} \phi_{in} m_{ij} \phi_{j1} & \sum_{i,j} \phi_{in} m_{ij} \phi_{j2} & \cdots & \sum_{i,j} \phi_{in} m_{ij} \phi_{jn} \end{bmatrix} \tag{3-19}$$

而模态动能 MKE 表达式可改写为式（3-20）：

$$\mathrm{MKE} = \boldsymbol{\Phi}_s^{\mathrm{T}} \boldsymbol{M} \boldsymbol{\Phi}_s \tag{3-20}$$

式中 $\boldsymbol{\Phi}_s$ ——现场监测所得的 $n \times N$ 阶模态矩阵；

n ——自由度数；

N ——模态阶数。

考虑到结构中加入了边界条件质量矩阵 $\boldsymbol{M}$，且该质量矩阵为正定矩阵，至此，采用正交 Cholesky 进行分解，得质量矩阵 $\boldsymbol{M}$：

$$\boldsymbol{M} = \boldsymbol{L}^{\mathrm{T}} \boldsymbol{L} \tag{3-21}$$

将模态动能 MKE 表达式（3-20）代入质量矩阵 $\boldsymbol{M}$（3-21），即得到了新的模态动能 MKE 表达式：

$$\mathrm{MKE} = \boldsymbol{\Phi}_s^{\mathrm{T}} \boldsymbol{L}^{\mathrm{T}} \boldsymbol{L} \boldsymbol{\Phi}_s = (\boldsymbol{L}\boldsymbol{\Phi}_s)^{\mathrm{T}} \boldsymbol{L} \boldsymbol{\Phi}_s \tag{3-22}$$

令 $\boldsymbol{\Psi} = \boldsymbol{L}\boldsymbol{\Phi}_s$，则模态动能表达式 MKE 可以简化为：

$$\mathrm{MKE} = \boldsymbol{\Psi}^{\mathrm{T}} \boldsymbol{\Psi} = \boldsymbol{A}_0 \tag{3-23}$$

至此，令 $\boldsymbol{E} = \boldsymbol{\Psi} \boldsymbol{A}_0^{-1} \boldsymbol{\Psi}^{\mathrm{T}}$，则得到最终的结构动能矩阵：

$$\boldsymbol{E} = \boldsymbol{\Psi} [\boldsymbol{\Psi}^{\mathrm{T}} \boldsymbol{\Psi}]^{-1} \boldsymbol{\Psi}^{\mathrm{T}} \tag{3-24}$$

而模态动能法 MKE 的迭代计算方式与有效独立法 EI 相同，这里不再介绍。

3.3.3 改进 EI-MKE 的传感器布置方法

本书在有效独立法 EI 与模态动能法 MKE 的基础上，通过对两者的内在逻辑关系和作用机理的推导分析，提出了改进后的传感器优化布置方法即有效节点法（EM），该方法通过调用模态动能向量和有效独立向量，在考虑质量分布影响的前提下，对两者的向量进行相乘修正，方法表达式见式（3-25）：

$$\begin{aligned} \mathrm{EM} &= \mathrm{diag}(\boldsymbol{\Phi}(\boldsymbol{\Phi}^{\mathrm{T}}\boldsymbol{\Phi})^{-1}\boldsymbol{\Phi}^{\mathrm{T}}) \cdot \mathrm{MKE}_{\mathrm{diag}} \\ &= \mathrm{diag}(\boldsymbol{\Phi}(\boldsymbol{\Phi}^{\mathrm{T}}\boldsymbol{\Phi})^{-1}\boldsymbol{\Phi}^{\mathrm{T}}) \cdot \mathrm{diag}(\boldsymbol{M}\boldsymbol{\Phi}\boldsymbol{\Phi}^{\mathrm{T}}) \end{aligned} \tag{3-25}$$

相关原理具体推导如下：

（1）广义 Fisher 信息矩阵的构造。

有效独立法 EI 可直接从结构的 n 个自由度开始筛选，从而避免因初始优化方法选取不当而将对模态线性独立贡献较大的有效自由度事先排除在外的情况。

而在协方差矩阵 $[\sigma^2]$ 已知情况下，假设其对称且正定，并考虑测试噪声统计特性对传感器优化布置结果的影响，则 Fisher 信息矩阵 $\boldsymbol{Q}$：

$$\boldsymbol{Q} = \boldsymbol{\Phi}^{\mathrm{T}} [\sigma^2]^{-1} \boldsymbol{\Phi} = \boldsymbol{\Phi}^{\mathrm{T}} [\sigma^2]^{-1/2} [\sigma^2]^{-1/2} \boldsymbol{\Phi} = \widehat{\boldsymbol{\Psi}}^{\mathrm{T}} \widehat{\boldsymbol{\Psi}} \tag{3-26}$$

$$\widehat{\boldsymbol{\Psi}} = [\sigma^2]^{-1/2} \boldsymbol{\Phi}$$

式中 $\boldsymbol{\Phi}$——模态矩阵，$\boldsymbol{\Phi} = [\varphi_1, \varphi_2, \cdots, \varphi_p] \in \boldsymbol{R}^{n \times p}$，$p$ 是目标模态数，$p < n$；

$[\sigma^2]^{-1/2}$——协方差逆矩阵 $[\sigma^2]^{-1}$ 的平方根矩阵，$[\sigma^2]^{-1} = [\sigma^2]^{-1/2} [\sigma^2]^{-1/2}$；

$[\sigma^2]$——稳态高斯白噪声向量。

而模态动能 MKE 的表达式见式（3-27）：

$$\mathrm{MKE} = \boldsymbol{\Phi}^{\mathrm{T}} \boldsymbol{M} \boldsymbol{\Phi} \tag{3-27}$$

式中 $\boldsymbol{\Phi}$——模态矩阵，$\boldsymbol{\Phi} \in \boldsymbol{R}^{n \times p}$，$p$ 是目标模态数。

对质量矩阵 $\boldsymbol{M}$ 进行正交 Cholesky 分解（$\boldsymbol{M} = \boldsymbol{L}^{\mathrm{T}} \boldsymbol{L}$），并令 $\overline{\boldsymbol{\Psi}} = \boldsymbol{L} \boldsymbol{\Phi}$，则模态动能 MKE 的表达式可转变为式（3-28）：

$$\mathrm{MKE} = \boldsymbol{\Phi}^{\mathrm{T}} \boldsymbol{L}^{\mathrm{T}} \boldsymbol{L} \boldsymbol{\Phi} = \overline{\boldsymbol{\Psi}}^{\mathrm{T}} \overline{\boldsymbol{\Psi}} \tag{3-28}$$

直接将质量矩阵 $\boldsymbol{M}$ 写成平方根乘积形式（$\boldsymbol{M} = \boldsymbol{M}^{1/2} \boldsymbol{M}^{1/2}$），并令 $\tilde{\boldsymbol{\Psi}} = \boldsymbol{M}^{1/2} \boldsymbol{\Phi}$，则模态动能 MKE 的表达式可转变为式（3-29）：

$$\mathrm{MKE} = \boldsymbol{\Phi}^{\mathrm{T}} \boldsymbol{M}^{1/2} \boldsymbol{M}^{1/2} \boldsymbol{\Phi} = \tilde{\boldsymbol{\Psi}}^{\mathrm{T}} \tilde{\boldsymbol{\Psi}} \tag{3-29}$$

综上分析可知，模态动能 MKE 的表达式（3-28）和表达式（3-29）与 Fisher 信息矩阵表达式（3-26）相同。至此，可以将 Fisher 信息矩阵表达式（3-26）与模态动能 MKE 的表达式（3-28）、表达式（3-29）一并改写为统一形式的表达式，进而构造广义 Fisher 信息矩阵 FIM，见式（3-30）：

$$\mathrm{FIM} = \boldsymbol{\Phi}^{\mathrm{T}} \boldsymbol{W} \boldsymbol{\Phi} = \boldsymbol{\Psi}^{\mathrm{T}} \boldsymbol{\Psi} \tag{3-30}$$

式中，$\boldsymbol{W}$ 为加权矩阵。对于有效独立法 EI 而言，$\boldsymbol{W}$ 为监测传感器测试噪声协方差的逆矩阵 $[\sigma^2]^{-1}$；对于模态动能法 MKE 而言，$\boldsymbol{W}$ 表示质量矩阵 $\boldsymbol{M}$。

（2）模态动能的有效独立向量表达。

为了构造有效独立矩阵 **EI**，有效独立法 EI 采取求解 Fisher 信息矩阵 $\boldsymbol{Q}$ 等价矩阵 $\boldsymbol{\Phi}^{\mathrm{T}} \boldsymbol{\Phi}$ 的特征方程形式加以实现，见式（3-31）：

$$\mathbf{EI} = \boldsymbol{\Phi} \boldsymbol{\psi} \boldsymbol{\lambda}^{-1} \boldsymbol{\psi}^{\mathrm{T}} \boldsymbol{\Phi}^{\mathrm{T}} = \boldsymbol{\Phi} (\boldsymbol{\Phi}^{\mathrm{T}} \boldsymbol{\Phi})^{-1} \boldsymbol{\Phi}^{\mathrm{T}} \tag{3-31}$$

式中 $\boldsymbol{\lambda}$——$\boldsymbol{\Phi}^{\mathrm{T}} \boldsymbol{\Phi}$ 的特征值矩阵；

$\boldsymbol{\psi}$——$\boldsymbol{\Phi}^{\mathrm{T}} \boldsymbol{\Phi}$ 的特征向量矩阵。

综上可知，幂等矩阵 **EI** 的矩阵对角线上第 i 个元素表示第 i 个自由度对矩阵 **EI** 秩的贡献。因此，定义矩阵 **EI** 的对角线元素组成的列向量为有效独立向量

EIV，元素值满足 $0 \leqslant \mathrm{EI}_{ii} \leqslant 1$。若 EI_{ii} 接近于1，则该自由度对目标模态的线性独立性贡献较大，应保留；反之，EI_{ii} 接近于0，则贡献小，需剔除。

对于质量归一化模态，模态动能表达式（3-27）可改写为式（3-32）：

$$\mathrm{MKE} = \boldsymbol{\Phi}^{\mathrm{T}}\boldsymbol{M}\boldsymbol{\Phi} = \begin{bmatrix} \sum_{i=1}^{n} \mathrm{MKE}_{i1} & \cdots & 0 \\ \vdots & \ddots & \vdots \\ 0 & \cdots & \sum_{i=1}^{n} \mathrm{MKE}_{ip} \end{bmatrix}_{p\times p} = I_{p\times p} \tag{3-32a}$$

$$\mathrm{MKE}_{\mathrm{sum}} = \sum_{k=1}^{p}\sum_{i=1}^{n} \mathrm{MKE}_{ik} = p \tag{3-32b}$$

为了方便高效地确定最佳监测位置，对式（3-32）进行变换，将模态动能MKE 表达式改写为向量形式即式（3-33）：

$$\mathrm{MKE}_{\mathrm{diag}} = \mathrm{diag}(\boldsymbol{M}\boldsymbol{\Phi}\boldsymbol{\Phi}^{\mathrm{T}}) = \mathrm{diag}\left(\sum_{k=1}^{p} \mathrm{MKE}_{1k},\ \sum_{k=1}^{p} \mathrm{MKE}_{2k},\ \cdots,\ \sum_{k=1}^{p} \mathrm{MKE}_{nk}\right) \tag{3-33}$$

式中 diag(·) ——·取矩阵的对角线元素向量。

模态动能 MKE 向量表达式（3-33）按贡献率大小为原则，选择较大元素所对应的自由度，实现了监测传感器的最优位置布置。

对于质量归一化模态，$\boldsymbol{\Phi}^{\mathrm{T}}\boldsymbol{M}\boldsymbol{\Phi} = \boldsymbol{I}_{p\times p}$，$(\boldsymbol{\Phi}^{T}\boldsymbol{M}\boldsymbol{\Phi})^{-1} = \boldsymbol{I}_{p\times p}$，可以将它代入模态动能 MKE 向量表达式（3-33），此时令 $\boldsymbol{M} = \boldsymbol{M}^{1/2}\boldsymbol{M}^{1/2}$，$\tilde{\boldsymbol{\Psi}} = \boldsymbol{M}^{1/2}\boldsymbol{\Phi}$，至此，模态动能 MKE 可改写为有效独立向量的表达形式，见式（3-34）：

$$\begin{aligned} \mathrm{MKE}_{\mathrm{diag}} &= \mathrm{diag}(\boldsymbol{M}\boldsymbol{\Phi}\boldsymbol{\Phi}^{\mathrm{T}}) = \mathrm{diag}(\boldsymbol{M}^{1/2}\boldsymbol{\Phi}\boldsymbol{\Phi}^{\mathrm{T}}\boldsymbol{M}^{1/2}) \\ &= \mathrm{diag}[\boldsymbol{M}^{1/2}\boldsymbol{\Phi}(\boldsymbol{\Phi}^{\mathrm{T}}\boldsymbol{M}^{1/2}\boldsymbol{M}^{1/2}\boldsymbol{\Phi})^{-1}\boldsymbol{\Phi}^{\mathrm{T}}\boldsymbol{M}^{1/2}] \\ &= \mathrm{diag}[\tilde{\boldsymbol{\Psi}}\boldsymbol{\Phi}(\tilde{\boldsymbol{\Psi}}^{T}\tilde{\boldsymbol{\Psi}})^{-1}\tilde{\boldsymbol{\Psi}}^{\mathrm{T}}] \end{aligned} \tag{3-34}$$

最终，有效独立向量 **EIV** 的表达式可改写为式（3-35）：

$$\mathbf{EIV} = \mathrm{diag}(\mathbf{EI}) = \mathrm{diag}[\boldsymbol{\Phi}(\boldsymbol{\Phi}^{\mathrm{T}}\boldsymbol{\Phi})^{-1}\boldsymbol{\Phi}^{\mathrm{T}}] \tag{3-35}$$

综上所述，两者在表达式上可以保持一致形式，存在有效融合的条件。然而在工程实际中需要注意如下问题：考虑到有效独立法在算法执行中采用循环操作，最终优化后的监测传感器布置方案往往为次优；而根据模态动能法 MKE 最终优化后的监测传感器布置方案反映了结构质量的实际分布。基于此，构造对应于模态动能法的 **EI** 矩阵和有效独立向量 $\mathbf{EIV}_{\mathrm{MKE}}$，见式（3-36）：

$$\mathbf{EIV}_{\mathrm{MKE}} = \mathrm{diag}[\boldsymbol{\Psi}(\boldsymbol{\Psi}^{\mathrm{T}}\boldsymbol{\Psi})^{-1}\boldsymbol{\Psi}^{\mathrm{T}}] \tag{3-36}$$

$\mathbf{EIV}_{\mathrm{MKE}}$ 中 n 个元素的大小代表每个自由度对整体模态动能的贡献率，依次选择较大元素所对应的自由度即可最终得到最优的监测点位，无需执行循环操作。

3.3.4 实现性能监测传感器的优化布置

3.3.4.1 基于损伤可识别-结构局部性能监测传感器优化布置方法

基于损伤可识别的结构局部性能监测传感器优化布置方法总体工作原理（易损性分析法）同灵敏度分析法原理相同，通过所建立旧工业建筑有限元模型进行关键阶段的结构受力状态模拟分析，确定结构中最容易因不利荷载作用而遭受破坏的结构构件，并分析其主要的失效路径，据此在旧工业建筑关键的传力路径上安装监测传感器（关键构件、重要节点、临时支撑等）。

重要性不同的传力构件和临时支撑在不同的施工阶段扮演的重要程度不尽相同（传力路径不同），而原始损伤程度的大小导致结构构件的承载能力大小损伤程度不同，施工过程中考虑到受损构件加固修复顺序、施工质量好坏、支撑措施等因素的影响，导致结构构件的承载能力在同一时期不尽相同，时变结构的变化导致结构构件的内力重分布变化，而旧工业建筑结构的内力分布见表 3-9。

表 3-9 旧工业建筑再生利用施工过程结构各构件内力呈现规律

序号	规律	规律介绍
1	规律一	在结构构件处于屈服应力或极限应变限度内，各类受损构件的应力、应变增大，但轴力减少
2	规律二	对于未损伤单元构件，构件的应力、应变和轴力保持不变，或者均增大，或者均减少
3	规律三	对于结构的节点位移，损伤在 15%以下时，变化不大；随着构件损伤数量及程度的增加，各节点位移均增加，离损伤构件越近变化越大
4	规律四	荷载的增加、构件的补强、构件的拆除、支撑体系安装与拆除等工序都会导致结构构件应力、变形，主要传力构件变化最大，以此类推

基于此，旧工业建筑再生利用施工过程结构静力监测传感器优化布置方法依据基于理想状态（无损状态）下的有限元模型静态应变分析法而制定，主要内容为：以旧工业建筑结构构件的截面面积作为构件的损伤变量，通过监测部分具有代表性结构构件的应变、变形等核心参数来实现对旧工业建筑再生利用施工过程各关键阶段的结构局部性能监测传感器的优化布置。

对于任意阶段的多元耦合作用下旧工业建筑结构有限元计算模型，首先假定结构在不利外部荷载 P 的作用下，可以计算得到旧工业建筑的初始状态下各个结构构件的截面面积 A_i、轴力 F_i、应力 σ_i 和应变 ε_i($i=1, 2, 3, \cdots, N$)(N表示结构构件数量)。依据旧工业建筑施工安全监测传感器优化布置原则，在结构构

件上分别布置 k 个应变等信息的监测传感器。至此，得到 k 个旧工业建筑结构构件的实测应变值 $\varepsilon_j(j=1,2,3,\cdots,k)$，同时，没有通过监测传感器实测到的旧工业建筑结构构件应变数量有 $N-k$ 个。

(1) 若旧工业建筑的结构受损构件均在 k 之中。对于某个旧工业建筑结构构件 $m(m\leqslant k)$，存在该旧工业建筑结构构件的现场实测应变值为 $\varepsilon_m^{\mathrm{d}}$，$\varepsilon_m$ 为初始状态下的钢混排架结构构件的单元应变，假定 $\varepsilon_m^{\mathrm{d}}>\varepsilon_m$，见式 (3-37)：

$$\sigma_m^{\mathrm{d}}=E\varepsilon_m^{\mathrm{d}}>E\varepsilon_m=\sigma_m \tag{3-37}$$

旧工业建筑结构构件的损伤破坏类型有构件开裂破坏、变形受损等。而诸如此类的结构破坏事件将会直接导致结构构件的截面面积减小。至此，本书采用旧工业建筑结构构件的截面面积作为损伤破坏变形 D，见式 (3-38)：

$$D_m=\frac{A_m^{\mathrm{d}}}{A_m} \tag{3-38}$$

式中 A_m^{d} ——旧工业建筑结构构件 m 在损伤状态的截面面积；

A_m ——旧工业建筑结构构件 m 在无损状态的截面面积。

此外，杆件 m 在无损状态下的应力为 $F_m=E\varepsilon_mA_m$，杆件 m 在损伤状态下的应力为 $F_m^{\mathrm{d}}=E\varepsilon_m^{\mathrm{d}}A_m^{\mathrm{d}}$，通过式 (3-37)、式 (3-38) 和结构各构件的内力特点“规律一”，同时取旧工业建筑结构构件的最大损伤变量 $D_m^{\max}=\varepsilon_m/\varepsilon_m^{\mathrm{d}}$，可得

$$F_m^{\mathrm{d}}=E\varepsilon_m^{\mathrm{d}}A_m^{\mathrm{d}}=E\varepsilon_m^{\mathrm{d}}A_mD_m\leqslant E\varepsilon_m^{\mathrm{d}}A_m\frac{\varepsilon_m}{\varepsilon_m^{\mathrm{d}}}=F_m \tag{3-39}$$

(2) 若旧工业建筑的结构受损构件不在 k 内。根据现场实测的结构构件应变量，依据旧工业建筑的基准有限元模型，基于有限单元法计算出上一阶段中未确定出的受损旧工业建筑结构构件的 $\varepsilon_s(s=1,2,3,\cdots,N-k)$。

最后，依据式 (3-37)、式 (3-38)、式 (3-39) 对旧工业建筑结构构件的单元损伤识别精度进行核算，判断其识别精度，进而确定合理科学的旧工业建筑再生利用施工安全静力监测传感器布置方案。

3.3.4.2 基于模态可观测-结构整体性能监测传感器优化布置方法

考虑到再生利用施工过程中结构整体的受力特性，多元耦合作用下旧工业建筑结构整体性能监测传感器优化布置主要依据基于模态可观测的传感器优化布置方法。假定在外界不利荷载的不同程度作用下，旧工业建筑再生利用施工过程中结构会发生较大的变形，产生结构整体或局部结构失稳的现象；而加速度监测传感器具有安装方便、环境制约小、覆盖范围广、数据有效性高等优点；此外，加速度监测传感器的数据转换（速度或位移等值）处理十分迅速。基于此，本书在 EI 和 MKE 法的基础上，提出基于有效节点法（EM）的旧工业建筑再生利用施工安全动力监测传感器优化布置方法，实现步骤如下：

步骤1：使用MIDAS/Gen、ANSYS等结构模拟分析软件，建立初始（无损）状态下的旧工业建筑有限元计算模型。

步骤2：计算无损状态和损伤状态下的旧工业建筑结构特征值和特征向量。

步骤3：确定并安放在旧工业建筑结构监测传感器的候选集合。

步骤4：对各个独立分量的自由度大小进行详细计算，按照自由度大小，确定结构加速度监测传感器布置位置及数量。

由于旧工业建筑结构构件单元数量众多，计算量极大，在实际工程中，可采用MATLAB等编程软件进行编程以达到自动运算的目的，提高工作效率。

4 旧工业建筑再生利用施工安全预控方法

本章在旧工业建筑再生利用施工安全模拟方法、施工安全监测方法研究成果的基础上，建立了基于核主元分析法（KPCA）结合量子粒子群算法（QPSO）改进优化广义回归神经网络（GRNN）的旧工业建筑再生利用施工安全预控模型，确定了预控程序和等级。

4.1 再生利用项目施工安全预控内容及方法

4.1.1 施工安全预控内容分析

施工安全预控同施工安全监测、施工安全模拟共同构成了旧工业建筑再生利用施工安全控制方法，而施工安全预控方法的实施目的在于对施工过程中监测到的相关数据与施工过程中的数值模拟数据进行对比分析，通过一系列的预控措施，确保施工安全与结构内力和线形符合设计要求，对安全事故前期的风险特征进行预测（预警、预估），据此提前发现问题并采取补救措施，避免安全事故的发生，实现预先控制的目的（预控），具体内容见表4-1。

表4-1 施工安全预控工作内容

序号	预控主项	预控主项内容分析
1	施工安全状态预警+预控	监测传感器量测到的各类响应信息通过信号传输装置输送到数据分析中心，经分析中心对收集到的信息进行处理并预测其变化趋势，当某一个响应指标的变化趋势即将超限时，则由监控中心发出相应级别的预警信号，并采用反向分析的方法找出数据异常原因并改进，从而确保结构安全
2	施工安全状态预估+预控	各单因素指标预警值没有超限，表明构件处于相对安全状态，但并不代表结构整体没有安全风险，当不同类型的多因素预控指标濒临限值相互耦合作用在一起时，极易发生突发的安全风险，这种就需要从结构整体安全状况出发进行综合性的整体安全风险分析，评估安全等级
3	施工安全状态调优+预控	施工安全状态调优+预控的功能目的是当单因素的预控指标预警（局部风险高），或者多因素的预控指标经评估风险等级高（整体风险高）时，需要及时决策对现有施工方案或相关参数的调整方向，将其与状态预警、评估模块形成闭环，并对下一步施工内容提出相应建议及措施

施工安全预控的第一阶段是实现再生利用施工过程中的“施工安全状态预警+

预控，施工安全状态预估+预控”，第二阶段实现“施工安全状态调优+预控”。本章将对第一阶段的内容进行深入分析，并据此对第二阶段内容进行初步分析。

4.1.2　施工安全预控指标体系

以指标体系构建的基本原则为方向，通过实地调研、专家咨询和文献分析，在第 2 章～第 4 章研究成果的基础上，汇总归纳了 5 个一级指标，16 个二级指标，初步确立了 56 个量化指标。应用 SPSS 软件分析其重要性、相关性和离散性，在保证评价指标信息完备、简要、可行的前提下，经过论证，最终提炼了 45 个量化指标，建立了旧工业建筑再生利用施工安全预控指标体系，见表 4-2。

表 4-2　旧工业建筑再生利用施工安全预控指标体系

序号	一级指标	二级指标	量化指标
结构自身响应	局部性能	核心传力构件	水平变形累计量（顶点、侧移）$S_{11a}/S_{11b}/S_{11c}$
			竖向变形累计量（挠度、转角）$S_{12a}/S_{12b}/S_{12c}$
		次要传力构件	核心/次要构件应力值 S_{13a}/S_{13b}
			核心/次要构件裂缝宽度 S_{14a}/S_{14b}
		一般传力构件	核心构件振动频率 S_{15}
	整体性能	结构整体倾斜度	整体倾斜值 S_{21}
		地基基础变形	沉降累计量 S_{22}
			沉降差异量 S_{23}
			沉降速率 S_{24}
		支座变位	支座侧移量 S_{25}
			支座应力值 S_{26}
		结构稳定性	结构加速度 S_{27}
			承载力最大值 S_{28}
外部作用因素	施工状态	拆除、加固、开洞	挑空、悬空持续时间 S_{29}
			影响区域构件补强程度 S_{30}
			防倾覆装置作用时间 S_{31}
		托换、纠偏、托梁抽柱	相邻构件竖向变形差值 S_{32}
			传力节点处的应力值 S_{33}
		上部增层、内部增层、内嵌、非独立外接	新旧连接处（节点）的应力值 S_{34}
			新旧连接处（节点）的变形累积量 S_{35}
			新旧连接处（节点）的振动频率 S_{36}

续表 4-2

序号	一级指标	二级指标	量化指标
外部作用因素	施工状态	下挖增层/新增基础	单次开挖深度 S_{37} 单次开挖面积 S_{38} 坑底暴露时间 S_{39} 坑边荷载 S_{310}
		吊装/拆除、替换	吊运设备起吊极限值 S_{311} 吊索索力不均匀系数 S_{312} 离地后最大偏摆幅度 S_{313} 就位时最大变形量 S_{314}
	临时荷载	临时荷载变化	临时荷载分布 S_{41} 临时荷载核算 S_{42} 荷载持续时间 S_{43}
		临时支撑体系	支撑体系变形累计量 S_{44} 支撑体系变形速率 S_{45} 支撑体系轴力 S_{46}
	工作环境	风速、风向	风速 S_{51} 风向 S_{52}
		温度	大气温度 S_{53} 施工温度差值 S_{54}

注：支撑脚手架按照布置位置、传力路径，依据施工阶段划分为核心或次要传力构件。

4.2 方法的对比与选择

4.2.1 预控方法对比分析

施工安全预控方法有很多种，一般可分为定性评估和定量评估两大类。不同的预控方法都有着自身的优缺点和适用范围，在方法选择时需要结合研究对象的自身特点进行。比较常用的定性预控方法主要有专家打分法、德尔菲法等，常见的定量预控方法主要有灰色预测法、差分方程法等，详情见表 4-3。

表 4-3 预控方法优缺点对比

方法	内容简介	优点	缺点
专家会议法	组织相关专家根据其知识、经验，采用打分法确定事物发生可能性，并求出预测值的出现概率，以此来求得研究对象的预测值	操作简单，适用于缺乏具体数据资料的项目前期，适用于长期预测	对专家经验和决策者的意向依赖较大

续表 4-3

方法	内容简介	优点	缺点
德尔菲法	又称为专家函询法，是专家会议法的发展，对多名专家匿名调查，多轮反馈整理对结果进行统计分析，采用平均数或者中位数得出量化结果	专家畅所欲言，避免了专家之间的相互影响，适用于长期预测	反复函询调查较为费时费力，易造成信息不对称
灰色预测模型	该模型使用的不是原始数据的序列，而是生成的数据序列。核心体系是对原始数据作累加生成（或其他处理）得到近似的指数规律再建模的方法	能将无规律的原始数据生成得到规律较强的生成序列。小样本未来预测	只适用于中短期的预测诉求，且只适合近似于指数增长的预测
差分方程模型	通过解差分方程来求微分方程的近似解，用差分方程建模研究实际问题，常常需要根据统计数据用最小二乘法来拟合得到差分方程的系数	适用于商品销售量的预测、投资保险收益率的预测	数据系统的稳定性还要进一步讨论代数方程的求根
微分方程模型	适用于基于相关原理的因果预测模型，大多是物理或几何方面的问题，用数学符号表示规律，列出方程，求解的结果即为问题答案	优点是短、中、长期的预测都适合。反映事物内部规律及其内在关系	当作为长期预测时，误差较大，且微分方程的解比较难以得到
插值与拟合	分为曲面拟合和曲线拟合，拟合就是要找出一种方法（函数）使得到的仿真曲线（曲面）最大程度地接近原来的曲线（曲线），甚至重合	适用于有物体运动轨迹图像的模型，如导弹运动轨迹。小样本内部预测	拟合的曲线好坏程度可以用一个指标来判断，长期预测效果一般
时间序列预测法	根据客观事物的发展规律，运用历史数据，通过统计分析，进一步推测市场未来的发展趋势。时间序列在时间序列分析预测法处于核心位置	大样本的随机因素或周期特征的预测，中短期预测的效果好	当遇到外界发生较大变化，往往会有较大偏差。长期预测效果差
马尔科夫预测	马尔科夫链预测模型适用于随机现象的数学模型，即在已知现情况的条件下，系统未来时刻的情况只与现在有关，而与过去的历史无直接关系	研究一个对象的未来某一阶段的趋势，适用当前状态已知的情况	一种预测事件发生的概率的方法，不适宜用于系统中长期预测
回归预测模型	根据自变量和因变量之间的相关关系进行预测。根据变量相关关系，分为线性回归预测方法和非线性回归方法。回归问题的学习等价于函数拟合	根据自变量的个数可分为一元回归预测和多元回归预测	大样本的短、中期预测具有一定的局限性

续表 4-3

方法	内容简介	优点	缺点
人工神经网络法	模拟人脑的结构，好处就是在搭建好网络结构之后，通过对已有数据的学习，网络会自行提取数据特征，然后只要我们输入一个数据，网络将自行计算，然后输出它的预测值	优点是方便，无需考虑数据规律和数据维度，针对大样本内部机理复杂数据的未来预测	需要大量数据样本，精度不高易造成结果难以收敛。少量样本的训练效果一般不适用

依据过往研究成果及现有数据特点（小样本、非线性、异常不稳定性），同时考虑到旧工业建筑再生利用施工安全的影响因素及安全风险预控过程中问题的复杂性，本书拟选定人工神经网络法开展安全预控，这是因为人工神经网络方法是以人脑的神经网络系统为基础而创建的一种模拟人脑进行问题处理的理论，它以计算机为基础，是利用计算机网络模拟生物神经网络的一种智能的计算方法，是由大量的简单元件相互连接而成的一个复杂控制系统，处理非线性关系以及大型复杂的逻辑关系能力很强。而影响旧工业建筑再生利用施工的安全风险因素复杂、多种多样，同时还具有不确定性，且各个影响因素之间对安全的影响并不能简单地用线性模型去进行分析，存在有非线性关系。此外，由于并行性能力、非线性能力、超强的容错性能以及优秀的联想记忆和不可比拟的自学能力等特性（人工神经网络都具备），相较于其他的安全预控方法，人工神经网络法具有更强大的处理此类问题的能力。

4.2.2 ANN 人工神经网络

4.2.2.1 人工神经网络的结构

人工神经网络（ANN）也称为神经网络，是一种模仿人脑结构及其功能的信息处理模型，基本三要素为神经元、网络拓扑结构和网络训练方法，实质是一个由大量简单的处理单元组成的高度复杂的信息处理系统。神经元结构如图 4-1 所示。

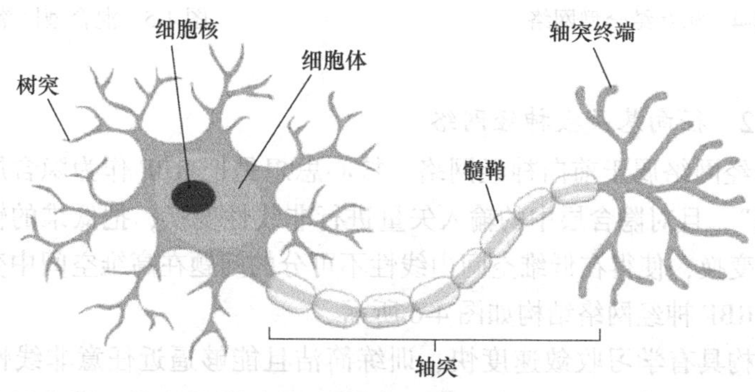

图 4-1 神经元图

神经网络中的神经元包括树突（输入机制）、胞体（计算机制）、轴突（输出机制），这三者包含在一个单元内，计算机制通过非线性的计算决定是否激活神经单元，并通过等价的模拟，可获得神经网络的一个基本结构。

和大脑神经细胞相互连接一样，人工神经细胞也是以相同的方式相互连接，而神经网络结构指的是它的连接方式，它根据拓扑结构以神经元为节点，以节点之间有向连接为边，根据其拓扑结构可以分成层状和网状两种。常见网状结构有前向网络、反馈网络、相互结合型网络和混合型网络，如图 4-2~图 4-5 所示。

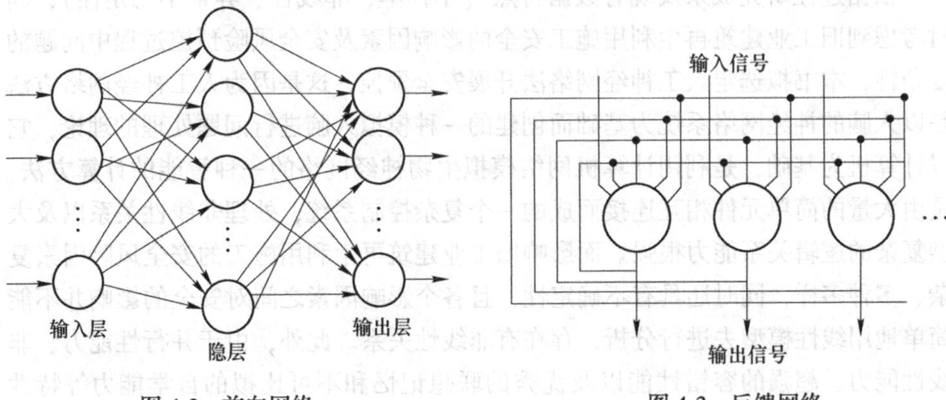

图 4-2　前向网络　　　图 4-3　反馈网络

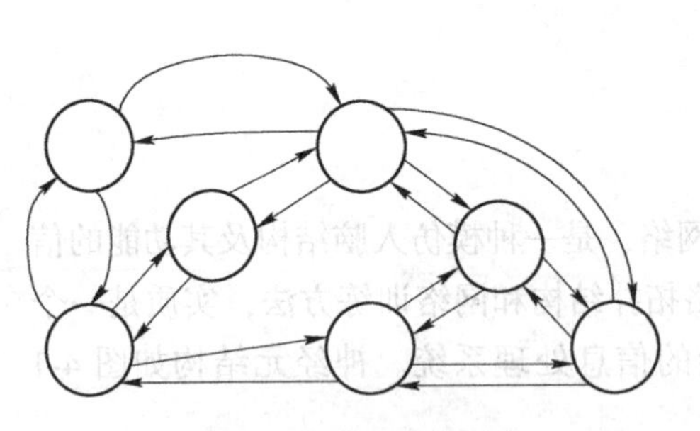

图 4-4　相互结合型网络

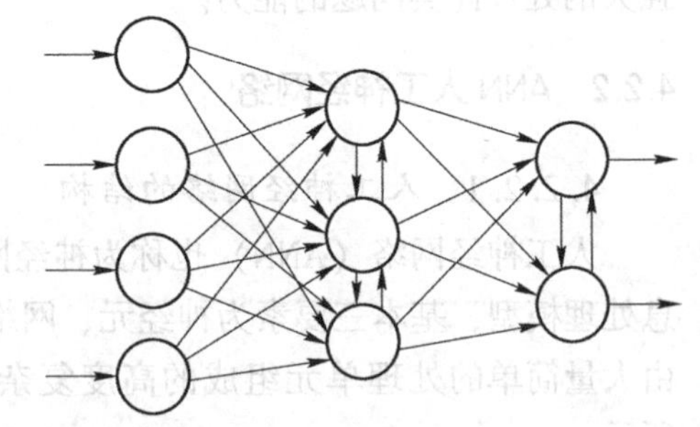

图 4-5　混合型网络

4.2.2.2　径向基函数神经网络

RBF 神经网络属于前向神经网络，核心思想是把 RBF 作为隐含层空间中隐单元的“基”，且对隐含层中的输入矢量进行非线性变换，把低维的输入数据向高维空间中变换，使得在低维空间内线性不可分的问题在高维空间中变成线性可分的问题。RBF 神经网络结构如图 4-6 所示。

网络结构具有学习收敛速度快、训练简洁且能够逼近任意非线性函数的特点，常用于处理函数逼近和分类问题，广泛应用在图形处理、模式识别等领域。

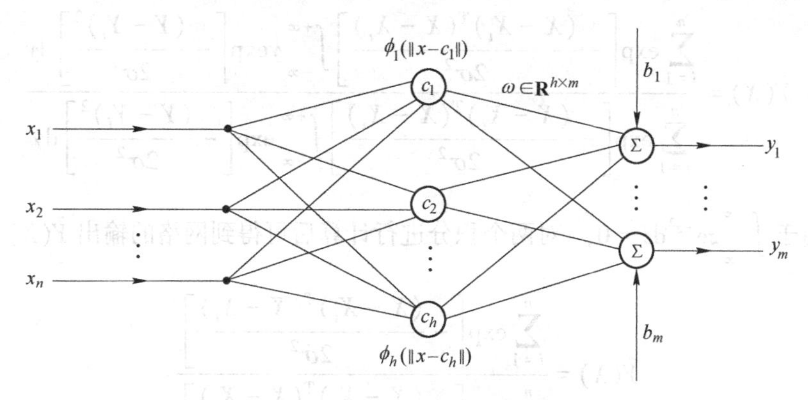

图 4-6 RBF 神经网络结构图

4.2.3 GRNN 广义回归神经网络

广义回归神经网络（generalized regression neural network，GRNN）是建立在数理统计基础上的一种神经网络，由 Donald F. Spetch 在 1991 年提出，具有比 RBF 网络更强大的非线性映射能力和学习速度。

4.2.3.1 GRNN 的理论基础

GRNN 的理论基础是非线性回归分析，非独立变量 Y 相对于独立变量 x 的回归分析实际上是计算具有最大概率值的 y。设随机变量 x 和随机变量 y 的联合概率密度函数为 $f(x, y)$，已知 x 的观测值为 X，则 y 相对于 X 的回归，即条件均值为

$$\hat{Y} = E(y/X) = \frac{\int_{-\infty}^{\infty} y f(X, y)\,\mathrm{d}y}{\int_{-\infty}^{\infty} f(X, y)\,\mathrm{d}y} \tag{4-1}$$

式中 $\hat{Y}$——输入为 X 的条件下，Y 的预测输出。

根据样本数据集 $\{x_i, y_i\}_{i=1}^{n}$，应用非参数估计方法估算密度函数 $\hat{f}(X, y)$。

$$\hat{f}(X, y) = \frac{1}{n(2\pi)^{\frac{R+1}{2}}\sigma^{R+1}} \sum_{i=1}^{n} \exp\left[-\frac{(X - X_i)^{\mathrm{T}}(X - X_i)}{2\sigma^2}\right] \exp\left[-\frac{(X - Y_i)^2}{2\sigma^2}\right] \tag{4-2}$$

式中 X_i，Y_i——随机变量 x 和 y 的样本观测值；

n——样本容量；

R——随机变量 x 的维数；

σ——高斯函数的宽度系数，即光滑因子。

用 $\hat{f}(X, y)$ 代替 $f(x, y)$，并交换积分与加和的顺序：

$$\hat{Y}(X)=\frac{\sum_{i=1}^{n}\exp\left[-\frac{(X-X_i)^{\mathrm{T}}(X-X_i)}{2\sigma^2}\right]\int_{-\infty}^{+\infty}y\exp\left[-\frac{(Y-Y_i)^2}{2\sigma^2}\right]\mathrm{d}y}{\sum_{i=1}^{n}\exp\left[-\frac{(X-X_i)^{\mathrm{T}}(X-X_i)}{2\sigma^2}\right]\int_{-\infty}^{+\infty}\exp\left[-\frac{(Y-Y_i)^2}{2\sigma^2}\right]\mathrm{d}y} \tag{4-3}$$

由于 $\int_{-\infty}^{+\infty}ze^{-z^2}\mathrm{d}z=0$，对两个积分进行计算后可得到网络的输出 $\hat{Y}(X)$ 为

$$\hat{Y}(X)=\frac{\sum_{i=1}^{n}\exp\left[-\frac{(X-X_i)^{\mathrm{T}}(X-X_i)}{2\sigma^2}\right]}{\sum_{i=1}^{n}\exp\left[-\frac{(X-X_i)^{\mathrm{T}}(X-X_i)}{2\sigma^2}\right]} \tag{4-4}$$

估计值 $\hat{Y}(X)$ 为所有样本观测值 Y_i 的加权平均，每个观测值 Y_i 的权重因子为相应的样本 X_i 与 X 之间 Euclid 距离平方的指数。当光滑因子 σ 非常大的时候，$\hat{Y}(X)$ 近似于所有样本因变量的均值；相反，$\hat{Y}(X)$ 就和训练样本非常接近。

4.2.3.2　GRNN 的基本网络结构

GRNN 结构主要由四部分构成：输入、模式、求和与输出，如图 4-7 所示。

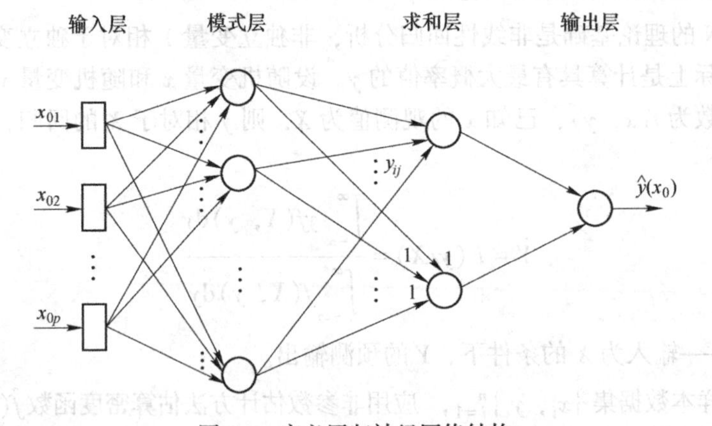

图 4-7　广义回归神经网络结构

输入层将信号传递给模式层。设输入向量 $\boldsymbol{X}$ 是 p 维，$\boldsymbol{X}=[x_1,\ x_2,\ \cdots,\ x_p]^{\mathrm{T}}$，输出向量 $\boldsymbol{Y}$ 是 q 维，样本总数是 n，该层中的神经元总数和训练样本中输入矢量的维数 p 相等，而模式层中神经元的总数与训练样本数目 n 相等，神经元 i 的传递关系为：

$$p_i=\exp\left[-\frac{(X-X_i)^{\mathrm{T}}(X-X_i)}{2\sigma_i^2}\right],\ (i=1,\ 2,\ \cdots,\ n) \tag{4-5}$$

式中　X——网络输入变量；

X_i——第 i 个神经元对应的学习样本。

模式层又称隐回归层，每个节点和不相同的学习样本对应。神经元总数等于训练样本数量 n，激活函数是径向基函数 $R_i(x)=\exp\left(-\frac{\|X-X_i\|^2}{2\sigma_i^2}\right)$，$X$ 为其输入变量，X_i 为神经元 i 相应的训练样本，σ_i 为平滑因子。

求和层中采用两种类型神经元进行求和，第一种求和类型是神经元对所有模式层神经元的输出进行算术求和，连接权值为1，计算式见式（4-6）：

$$S_D = \sum_{i=1}^{n} p_i = \sum_{i=1}^{n} \exp\left[-\frac{(X-X_i)^{\mathrm{T}}(X-X_i)}{2\sigma_i^2}\right] \tag{4-6}$$

第二种求和类型是加权求和，计算式见式（4-7）：

$$S_N = \sum_{i=1}^{n} y_i p_i = \sum_{i=1}^{n} Y_i \exp\left[-\frac{(X-X_i)^{\mathrm{T}}(X-X_i)}{2\sigma_i^2}\right] \tag{4-7}$$

S_N 表示利用模式层中输出样本 Y 中的各个元素 y_i 作为连接权值，即对模式层对应的神经元进行加权求和。

输出层中的神经元对求和层中所求的两种和的计算值相除，得出估算结果：

$$\overline{Y} = \frac{S_N}{S_D} \tag{4-8}$$

4.2.3.3 GRNN 网络模型的特点

与常规预测模型相比，GRNN 网络模型具有极强的非线性映射能力，结果具有全局收敛性；此外具有网络结构简单、人为确定参数少、训练过程迅速的特点；特别是数据转换时效性强，具体特点对比分析见表 4-4。

表 4-4 不同预测模型性能比较

序号	方法	非线性映射能力	人为设置参数	泛化能力	鲁棒性	容错性	结构可解释性	收敛能力	所需样本数量
1	灰色预测模型	一般	一般	差	差	差	很好的解释性	—	多
2	回归预测模型	差	多	一般	差	差	很好的解释性	—	多
3	BP	强	多	一般	一般	差	不具备	差	多
4	RBF	强	多	较强	较强	较强	不具备	较强	多
5	GRNN	强	仅一个	强	强	强	不具备	强	少

4.2.3.4 GRNN 网络的优化训练（光滑因子 σ 的确定）

网络初始化的过程实质上就是对训练样本的学习过程，网络学习完全取决于数据样本，只需要确定光滑因子 σ。当训练样本确定并通过隐藏层神经元的时候，相应的网络结构和神经元之间的连接权值也就确定，整个网络的训练就完成了。σ 的大小直接决定着网络的逼近精度和预测精度。为了让预测结果最接近真实值，需要不断优化参数 σ，常见优化 σ 的方法主要分为以下两种：

(1) 试验法。首先令 σ 的初始值为 0.01，并且每次以 0.01 在某一区间如 [0.01, 1] 上逐步递增；其次，用给定的学习样本进行 GRNN 训练和仿真，并统计给定学习样本的误差序列；最后，将误差序列的均方根误差（RMSE）或其他类型的误差设定为评估 GRNN 的优劣标准，则最小误差所对应的 σ 就是网络的最佳参数。

(2) 智能优化法。一种全新的方法，借助于诸如遗传算法（GA）等来寻找某一复杂问题的最佳结果（本书指光滑因子 σ），从而使网络达到最佳的性能和最优的输出，这种方法的最大优点就是实现简单、效率高并且应用领域非常宽广。

4.3 再生利用施工安全预控模型构建

广义回归神经网络（GRNN）具有非线性映射能力强、设置参数少等优点，但对数据的精准性要求较高，加之再生利用施工安全风险因素的复杂性和非线性特征显著，模型很难充分挖掘出数据的内部特征，使得预测结果往往不理想，由此引入核主元分析（KPCA），对数据进行特征提取及数据降维。同时，为避免手动调参对 σ 的人为干扰，应用量子粒子群优化算法（QPSO）优化 GRNN 网络。至此，本书提出将上述三种方法互补融合，构建基于 KPCA-QPSO-GRNN 的旧工业建筑再生利用施工安全风险预控模型。

4.3.1 施工安全预控指标相关阈值设定

阈值的设定依据一方面综合参考设计要求、现行规范、项目实际情况、项目综合进度等，现行规范主要参考《混凝土结构设计规范》(GB 50010)、《建筑变形测量规范》(JGJ 8)、《建筑地基基础设计规范》(GB 50007)、《工业建筑可靠性鉴定标准》(GB 50144)、《建筑工程施工过程结构分析与监测技术规范》(JGJ/T 302) 等相关规范和标准；另一方面依据有限元模型修正后的施工模拟相关参数。

4.3.1.1 局部性能指标相关阈值设定说明

结构承载能力相关阈值，主要根据构件抗力与荷载效应比值制定相应的分级标准，根据构件的不同重要类型，采用阈值标准见表 4-5。

构件的变形量相关阈值，主要根据构件跨度与其所处的结构部位、受力的不同情况制定相应的分级标准，根据构件的不同类型，采用阈值标准见表 4-6~表4-7。

表 4-5 混凝土构件承载能力阈值设定

结构类型	构件类别	抗力与效应比 $\eta = R/\gamma_0 S$		
		a 级	b 级	c 级
混凝土结构	重要构件	≥1.00	≥0.90，且<1	<0.90
	次要构件	≥1.00	≥0.87，且<1	<0.87
	一般构件	≥1.00	≥0.85，且<1	<0.85
钢结构（新增改建）	重要构件、连接	≥1.00	≥0.95，且<1	<0.95
	次要构件、连接	≥1.00	≥0.92，且<1	<0.92
	一般构件、连接	≥1.00	≥0.90，且<1	<0.90

表 4-6 混凝土厂房变形阈值设定（l_0 为构件计算跨度）

构件类型		a 级	b 级	c 级
厂房托架、屋架		$\leq l_0/500$	$> l_0/500$，$\leq l_0/450$	$> l_0/450$
多层框架主梁		$\leq l_0/400$	$> l_0/400$，$\leq l_0/350$	$> l_0/350$
屋盖、楼盖及楼梯灯其他构件	$l_0 > 9\text{m}$	$\leq l_0/300$	$> l_0/300$，$\leq l_0/250$	$> l_0/250$
	$7\text{m} \leq l_0 \leq 9\text{m}$	$\leq l_0/250$	$> l_0/250$，$\leq l_0/200$	$> l_0/200$
	$l_0 < 7\text{m}$	$\leq l_0/200$	$> l_0/200$，$\leq l_0/175$	$> l_0/175$
吊车梁	电动吊车	$\leq l_0/600$	$> l_0/600$，$\leq l_0/500$	$> l_0/500$
	手动吊车	$\leq l_0/500$	$> l_0/500$，$\leq l_0/450$	$> l_0/450$

表 4-7 混凝土受弯构件不适于继续承载的变形阈值设定

构件类型		检测项目	a 级	b 级	c 级
主要受弯构件（主梁、托梁等）		挠度	$\leq l_0/550$	$\leq l_0/350$	$> l_0/350$
一般受弯构件	$l_0 \leq 9\text{m}$		$\leq l_0/450$ 或≤5mm	$\leq l_0/250$ 或≤25mm	$> l_0/250$ 或>25mm
	$l_0 > 9\text{m}$		$\leq l_0/500$	$\leq l_0/300$	$> l_0/300$
预制屋面梁、桁架或深梁		侧弯矢高	$\leq l_0/800$	$\leq l_0/600$	$> l_0/600$

注：l_0 为计算跨度。

构件的裂缝宽度相关阈值，主要根据构件所处环境、重要类型、不同的受力情况制定相应的分级标准，根据构件的不同类型，采用阈值标准见表 4-8 ~表 4-10。

表 4-8 混凝土构件不适于继续承载的裂缝宽度阈值设定

环境类别与作用等级	构件种类与工作条件		裂缝宽度/mm		
			a 级	b 级	c 级
Ⅰ-A	室内正常环境	次要构件	<0.3	>0.3，≤0.4	>0.4
		重要构件	≤0.2	>0.2，≤0.3	>0.3
Ⅰ-B，Ⅰ-C	露天或室内高湿度环境，干湿交替环境		≤0.2	>0.2，≤0.3	>0.3
Ⅲ，Ⅳ	使用除冰盐环境，滨海室外环境		≤0.1	>0.1，≤0.2	>0.2

表 4-9 预应力混凝土构件（采用热轧钢筋）不适于继续承载的裂缝宽度阈值设定

环境类别与作用等级	构件种类与工作条件		裂缝宽度/mm		
			a 级	b 级	c 级
Ⅰ-A	室内正常环境	次要构件	≤0.20	>0.20，≤0.35	>0.35
		重要构件	≤0.05	>0.05，≤0.10	>0.10
Ⅰ-B，Ⅰ-C	露天或室内高湿度环境，干湿交替环境		无裂缝	≤0.05	>0.05
Ⅲ，Ⅳ	使用除冰盐环境，滨海室外环境		无裂缝	≤0.02	>0.02

表 4-10 预应力混凝土构件（采用钢绞线、热处理钢筋、预应力钢丝配筋）不适于继续承载的裂缝宽度阈值设定

环境类别与作用等级	构件种类与工作条件		裂缝宽度/mm		
			a 级	b 级	c 级
Ⅰ-A	室内正常环境	次要构件	≤0.20	>0.20，≤0.10	>0.10
		重要构件	无裂缝	≤0.05	>0.05
Ⅰ-B，Ⅰ-C	露天或室内高湿度环境，干湿交替环境		无裂缝	≤0.02	>0.02
Ⅲ，Ⅳ	使用除冰盐环境，滨海室外环境		无裂缝	—	有裂缝

注：当构件出现受压及斜压裂缝时，直接评为 c 级。

4.3.1.2 整体性能指标相关阈值设定说明

地基基础变形、支座变位的相关阈值，主要根据结构整体变形特点制定相应的分级标准，根据地基基础、支座的不同情况，采用阈值标准见表 4-11、表 4-12。

表 4-11 地基基础不适于继续承载的阈值设定

检查项目	a 级	b 级	c 级
地基基础变形限值	<0.01mm/d	<0.05mm/d	>0.05mm/d
沉降高差/两测点距离	≤0.001	≤0.003	>0.005
基础裂缝	≤0.20	≤0.30	>0.40

表 4-12 建筑物的地基实际最终变形允许值

变形特征		中、低压缩性土	高压缩性土
相邻柱基的沉降差	不均匀沉降不产生附加应力时	0.005L	0.005L
	框架结构	0.002L	0.003L
	砌体墙填充的边排柱	0.0007L	0.001L
单层排架结构（柱距为 6m）柱基的沉降量（mm）		中压缩性土 120	200
抗风外墙砌体承重结构基础的局部倾斜		0.002	0.003
桥式吊车轨道的倾斜（按不调整轨道考虑）	纵向	0.004	
	横向	0.003	

注：L 为相邻柱基的中心距离，mm；倾斜指基础倾斜方向两端点的沉降差与距离的比值；局部倾斜指砌体承重结构沿纵向 6~10m 内基础两点的沉降差与其距离的比值。

上部结构的倾斜度相关阈值，主要根据结构类型的变形特点制定相应的分级标准，根据不同类型，采用阈值标准见表 4-13、表 4-14。

表 4-13 混凝土结构厂房位移或倾斜值阈值设定 （mm）

相关项目		a 级	b 级	c 级
有吊车厂房柱位移		$\leqslant H_c/1250$	$>H_c/1250$	$>>H_c/1250$
无吊车厂房柱位移	混凝土柱	$\leqslant H/1000$，$H>10$m 时$\leqslant 20$	$>H/1000$，$\leqslant H/750$；$H>10$m 时>20，$\leqslant 30$	$>H/750$ 或 $H>10$m 时>30
	新增钢柱	$\leqslant H/1000$，$H>10$m 时$\leqslant 25$	$>H/1000$，$\leqslant H/700$；$H>10$m 时>25，$\leqslant 35$	$>H/700$ 或 $H>10$m 时>35

注：H_c 为基础顶面至吊车梁顶面的高度。

表 4-14 混凝土结构构件不适于继续承载的侧向位移阈值设定

类型	检查项目	a 级	b 级	c 级
单层建筑	顶点位移	$\leqslant H/700$	$\leqslant H/500$	$>H/500$
单层排架平面外侧倾	顶点位移	$H\leqslant 1050$ 或$\leqslant 10$mm	$H\leqslant 850$ 或$\leqslant 20$mm	$H>850$ 或>20mm

注：H 为结构顶点高度。

结构的稳定性（结构振动频率、结构加速度）相关阈值，主要根据《混凝土结构试验方法标准》（GB/T 50152—2012）、《建筑工程容许振动标准》（GB 50868—2013）、《机器动荷载作用下建筑物承重结构的振动计算和隔振设计规程》（YBJ 55—90）等相关标准结合模拟结果制定相应的分级标准，确定阈值。

4.3.1.3 施工状态、临时荷载指标相关阈值设定说明

施工状态指标和临时荷载指标随不同的施工方案和施工措施而不断变化，相

关阈值根据第2章有限元模型修正后的不同工况下的模拟参数而定，包含挑空悬空持续时间、影响区域构件补强程度、防倾覆装置作用时间、相邻构件竖向变形差值、传力节点处的应力值、新旧连接处（节点）的应力值、新旧连接处（节点）的变形累积量、新旧连接处（节点）的振动频率、单次开挖深度、单次开挖面积、坑底暴露时间、坑边荷载、吊运设备起吊极限值、吊索索力不均匀系数、离地后最大偏摆幅度、就位时最大变形量、临时荷载分布、临时荷载核算、荷载持续时间、支撑体系变形累计量、支撑体系变形速率、支撑体系轴力等。这里需要重点说明的是钢索索力不均匀系数，监测进行前，计算每根吊索的拉力设计值 A（单位 kN）。其中，不均匀系数为 $\delta>b$（δ=监测得到的最大索力值/平均索力值），某一监测点的索力值超过拉力设计值 A。若出现不均匀系数 $\delta>b$ 时，应立即停止吊装，调节可调拉杆，直至各吊点受力均匀；若不均匀系数 $\delta\leqslant b$，方能恢复吊装工作。

4.3.1.4 工作环境指标相关阈值设定说明

施工工作环境的相关阈值，主要根据相关规范限定和以往施工经验制定相应的分级标准，根据不同情况，采用阈值标准见表4-15。

表4-15 施工工作环境的相关阈值设定

风况	风速、风压	风况	风速、风压
无风	风速<0.56m/s时，风压状态在0kg/m²	疾风	14.40m/s<风速<17.20m/s时，风压状态在13.0~18.5kg/m²
软风	0.56m/s<风速<1.67m/s时，风压状态在0~0.2kg/m²	大风	17.50m/s<风速<20.80m/s时，风压状态在19.1~27.0kg/m²
轻风	1.94m/s<风速<3.30m/s时，风压状态在0.2~0.7kg/m²	烈风	21.10m/s<风速<24.20m/s时，风压状态在27.2~36.6kg/m²
微风	3.60m/s<风速<5.23m/s时，风压状态在0.8~1.7kg/m²	狂风	24.40m/s<风速<28.60m/s时，风压状态在37.2~51.1kg/m²
和风	5.50m/s<风速<8.30m/s时，风压状态在1.9~4.3kg/m²	暴风	28.80m/s<风速<32.50m/s时，风压状态在51.8~66.0kg/m²
清风	8.60m/s<风速<11.10m/s时，风压状态在4.6~7.7kg/m²	飓风	风速≥32.70m/s时，风压状态在≥66.8kg/m²
强风	11.40m/s<风速<14.20m/s时，风压状态在8.1~12.6kg/m²		

按照国标《塔式起重机安全规程》（GB 5144—2006）的要求，安装、拆卸、加节或降节作业时，塔机的最大安装高度处的风速不应大于13m/s。此外，《地

下工程防水技术规范》(GB 50108—2008) 中 4.1.27 中明确要求：混凝土中心温度和表面温度之差不应大于 25℃，表面温度与大气温度之差不应大于 20℃。而大气温度主要根据仪器的正常工作室外温度而定，过高过低都会影响监测设备的可靠性。

4.3.2 KPCA 核主元分析法数据降维

4.3.2.1 PCA 主元分析法

主元分析法（PCA）是一种基于线性映射的特征提取方法，最早由 Pearson 于 1901 年首次提出，基本理念是在尽可能多地保留数据集中方差的同时，减少该数据集的维度，线性的内部模型不受参数限制，步骤如图 4-8 所示。

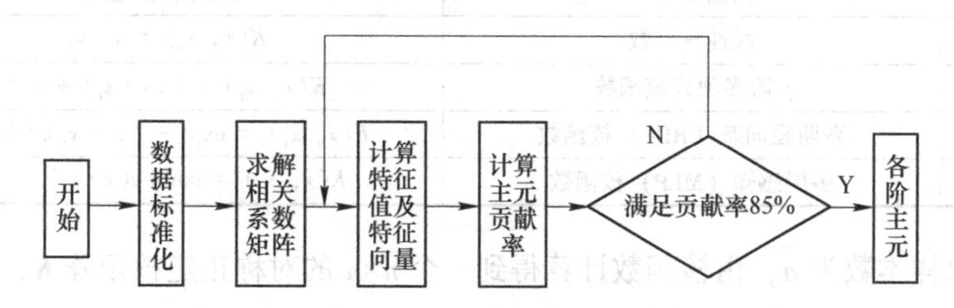

图 4-8 主元分析法实施步骤

4.3.2.2 核方法的基本原理

标准 PCA 难以对非线性特征进行充分提取，为了解决此类问题，引入核方法，即核函数方法，它将线性空间和非线性空间联系了起来，是对一系列利用核映射进行数据处理的先进方法的统称。核函数理论从 1909 年 Mercer 定理的提出后不断发展，基本原理是利用一个非线性函数把原始数据从输入空间通过核映射非线性变换到更高维空间，得到其高维特征空间的内积并转换为原始低维空间的核函数后展开运算，从而使得计算复杂度大大降低，如图 4-9 所示。

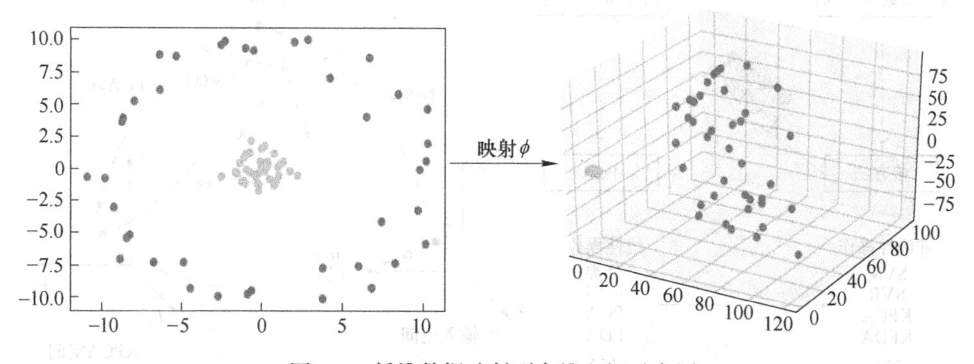

图 4-9 低维数据映射到高维空间示意图

从本质上讲，核方法实现了数据空间、特征空间和类别空间之间的非线性变换。核函数的核心思想是向量内积转换的实现，即

$$(x_i,\ x_j) \rightarrow \Phi(x_i) \cdot \Phi(x_j) = K(x_i,\ x_j) \tag{4-9}$$

式中　x_i，x_j——原始数据空间中的样本点；

Φ——从原始数据空间到高维特征空间的映射函数；

$K(x_i,\ x_j)$——样本空间中的一个核函数。

核函数的选择以及如何确定相关参数，尚无确定性的理论作为指导，应用比较广泛的核函数有以下几种形式（径向基核函数一般为首选），见表4-16。

表 4-16　几种常见的核函数描述

序号	核函数名称	核函数表达式
1	线性核函数	$K(x,\ x_i) = x \cdot x_i$
2	p 阶多项式核函数	$K(x,\ x_i) = [(x \cdot x_i) + 1]^p$
3	高斯径向基（RBF）核函数	$K(x,\ x_i) = \exp(-\Vert x - x_i \Vert^2/\sigma^2)$
4	多层感知（MLP）核函数	$K(x,\ x_i) = \tanh[v(x \cdot x_i) + c]$

设总样本数为 n，由核函数计算得到一个 $n \times n$ 的对称正定核矩阵 $\boldsymbol{K}$，且

$$\boldsymbol{K}_{i,\ j} = k(x_i,\ x_j),\ (i,\ j = 1,\ 2,\ \cdots,\ n) \tag{4-10}$$

由式（4-10）可见，运算过程的复杂程度仅与样本总数 n 有关，由于训练样本数有限，相比于计算高维特征空间的内积，核矩阵的计算比较简单。

4.3.2.3　KPCA 核主元分析法

KPCA 的基本原理如图 4-10、图 4-11 所示。先将原始空间中的数据，通过非线性函数 Φ 映射到高维特征空间 F 中，进而在高维特征空间中利用主元分析进行变换。其次，用核函数去替代由 Φ 在高维特征空间中得到的内积，即得到非线性主元。

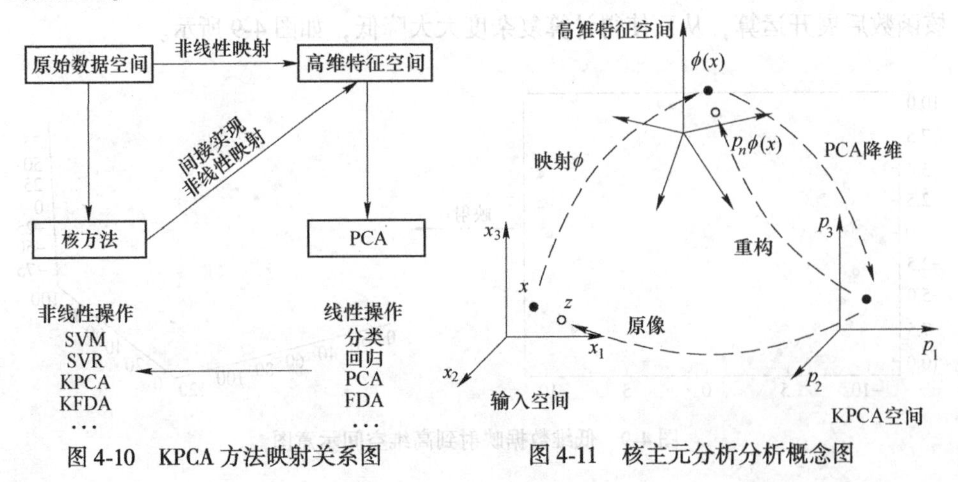

图 4-10　KPCA 方法映射关系图　　图 4-11　核主元分析分析概念图

设定在输入空间中存在 n 个样本 $\boldsymbol{x}(i=1, 2, \cdots, n)$，$\boldsymbol{x}_i \in \mathbf{R}^n$ 对样本数据进行归一化处理后使 $\sum_{i=1}^{n} \boldsymbol{x}_i = 0$，则其协方差矩阵表示为

$$\boldsymbol{S} = \frac{1}{n}\sum_{i=1}^{n} \boldsymbol{x}_i \boldsymbol{x}_i^{\mathrm{T}} = \frac{1}{n}[\boldsymbol{x}_1 \quad \boldsymbol{x}_2 \quad \cdots \quad \boldsymbol{x}_n]\begin{bmatrix} \boldsymbol{x}_1^{\mathrm{T}} \\ \boldsymbol{x}_2^{\mathrm{T}} \\ \vdots \\ \boldsymbol{x}_n^{\mathrm{T}} \end{bmatrix} \tag{4-11}$$

采用标准主元分析法 PCA 求出矩阵 $\boldsymbol{S}$ 的特征值与特征向量，其特征方程表示为

$$\lambda \boldsymbol{\nu} = \boldsymbol{S}\boldsymbol{\nu} \tag{4-12}$$

通过非线性映射函数 $\boldsymbol{\Phi}$ 将 $\boldsymbol{x}_1$，$\boldsymbol{x}_2$，…，$\boldsymbol{x}_n$（输入空间中的样本点）变换为 $\boldsymbol{\Phi}(\boldsymbol{x}_1)$，$\boldsymbol{\Phi}(\boldsymbol{x}_2)$，…，$\boldsymbol{\Phi}(\boldsymbol{x}_n)$（特征空间中的样本点），并作出如下假设：

$$\sum_{i=1}^{n} \boldsymbol{\Phi}(\boldsymbol{x}_i) = 0 \tag{4-13}$$

则在特征空间 H 中的协方差矩阵为

$$\bar{\boldsymbol{S}} = \frac{1}{n}\sum_{i=1}^{n} \boldsymbol{\Phi}(\boldsymbol{x}_i)\boldsymbol{\Phi}(\boldsymbol{x}_i)^{\mathrm{T}} \tag{4-14}$$

将协方差矩阵 $\bar{\boldsymbol{S}}$ 的特征方程表示为

$$\lambda \boldsymbol{\nu} = \bar{\boldsymbol{S}}\boldsymbol{\nu} \tag{4-15}$$

把所有样本与式（4-15）作内积处理，即得到式（4-16）。

$$\lambda \langle \boldsymbol{\Phi}(\boldsymbol{x}_k), \boldsymbol{\nu} \rangle = \langle \boldsymbol{\Phi}(\boldsymbol{x}_k), \bar{\boldsymbol{S}}\boldsymbol{\nu} \rangle, \ k = 1, 2, \cdots, n \tag{4-16}$$

考虑到式（4-15）所求出的解均会在 $\boldsymbol{\Phi}(\boldsymbol{x}_1)$，$\boldsymbol{\Phi}(\boldsymbol{x}_2)$，…，$\boldsymbol{\Phi}(\boldsymbol{x}_n)$ 的子空间之中，因此存在系数 α_1，α_2，…，α_N 使式（4-17）成立。

$$\boldsymbol{\nu} = \sum_{j=1}^{n} \alpha_j \boldsymbol{\Phi}(\boldsymbol{x}_j) \tag{4-17}$$

在此将式（4-14）、式（4-16）和式（4-17）进行合并可得式（4-18）。

$$\lambda \sum_{j=1}^{n} \alpha_j \langle \boldsymbol{\Phi}(\boldsymbol{x}_k), \boldsymbol{\Phi}(\boldsymbol{x}_j) \rangle = \frac{1}{n}\sum_{j=1}^{n} \alpha_j \langle \boldsymbol{\Phi}(\boldsymbol{x}_k), \sum_{i=1}^{n} \boldsymbol{\Phi}(\boldsymbol{x}_i) \rangle \langle \boldsymbol{\Phi}(\boldsymbol{x}_i), \boldsymbol{\Phi}(\boldsymbol{x}_j) \rangle \tag{4-18}$$

式中，$k=1, 2, \cdots, n$。

令 $\boldsymbol{K}_{i,j} = k(\boldsymbol{x}_i, \boldsymbol{x}_j) = \langle \boldsymbol{\Phi}(\boldsymbol{x}_i), \boldsymbol{\Phi}(\boldsymbol{x}_j) \rangle$，其中 $k(\boldsymbol{x}_i, \boldsymbol{x}_j)$ 表示核函数，则式（4-18）等号的左侧等价于式（4-19）：

$$\lambda \sum_{j=1}^{n} \alpha_j \langle \boldsymbol{\Phi}(\boldsymbol{x}_k), \boldsymbol{\Phi}(\boldsymbol{x}_j) \rangle = \lambda \frac{1}{n}\sum_{j=1}^{n} \alpha \boldsymbol{K}_{k,j} = \lambda \boldsymbol{K}\alpha \tag{4-19}$$

式（4-18）等号的右侧等价于式（4-20）：

$$\frac{1}{n}\sum_{j=1}^{n}\alpha_j\langle\boldsymbol{\Phi}(\boldsymbol{x}_k),\ \sum_{i=1}^{n}\boldsymbol{\Phi}(\boldsymbol{x}_i)\rangle\langle\boldsymbol{\Phi}(\boldsymbol{x}_i),\ \boldsymbol{\Phi}(\boldsymbol{x}_j)\rangle=\frac{1}{n}\sum_{j=1}^{n}\alpha_j\sum_{i=1}^{n}\boldsymbol{K}_{k,\ i}\boldsymbol{K}_{i,\ j}=\frac{1}{n}\boldsymbol{K}^2\alpha \tag{4-20}$$

式中 $\boldsymbol{K}$——由 $\boldsymbol{K}_{i,\ j}$ 组成的核矩阵。

这里可将式（4-18）转换为式（4-21）：

$$n\lambda\boldsymbol{K}\alpha=\boldsymbol{K}^2\alpha \tag{4-21}$$

改写后得式（4-22）：

$$n\lambda\alpha=\boldsymbol{K}\alpha \tag{4-22}$$

式中，$\alpha=[\alpha_1,\ \alpha_2,\ \cdots,\ \alpha_n]^{\mathrm{T}}$。

对式（4-22）分析可知，核矩阵 $\boldsymbol{K}$ 的特征向量为 $\alpha_i(i=1,\ 2,\ \cdots,\ n)$，而它对应的特征值为 $n\lambda_1\geqslant n\lambda_2\geqslant\cdots\geqslant n\lambda_p\geqslant 0\geqslant n\lambda_{p+1}\cdots\geqslant n\lambda_n$。

令协方差矩阵 $\bar{S}$ 正特征值所对应的特征向量矩阵记为 $\boldsymbol{V}$，归一化处理得

$$\langle\boldsymbol{V}_k,\ \boldsymbol{V}_k\rangle=1,\ k=1,\ 2,\ \cdots,\ p \tag{4-23}$$

式中 $\boldsymbol{V}_k$——特征空间 $\boldsymbol{H}$ 里第 k 个特征向量。

将式（4-17）代入得式（4-24）：

$$1=\langle\sum_{i=1}^{n}\alpha_{k,\ i}\boldsymbol{\Phi}(\boldsymbol{x}_i),\ \sum_{j=1}^{n}\alpha_{k,\ j}\boldsymbol{\Phi}(\boldsymbol{x}_j)\rangle=\sum_{i=1}^{n}\sum_{j=1}^{n}\alpha_{k,i}\alpha_{k,j}\boldsymbol{K}_{i,j}=\langle\alpha_k,\ \boldsymbol{K}\alpha_k\rangle=n\lambda_k\langle\alpha_k,\ \alpha_k\rangle \tag{4-24}$$

式中 $\alpha_{k,i}$——向量 α_k 的第 i 个元素。

则任一向量 $\boldsymbol{X}$ 在特征空间 $\boldsymbol{H}$ 里的第 k 个得分向量 $\boldsymbol{t}_k$ 为

$$\boldsymbol{t}_k=\langle\boldsymbol{V}_k,\ \boldsymbol{\Phi}(\boldsymbol{x})\rangle=\sum_{i=1}^{n}\alpha_{k,\ i}\langle\boldsymbol{\Phi}(\boldsymbol{x}_i),\ \boldsymbol{\Phi}(\boldsymbol{x})\rangle=\sum_{i=1}^{n}\alpha_{k,\ i}k(x_i,\ x) \tag{4-25}$$

需要说明的是，式（4-13）的假设一般不成立，因此需对其进行中心化处理，处理后的映射函数式见式（4-26）：

$$\tilde{\boldsymbol{\Phi}}(\boldsymbol{x}_i)=\boldsymbol{\Phi}(\boldsymbol{x}_i)-\frac{1}{n}\sum_{i=1}^{n}\boldsymbol{\Phi}(\boldsymbol{x}_i) \tag{4-26}$$

将相应的核函数转换得式（4-27）：

$$\begin{aligned}\tilde{\boldsymbol{K}}_{i,j}&=\langle\tilde{\boldsymbol{\Phi}}(\boldsymbol{x}_i),\ (\tilde{\boldsymbol{\Phi}}(\boldsymbol{x}_j)\rangle\\&=\left(\boldsymbol{\Phi}(\boldsymbol{x}_i)-\frac{1}{n}\sum_{p=1}^{n}\boldsymbol{\Phi}(\boldsymbol{x}_p)\right)^{\mathrm{T}}\left(\boldsymbol{\Phi}(\boldsymbol{x}_j)-\frac{1}{n}\sum_{q=1}^{n}\boldsymbol{\Phi}(\boldsymbol{x}_q)\right)\\&=\boldsymbol{\Phi}(\boldsymbol{x}_i)^{\mathrm{T}}\boldsymbol{\Phi}(\boldsymbol{x}_j)-\frac{1}{n}\sum_{p=1}^{n}\boldsymbol{\Phi}(\boldsymbol{x}_p)^{\mathrm{T}}\boldsymbol{\Phi}(\boldsymbol{x}_j)-\frac{1}{n}\sum_{q=1}^{n}\boldsymbol{\Phi}(\boldsymbol{x}_i)^{\mathrm{T}}\boldsymbol{\Phi}(\boldsymbol{x}_q)+\end{aligned}$$

$$\frac{1}{n^2}\sum_{p,q=1}^{n}\boldsymbol{\Phi}(\boldsymbol{x}_p)^{\mathrm{T}}\boldsymbol{\Phi}(\boldsymbol{x}_q)$$

$$=(\boldsymbol{K}-\boldsymbol{I}_n\boldsymbol{K}-\boldsymbol{K}\boldsymbol{I}_n+\boldsymbol{I}_n\boldsymbol{K}\boldsymbol{I}_n)_{i,j} \tag{4-27}$$

式中 $\boldsymbol{I}_n$ —$n\times n$ 大小的矩阵，元素值等于 $1/n$。

对核函数进行归一化处理：

$$\tilde{\boldsymbol{K}}_{i,j}=(\boldsymbol{K}-\boldsymbol{I}_n\boldsymbol{K}-\boldsymbol{K}\boldsymbol{I}_n+\boldsymbol{I}_n\boldsymbol{K}\boldsymbol{I}_n)_{i,j} \tag{4-28}$$

至此，新的特征方程表示为式（4-29）：

$$n\tilde{\lambda}\tilde{\alpha}=\tilde{\boldsymbol{K}}\tilde{\alpha} \tag{4-29}$$

最后，特征空间 $\boldsymbol{H}$ 里的第 k 个得分向量 $\tilde{\boldsymbol{t}}_k$ 表示为

$$\tilde{\boldsymbol{t}}_k=\langle\tilde{\boldsymbol{V}}_k,\ \tilde{\boldsymbol{\Phi}}(\boldsymbol{x})\rangle=\sum_{i=1}^{n}\tilde{\alpha}_{k,i}\langle\tilde{\boldsymbol{\Phi}}(\boldsymbol{x}_i),\ \tilde{\boldsymbol{\Phi}}(\boldsymbol{x})\rangle=\sum_{i=1}^{n}\tilde{\alpha}_{k,j}\tilde{k}(x_i,\ x) \tag{4-30}$$

4.3.2.4 KPCA 核主元分析法降维实现流程

KPCA 的优点在于通过核函数进行非线性映射时，不需要清楚非线性映射的具体实现过程，只需要利用核函数的内积来表示这一非线性过程，大大降低了计算的复杂。基于 KPCA 的基本原理，KPCA 数据降维实现流程如图 4-12 所示。

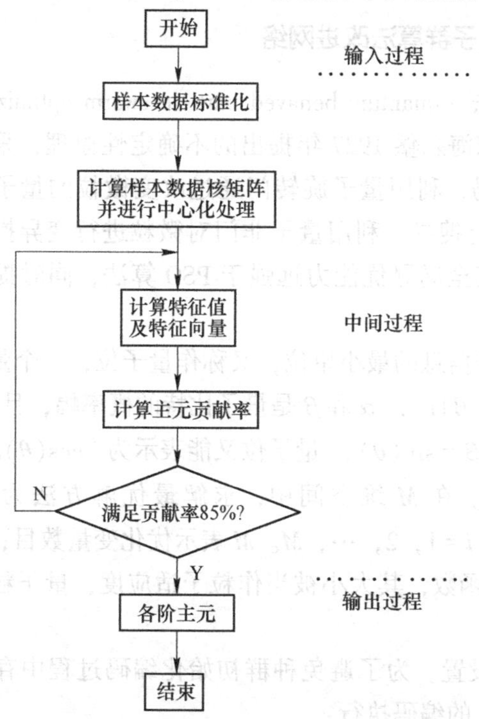

图 4-12 基于 KPCA 数据降维基本流程图

假设一个包含 m 个传感器的监测系统，正常运行条件下采集的 n 组数据构成矩阵 $\boldsymbol{X}^0 \in \mathbf{R}^{n\times m}$，其 KPCA 模型的建立步骤如下：

(1) 数据标准化。对样本数据进行归一化处理 $\boldsymbol{X}^0$，得标准化数据集 $\boldsymbol{X} \in \mathbf{R}^{n\times m}$。

(2) 求核矩阵。选用最为成熟的核函数，即高斯径向基（RBF）核函数。根据式 $[\boldsymbol{K}]_{ij} = \boldsymbol{K}_{i,j} = \langle \boldsymbol{\Phi}(\boldsymbol{x}_i), \boldsymbol{\Phi}(\boldsymbol{x}_j) \rangle = [k(\boldsymbol{x}_i, \boldsymbol{x}_j)]$ 计算 $\boldsymbol{X}$ 的核矩阵 $\boldsymbol{K} \in \mathbf{R}^{n\times n}$。

(3) 中心化核矩阵。对核矩阵进行中心化变换，并根据 $\tilde{\boldsymbol{K}} = \boldsymbol{K} - \boldsymbol{I}_n\boldsymbol{K} - \boldsymbol{K}\boldsymbol{I}_n + \boldsymbol{I}_n\boldsymbol{K}\boldsymbol{I}_n$ 对核矩阵进行归一化处理。

(4) 特征值分解。依据式 $n\tilde{\lambda}\tilde{\alpha} = \tilde{\boldsymbol{K}}\tilde{\boldsymbol{\alpha}}$，计算核矩阵 $\tilde{\boldsymbol{K}}$ 的特征值及特征向量，且根据式 $\langle \tilde{\alpha}_k, \tilde{\alpha}_k \rangle = 1/n\tilde{\lambda}_k$ 对特征向量归一化处理。

(5) 确定主元贡献率。按照标准 PCA 的求解方法，计算各特征值的贡献率。

(6) 提取得分主元个数。按式 $\tilde{\boldsymbol{t}}_k = \langle \tilde{\boldsymbol{V}}_k, \tilde{\boldsymbol{\Phi}}(\boldsymbol{x}) \rangle = \sum_{i=1}^{n} \tilde{\alpha}_{k,i} \langle \tilde{\boldsymbol{\Phi}}(\boldsymbol{x}_i), \tilde{\boldsymbol{\Phi}}(\boldsymbol{x}) \rangle = \sum_{i=1}^{n} \tilde{\alpha}_{k,i} \tilde{k}(x_i, x)$ 提取非线性主元。

4.3.3 QPSO 量子粒子群算法改进网络

量子粒子群算法（quantum-behaved particle swarm optimization，QPSO）思想来源于德国物理学家海森堡 1927 年提出的不确定性原理，采用量子比特对微粒目前的位置进行编码，利用量子旋转门通过改变微粒的量子比特相位代替 PSO 中的速度 V_i 矢量进行搜寻，利用量子非门对微粒进行变异操作避免了局部收敛导致的早熟现象，其全局寻优能力远强于 PSO 算法，同时提高了学习能力和收敛速率。

量子比特是量子信息的最小单位，又称作量子位，一个量子位的状态可以表征为 $|\phi\rangle = \alpha|0\rangle + \beta|1\rangle$，$\alpha$ 和 β 是量子比特的概率幅，且满足 $|\alpha|^2 + |\beta|^2 = 1$，令 $\alpha = \cos(\theta)$，$\beta = \sin(\theta)$，量子位又能表示为 $[\cos(\theta)\sin(\theta)]^{\mathrm{T}}$，$\theta$ 是其中正余弦函数的相位。在 M 维空间中，求解最优解方法为 $\max f(x_1, x_2, \cdots, x_M)$；$\alpha_i \leqslant X_i \leqslant \beta_i$；$i = 1, 2, \cdots, M$。$M$ 表示优化变量数目；$[\alpha_i, \beta_i]$ 表示 X_i 取值范围；f 表示目标函数，其大小被当作粒子适应度，量子粒子群算法的具体实现步骤如下：

(1) 初始种群设置。为了避免种群初始化编码过程中存在的不确定性和随机性，按式（4-31）的编码执行：

$$P_i = \left[\begin{vmatrix}\cos(\varphi_{i1}) \\ \sin(\varphi_{i1})\end{vmatrix}\begin{vmatrix}\cos(\varphi_{i2}) \\ \sin(\varphi_{i2})\end{vmatrix}\begin{matrix}, \cdots, \\ , \cdots, \end{matrix}\begin{vmatrix}\cos(\varphi_{iM}) \\ \sin(\varphi_{iM})\end{vmatrix}\right] \tag{4-31}$$

$$\varphi_{ij} = 2\pi \times \mathrm{rand},\ i = 1,\ 2,\ \cdots,\ N;\ j = 1,\ 2,\ \cdots,\ M$$

式中 rand——随机数，取值范围为0~1；

N——种群规模；

M——空间维数。

两个搜索空间中的位置对应量子态 $|0\rangle$ 和 $|1\rangle$ 的概率幅，见式（4-32）、式（4-33）：

$$P_{ic} = (\cos(\varphi_{i1}),\ \cos(\varphi_{i2}),\ \cdots,\ \cos(\varphi_{iM})) \tag{4-32}$$

$$P_{is} = (\sin(\varphi_{i1}),\ \sin(\varphi_{i2}),\ \cdots,\ \sin(\varphi_{iM})) \tag{4-33}$$

式中 P_{ic}——余弦位置；

P_{is}——正弦位置。

（2）解空间转换。将粒子两个位置由量子单位空间 $I = [-1,\ 1]^n$ 映射到优化问题的实际解空间上。假设 P_j 的第 i 个量子比特是 $[a_i^j,\ b_i^j]^{\mathrm{T}}$，则其解空间向量为

$$X_{ic}^j = \frac{1}{2}[\beta_i(1 + a_i^j) + \alpha_i(1 - a_i^j)] \tag{4-34}$$

$$X_{is}^j = \frac{1}{2}[\beta_i(1 + b_i^j) + \alpha_i(1 - b_i^j)] \tag{4-35}$$

由解空间向量式（4-34）、式（4-35）可知，量子态 $|0\rangle$ 的概率幅 a_i^j 对应 X_{ic}^j，量子态 $|1\rangle$ 的概率幅 b_i^j 对应 X_{is}^j，且 $i = 1,\ 2,\ \cdots,\ N$；$j = 1,\ 2,\ \cdots,\ M$。

（3）粒子位置状态的更新。设微粒 P_i 目前搜寻到的自身最佳位置为

$$P_{ik} = (\cos(\varphi_{ik1}),\ \cos(\varphi_{ik2}),\ \cdots,\ \cos(\varphi_{ikM})) \tag{4-36}$$

而种群当前状态搜寻到的全局最佳位置见式（4-37）：

$$P_g = (\cos(\varphi_{g1}),\ \cos(\varphi_{g2}),\ \cdots,\ \cos(\varphi_{gM})) \tag{4-37}$$

综上分析可知，微粒 P_i 的量子位概率幅函数相位增加量的变更方式见式（4-38）、式（4-39）、式（4-40）：

$$\Delta\varphi_{ij}(t+1) = \omega\Delta\varphi_{ij}(t) + c_1 r_1(\Delta\varphi_k) + c_2 r_2(\Delta\varphi_g) \tag{4-38}$$

$$\Delta\varphi_{ij} = \begin{cases} 2\pi + \varphi_{ikj} - \varphi_{ij} & (\varphi_{ikj} - \varphi_{ij} < -\pi) \\ \varphi_{ikj} - \varphi_{ij} & (-\pi \leqslant \varphi_{ikj} - \varphi_{ij} \leqslant \pi) \\ \varphi_{ikj} - \varphi_{ij} - 2\pi & (\varphi_{ikj} - \varphi_{ij} > \pi) \end{cases} \tag{4-39}$$

$$\Delta\varphi_g = \begin{cases} 2\pi + \varphi_{gi} - \varphi_{ij} & (\varphi_{gi} - \varphi_{ij} < -\pi) \\ \varphi_{gi} - \varphi_{ij} & (-\pi \leqslant \varphi_{gj} - \varphi_{ij} \leqslant \pi) \\ \varphi_{gj} - \varphi_{ij} - 2\pi & (\varphi_{gj} - \varphi_{ij} > \pi) \end{cases} \tag{4-40}$$

采用量子旋转门将量子位概率幅更新为式（4-41）：

$$\begin{bmatrix} \cos(\varphi_{ij}(t+1)) \\ \sin(\varphi_{ij}(t+1)) \end{bmatrix} = \begin{bmatrix} \cos(\Delta\varphi_{ij}(t+1)) & -\sin(\Delta\varphi_{ij}(t+1)) \\ \sin(\Delta\varphi_{ij}(t+1)) & \cos(\Delta\varphi_{ij}(t+1)) \end{bmatrix} \cdot$$

$$\begin{bmatrix} \cos(\varphi_{ij}(t)) \\ \sin(\varphi_{ij}(t)) \end{bmatrix} = \begin{bmatrix} \cos(\varphi_{ij}(t) + \Delta\varphi_{ij}(t+1)) \\ \sin(\varphi_{ij}(t) + \Delta\varphi_{ij}(t+1) \end{bmatrix} \tag{4-41}$$

式中，$i=1, 2, \cdots, N$；$j=1, 2, \cdots, M$。

由此可知，粒子 P_i 经过更新后，两个新的位置分别见式（4-42）、式（4-43）：

$$\tilde{P}_{ic} = ((\cos(\varphi_{i1}(t)) + \Delta\varphi_i), \cdots, \cos(\varphi_{iD}(t) + \Delta\varphi_{iD}(t+1))) \tag{4-42}$$

$$\tilde{P}_{is} = ((\sin(\varphi_{i1}(t)) + \Delta\varphi_i), \cdots, \sin(\varphi_{iD}(t) + \Delta\varphi_{iD}(t+1))) \tag{4-43}$$

（4）变异操作。设定变异概率为 p，将种群中每个微粒均赋予一个（1，0）之间的随机数 $rand_i$，如果该粒子 $rand_i<p$，则随机性地选择此粒子中［$n/2$］个量子比特，通过量子非门对其实施变异处理，见式（4-44）：

$$\begin{bmatrix} 0 & 1 \\ 1 & 0 \end{bmatrix} \begin{bmatrix} \cos(\varphi_{ij}) \\ \sin(\varphi_{ij}) \end{bmatrix} = \begin{bmatrix} \sin(\varphi_{ij}) \\ \cos(\varphi_{ij}) \end{bmatrix} \tag{4-44}$$

式中，$i=1, 2, \cdots, N$；$j=1, 2, \cdots, M$。

（5）QPSO 量子粒子群算法改进 GRNN。本书将 GRNN 的光滑因子参数 σ 看作 QPSO 的粒子，将 GRNN 的强大的非线性能力和 QPSO 极强的全局寻优能力相融合，进而有效地克服了 GRNN 在数据处理中存在局部收敛早熟的问题，优化算法流程如图 4-13 所示。

4.3.4 改进 GRNN 的施工安全预控模型

通过施工安全预控模型对自动监测的数据进行处理分析，可以及时发现和避免再生利用施工过程中出现的超出设计范围的参数以及潜在的结构破坏风险。该模型主要包括四个部分的内容：样本数据预处理、数据降维、模型训练、确定模型精度，通过以上四部分建立输入模式和输出模式，如图 4-14 所示。

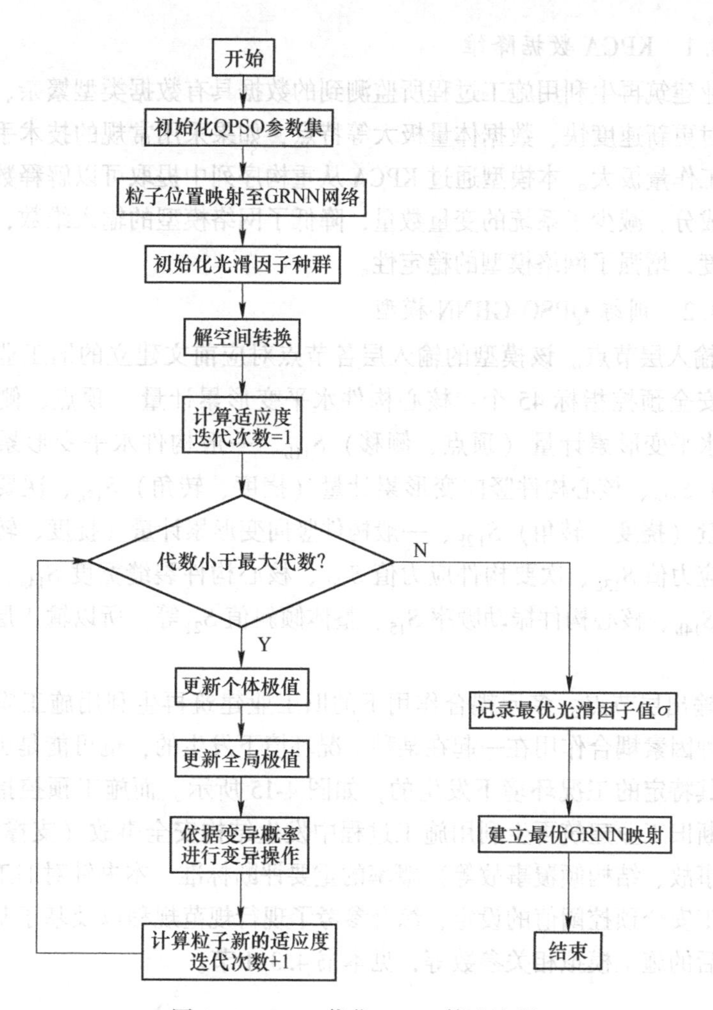

图 4-13 QPSO 优化 GRNN 算法流程

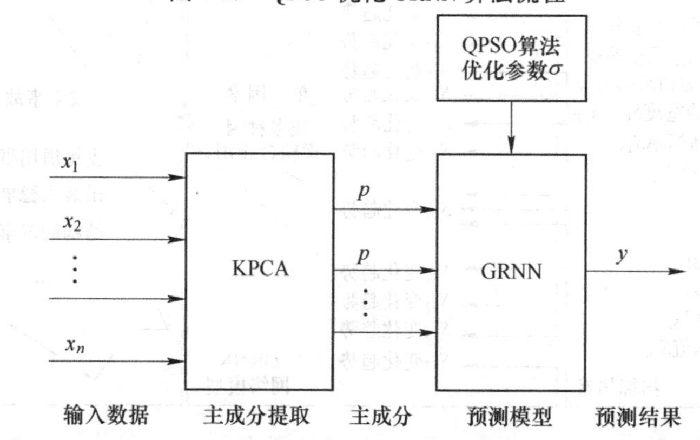

图 4-14 基于 KPCA-QPSO-GRNN 的旧工业建筑再生利用施工安全预控框架

4.3.4.1 KPCA 数据降维

旧工业建筑再生利用施工过程所监测到的数据具有数据类型繁杂、涉及周期较长、实时更新速度快、数据体量极大等特点，如果采用常规的技术手段进行数据处理，工作量极大。本模型通过 KPCA 从重构序列中提取可以解释数据变化的主要组成成分，减少了系统的变量数量，降低了网络模型的输入维数，避免了计算的复杂度，增强了网络模型的稳定性。

4.3.4.2 训练 QPSO-GRNN 模型

(1) 输入层节点。该模型的输入层各节点对应前文建立的旧工业建筑再生利用施工安全预控指标 45 个：核心构件水平变形累计量（顶点、侧移）S_{11a}、次要构件水平变形累计量（顶点、侧移）S_{11b}、一般构件水平变形累计量（顶点、侧移）S_{11c}、核心构件竖向变形累计量（挠度、转角）S_{12a}、次要构件竖向变形累计量（挠度、转角）S_{12b}、一般构件竖向变形累计量（挠度、转角）S_{12c}、核心构件应力值 S_{13a}、次要构件应力值 S_{13b}、核心构件裂缝宽度 S_{14a}、核心构件裂缝宽度 S_{14b}、核心构件振动频率 S_{15}、整体倾斜值 S_{21} 等，所以输入层节点数为 45 个。

(2) 输出层节点。多元耦合作用下的旧工业建筑再生利用施工安全事故可以是由多种因素耦合作用在一起在某种工况环境下发生的，也可能是由某一个单一因素在其特定的工况环境下发生的，如图 4-15 所示。而施工预控指标阈值的设定是判断旧工业建筑再生利用施工过程中发生结构安全事故（支撑坍塌事故、吊装失稳事故、结构倾覆事故等）概率的重要评断标准。本书针对旧工业建筑再生利用施工安全预控阈值的设定，综合参考了现行规范规程以及基于基准有限元模型修正后的施工模拟相关参数等，见本书 4.3.1 节。

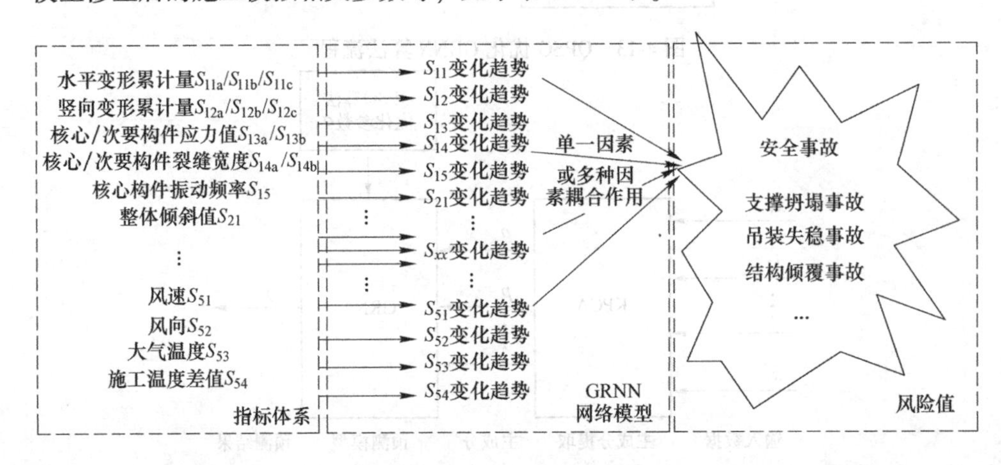

图 4-15 基于 KPCA-QPSO-GRNN 的旧工业建筑再生利用施工安全预控流程

输出层只有一个节点，其输出数据即为旧工业建筑再生利用施工安全预警、预估值。GRNN强大的回归预测分析能力亦能实现单因素指标的安全预警，见表4-17。

表4-17 单因素指标安全风险预测（预警）等级划分

等级	阈值	可接受标准	单因素指标安全风险预警程度描述	信号颜色
a级	(0, 85%]	可忽略	单因素指标远离指标安全阈值，安全余量大，事故发生率极低	绿色
b级	(85%, 98%)	处理后可接受	单因素指标濒临指标安全阈值，安全余量小，事故发生率较高	黄色
c级	[98%~200%)	拒绝接受	单因素指标超越指标安全阈值，已无安全余量，事故随时将会发生	红色

依据施工安全预控指标体系中的某个单一因素超限（规范规程等相关限值）之后造成施工过程中旧工业建筑结构安全事故的严重程度来对单因素指标安全风险等级进行划分。过往的工程实例表明，单因素指标在阈值以内或濒临阈值（无任何单因素指标超限）仅能代表单因素指标的安全风险可控，并不能表明整体结构的绝对安全；存在两种或两种以上的多个指标因素濒临阈值后，相互耦合作用造成结构体系突然发生转换、突变失稳后造成结构安全事故的发生。

结构整体安全风险等级往往在现有标准和规程的基础上，综合考量企业对整体结构安全事故发生后造成的严重程度和可承受范围而确定其安全风险等级。因此，本书依据过往工程实例数据分析及现场调查结果（施工安全风险等级）作为统计分析样本集，将旧工业建筑再生利用施工安全风险等级分为多元耦合作用下整体安全风险极小（Ⅰ级）、整体安全风险较小（Ⅱ级）、整体安全风险中等（Ⅲ级）、整体安全风险较大（Ⅳ级）、整体安全风险特大（Ⅴ级）5个等级，确定相应的再生利用施工安全风险等级、风险值、信号颜色等，见表4-18。

表4-18 多因素耦合作用下安全风险预测（预估）等级划分

等级	风险值	可接受标准	对安全风险程度进行描述	信号颜色
Ⅰ级	(0, 0.2]	可忽略	风险发生的可能性极低，出于安全状态，无需处理	绿色
Ⅱ级	(0.2, 0.4]	可接受	风险偏低，安全状况较好，需引起注意，重伤可能性很小，但有发生一般伤害事故可能性，需常规管理审视	蓝色
Ⅲ级	(0.4, 0.6]	处理后可接受	风险中等，安全状况一般，一般伤害事故发生可能性较大，需进行整改	黄色

续表 4-18

等级	风险值	可接受标准	对安全风险程度进行描述	信号颜色
Ⅳ级	(0.6, 0.8]	不可接受	存在较高的安全风险，状况不佳，隐藏的事故及其发生的可能性都比较大，需马上动手整改并且要不断进行监控	橙色
Ⅴ级	(0.8, 1.0]	拒绝接受	极高的风险存在，发生安全事故的概率极高并且后果不可控制，要不断进行监控并且立即采取手段进行控制	红色

4.3.5 实现 KPCA-QPSO-GRNN 模型

实现 KPCA-QPSO-GRNN 模型，就要以 MATLAB 软件为平台，进行程序编写，并将数据输入进行处理分析，基于 KPCA-QPSO-GRNN 的施工安全预控模型实现流程图如图 4-16 所示。

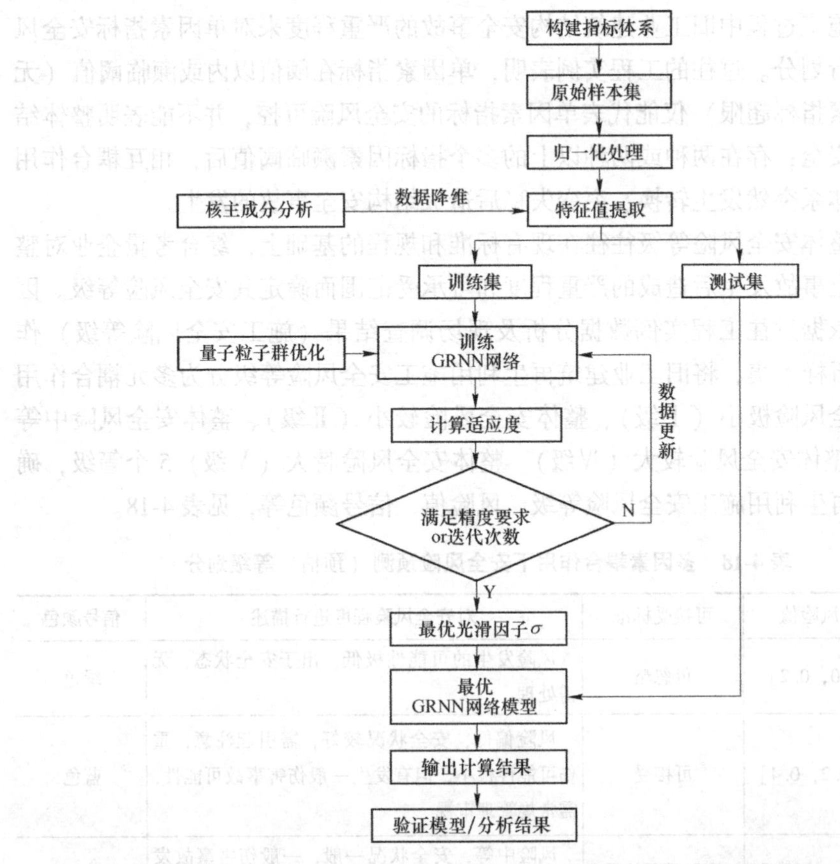

图 4-16 基于 KPCA-QPSO-GRNN 的旧工业建筑再生利用施工安全预控模型实现流程图

步骤1：构建指标体系。依据影响再生利用施工安全的影响因素，构建旧工业建筑再生利用施工安全预控指标体系，见表4-2。

步骤2：数据标准化处理。对施工现场的监测数据进行收集，考虑到不同的指标样本数据量纲不同，采用 Zscore 标准化法对收集的原始样本数据进行预处理。

步骤3：特征指标提取。采用核主元分析法 KPCA 对标准化后的样本指标数据进行处理，分别计算核矩阵及其特征值和特征向量，并确定非线性主分量。

步骤4：数据降维处理。依据累计贡献率的大小求解出核矩阵在提取出的特征向量上的投影向量组，最终得到经过数据降维后的数据集。

步骤5：预控模型训练。将数据降维后的数据集划分为训练和测试两个样本集，训练样本作为预控模型的输入部分，选择预测值和真实值之间的均方根误差 RMSE（标准误差）作为适应度函数，以 RMSE 最小化为目标，利用量子粒子群算法 QPSO 寻找最优的光滑因子 σ，最终确定最佳的 KPCA-QPSO-GRNN 预控模型。

步骤6：训练结果分析。将测试样本输入到训练好的 KPCA-QPSO-GRNN 预控模型之中，获得施工安全预控分析结果，并对结果的可信性进行验证。

步骤7：模型验证。采用均方根误差（RMSE）、平均绝对误差（MAE）和均方相对误差（MSRE）作为判断模型性能的评判标准，分别见式（4-45）～式（4-47）：

$$\mathrm{RMSE} = \sqrt{\frac{1}{n}\sum_{i=1}^{n}(y_i - \hat{y}_i)^2} \tag{4-45}$$

$$\mathrm{MAE} = \frac{1}{n}\sum_{i=1}^{n}|y_i - \hat{y}_i| \tag{4-46}$$

$$\mathrm{MSRE} = \frac{1}{n}\sqrt{\sum_{i=1}^{n}\left(\frac{y_i - \hat{y}_i}{y_i}\right)^2} \tag{4-47}$$

式中 y_i——测试数据样本集的真实值；

$\hat{y}_i$——数据的预测值；

n——样本数。

当指标越接近0时预控模型的误差就越小，表明模型的执行效果就越优。

5 实 例 分 析

5.1 项目概况

5.1.1 施工条件

5.1.1.1 项目背景

该再生利用项目原为重型机械加工场主厂房，建设于20世纪60年代末。主厂房长162.9m，宽48.64m，厂房共计两跨，A~E跨为21m，E~J跨为24m，檐口高度为10.3m，屋顶顶点高度约为23.2m，建筑面积约为7330m^2，如图5-1所示。

图5-1 重型机械加工场主厂房外观

该厂房排架柱为钢筋混凝土排架结构，屋架为预应力多腹杆拱形桁架，屋面板为预制钢筋混凝土轻型屋面，周围围护结构为砖砌体。内部设置有四座吊车，A~B跨有10t和3t吊车各一台；C~D轴有10t和3t吊车各一台，如图5-2所示。

厂房内部西侧及北侧有工人办公室、配电间等，均为砌体结构，独立承重，与排架柱无结构连接。屋顶设置有采光天窗，顶部两侧有侧窗，内部空间宽敞明亮，具有良好的空间可再利用性，有利于塑造明亮、开阔的功能空间，整体风貌呈现出典型的工业时代特征，具有较高的历史价值，平面布置如图5-3所示。

图 5-2 重型机械加工场主厂房内部

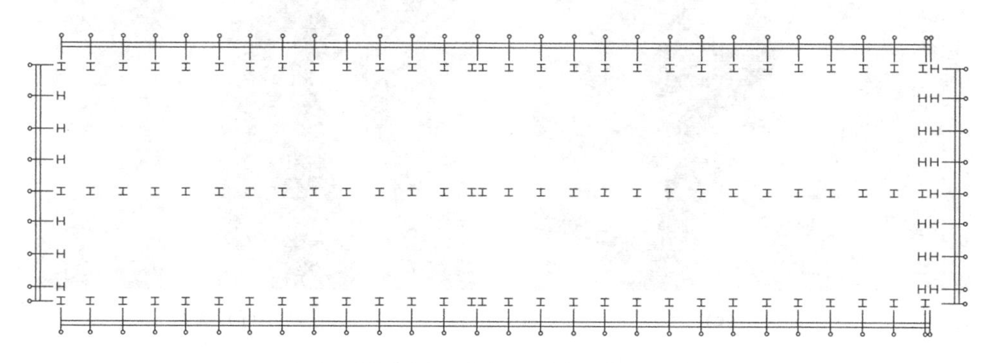

图 5-3 重型机械加工场主厂房结构平面布置

经现场检测可知，地基基础无明显的倾斜、变形、裂缝等缺陷；上部结构存在部分构件受损严重，表现在钢筋漏筋、混凝土局部开裂等缺陷；围护系统存在影响正常使用的屋顶渗漏、漏筋等安全隐患等，如图 5-4 所示。

(a)

(b)

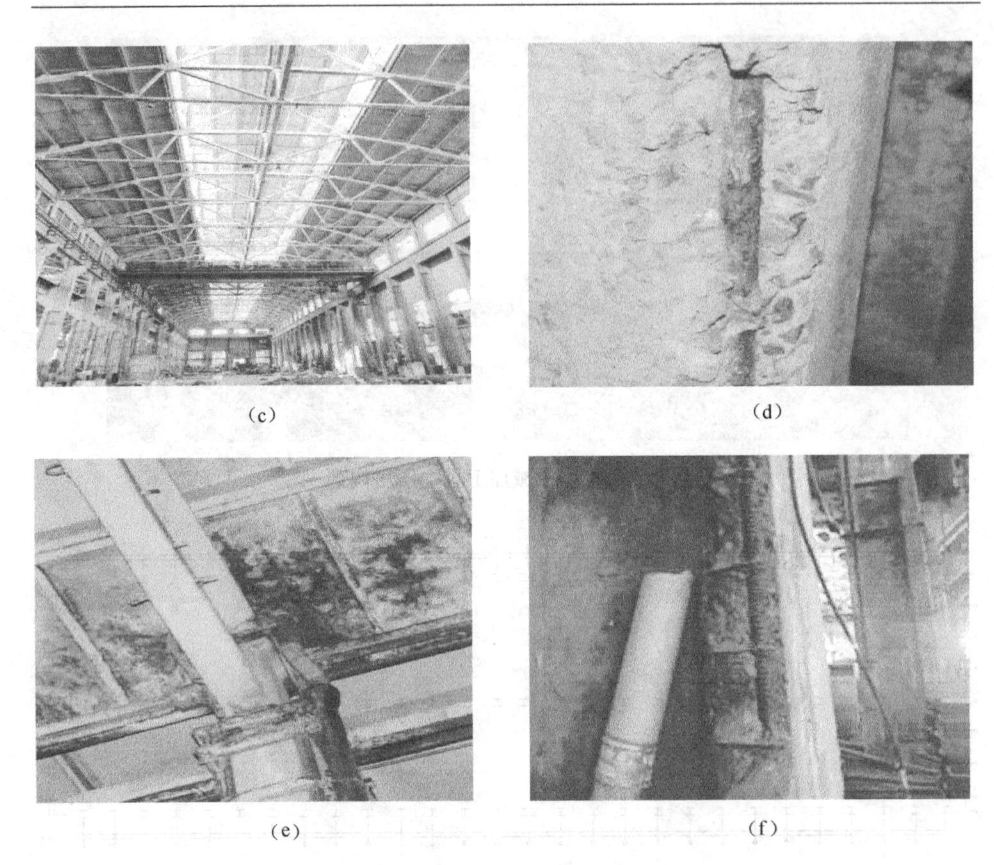

图 5-4 重型机械加工场主厂房结构现状

(a) 排架牛腿柱；(b) 柱间支撑；(c) 拱形桁架；(d) 混凝土漏筋、破角；

(e) 屋顶渗水；(f) 混凝土漏筋、破角

5.1.1.2 项目概况

原重型机械加工场主厂房 21 世纪初因产业升级调整生产车间闲置，为响应全民体育的号召，该重型机械加工场主厂房拟再生利用为体育运动综合中心。通过多轮的内部空间功能设计和结构设计，再生利用效果图如图 5-5 所示。

为了最大限度地保持再生利用设计意图的实现，保证所建场馆的标准性和确保施工过程中结构的安全性，设计拟拆除南北两面局部受损极为严重的结构构件、厂房内部西侧及北侧独立承重的砌体结构房屋，对部分承载力不足的承重构件进行加固修复，对部分围护构件进行更换，新增改建部分如图 5-6 所示。

(1) 托梁抽柱施工。主厂房内部 10-12/A-J、13-15/A-J 两处区域按设计要求，拟将受损较为严重的排架柱 11-E、排架柱 14-E 采用抽柱加托架的形式满足内部大空间和上部屋架荷载传力的双重需求，如图 5-7 (a) 所示。

(2) 屋顶修缮开洞。最大限度地利用原结构（保留外墙、屋架，防水重新

处理)，并在屋顶进行错落分布的开洞处理，以期增加工业建筑的时尚感。

图 5-5　重型机械加工场主厂房再生利用效果图

(a)

(b)

(c)

(d)

(e)

(f)

图 5-6　重型机械加工场主厂房再生利用过程

(a) 拆除作业；(b) 内部增层；(c) 设备施工；(d) 篮球区示意图；
(e) 羽毛球区示意图；(f) 健身区示意图

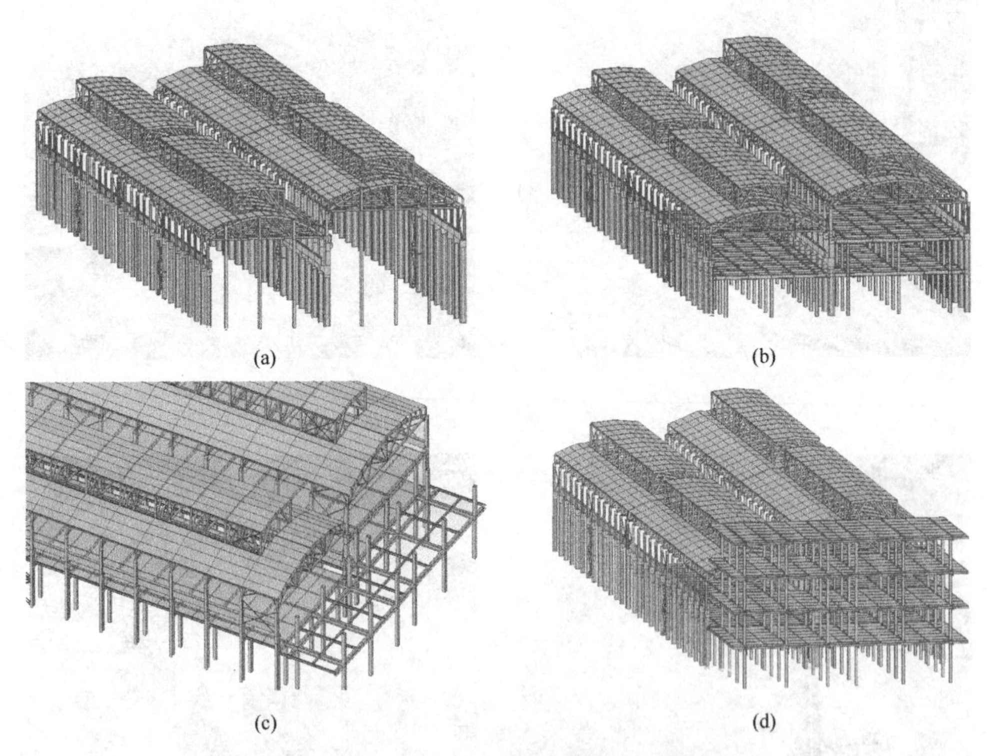

(a)　(b)　(c)　(d)

图 5-7　主厂房再生利用施工过程关键工序

(a) 构件拆除、加固开洞、托梁抽柱施工；(b) 内部增层施工；
(c) 非独立外接施工；(d) 设备安装、吊挂母架施工

（3）主厂房内部增层。16-31/A-J 南端内部增层作为多功能运动场地，主体结构采用钢框架，基础采用独立基础，楼层板采用组合式楼板，如图 5-7（b）所示。

（4）南北各外扩建三、五跨。北侧采用独立外接，南侧非独立外接，均为钢框架结构，作为配套使用，其中顶层为上人屋面，作景观花园使用，如图 5-7（c）所示。

（5）吊挂母架施工。主厂房 3-31/E-J 区域按照设计要求需在屋架上新增多处吊挂母架，以期满足后期的场馆运营及各种服务功能的使用要求，如图 5-7（d）所示。

综上所述，主厂房再生利用施工过程中存在诸多技术难点和关键工序，诸如构件拆除过程中防止连续倒塌、托梁抽柱作业防止结构倾覆、设备安装防止吊挂荷载过大屋架折断倾覆等，关键施工工序见表 5-1。

表 5-1 重型机械加工场主厂房再生利用施工关键工序及施工要点

序号	关键工序	施 工 要 点
1	构件拆除施工	防倾覆支护、拆除顺序、设备操作等
2	加固开洞、托梁抽柱施工	支撑安装、切割顺序、托架安装、支撑卸载等
3	内部增层施工	基础开挖、新旧节点连接等
4	非独立外接施工	基础开挖、新旧节点连接等
5	设备安装施工	吊点可靠性验算、锚固件可靠性等

5.1.2 监测方案

依据修正后的基准模型对后续不同施工阶段、施工工况下的施工方案进行模拟，一方面需要获得不同工况下的结构响应参数用于模型的分阶段修正，另一方面为后续施工安全预控系统的预警、预估分析提供实时的阶段数据。本节以 3.3 节所提出的监测传感器优化布置方法为技术手段，以重型机械加工场主厂房再生利用施工过程中不同工况下的监测传感器优化布置诉求为研究背景，展开实例分析，部分监测点位如图 5-8 所示。

5.1.3 预控方案

得益于修正后的基准模型，实现了对施工关键工序的预演和分析，避免了诸多潜在的安全风险，而所建立的监测传感器布置方案，实现了现场施工状态信息数据的自动收集，保证了施工过程中安全预控数据获取的全面性和实时性。本节在上述功能实现的基础上，以重型机械加工场主厂房再生利用施工过程中的施工安全预控分析为研究背景，展开实例分析，现场如图 5-9 所示。

图 5-8 重型机械加工场主厂房再生利用施工过程部分监测点位

（a）现场监测平台设置；（b）临时性监测点位布置；

（c）竖向构件应变监测点位布置；（d）水平构件应变监测点位布置；

（e）竖向构件变形监测点位布置；（f）水平构件变形监测点位布置

上述工作内容主要包括针对构件安全性检测评级为 c 级、d 级且无加固必要的非关键承重构件，如构件 13-14/B、12-13/E 等，以及为实现再生利用功能要求拆除南北两侧的山墙施工，此外还有拆除影响结构功能实现的南北两侧一品屋架等。结构加固部分主要包含部分承重构件的结构补强（包钢加固、粘钢加固

图 5-9 重型机械加工场主厂房再生利用施工过程关键预控环节剪影
(a) 拆除工程施工；(b) 内部增层施工；(c) 托梁抽柱施工；(d) 新增基础施工；
(e) 内部增层新旧节点连接施工；(f) 结构新增做法

等）施工、两个点位（11/E、14/E）的托梁抽柱施工、部分构件（屋面板等）的替换施工等。结构改建部分主要包括主厂房内部的内部增层施工、非独立外接施工、屋架吊挂母架安装施工、设备安装施工等。随着重型机械加工场主厂房再生利用施工的不断推进，依据监测传感器自动收集到的施工状态数据越来越多，相关数据可以不断地更新至所建立的模型中，促使模型精度不断提高，而模型的确定主要包括训练样本集的筛选、确定最佳光滑因子解、网络的初始化训练三个部分。

5.2 施工安全模拟分析

5.2.1 初始模型的建立

重型机械加工场主厂房属大型复杂结构，初始有限元模型的建立应以主厂房原设计图纸和相关规范为依据（该项目建设年代久远，图纸缺失，后经现场检测复核结构平面布置及构件几何尺寸，构件材料采用检测后的推定强度和设计值中的较小值计算），据此采用 MIDAS/Gen 建立了重型机械加工场主厂房的初始有限元模型（以初始阶段模型的建立及修正举例说明），如图 5-10、图 5-11 所示。

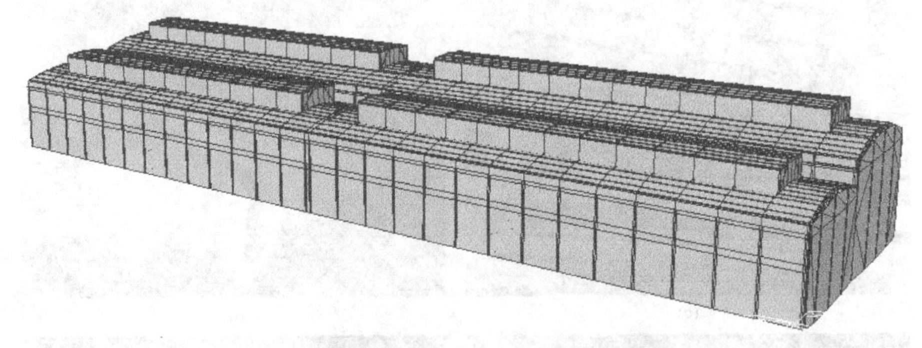

图 5-10 重型机械加工场主厂房建筑外部轮廓造型

图 5-11 重型机械加工场主厂房主体结构有限元模型

需要说明的是，主厂房有限元初始模型建立过程中着重对结构的刚度、质量和边界条件精确模拟，尽量减少模型阶次误差。节点单元划分时综合考虑静载试验加载位置、位移和应变测点位置等信息，便于荷载的施加和结果的提取。

5.2.1.1 边界条件分析

本模型中，排架柱与基础采用固接约束边界条件，排架柱与屋架采用铰接约束边界条件，吊车梁与排架柱采用铰接约束边界条件，屋架上弦与下弦各自节点采用固接约束边界条件，屋架内部腹杆采用铰接约束边界条件，屋面板与屋架上弦采用铰接约束边界条件，连系梁、托架梁与柱端均采用铰接约束边界条件，钢支撑与混凝土构件连接处均采用铰接约束边界条件。模型中的部分边界条件如图5-12所示。

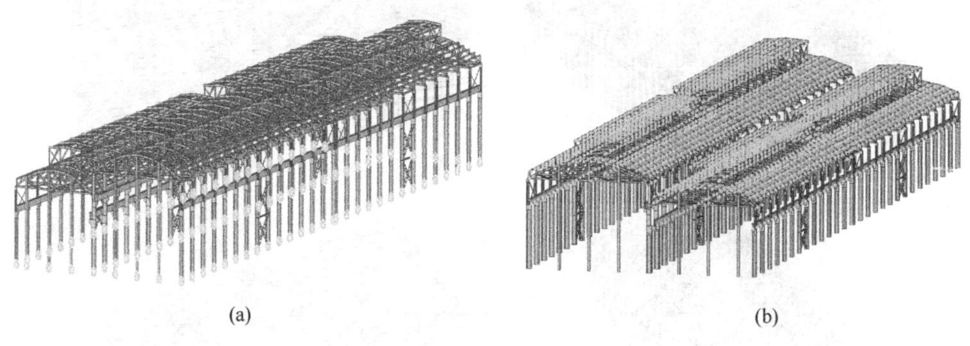

(a) (b)

图5-12 模型中的部分边界条件

（a）支座的边界约束；（b）梁端边界条件（约束释放）

5.2.1.2 荷载参数取值

该厂房已经废弃，不再作为工业厂房使用，实际荷载添加过程中需要根据其实际受力状况而定，其荷载种类主要包括以下几点内容：（1）恒荷载：包括结构构件自重、静力设备自重、吊车荷载（施工结构不考虑）、地面做法等；（2）活荷载：包括风荷载、雪荷载、屋面活荷载等；（3）地震作用：地震作用按规范反应谱计算；（4）施工荷载（施工阶段模型修正时考虑，取值按施工荷载规范标准取值）。至此，确定其具体的荷载取值，未详细说明的按《建筑结构荷载规范》（GB 50009）执行。部分主要荷载在模型中单独显示如图5-13所示。

（1）地震作用：抗震设防烈度为8度，设计基本地震加速度值为0.20g，设计地震第三组，场地土类别不详（计算中取Ⅱ类），荷载组合依据现行设计规范和抗震鉴定规范B类鉴定的相关要求；（2）恒荷载：自重+建筑做法。屋面荷载取值按照：屋面水泥砂浆找平面层0.4kN/m^2；水泥砾石隔离层0.5kN/m^2；钢筋混凝土板（加灌缝）1.4kN/m^2；两毡三油防水层0.4kN/m^2；屋面吊顶0.3kN/m^2；（3）屋面活荷载：0.05kN/m^2；（4）基本风压：0.45kN/m^2；（5）雪荷载：0.35kN/m^2；（6）吊车梁荷载：A~E跨有5t和15t吊车各一台；E~J轴有两台15t的吊车，由于吊车梁缺少具体数据，参照钢结构设计手册中同级吊车数据进行计算；（7）施工荷载：按施工规范取值。

5.2.1.3 单元选取分析

由所建立的主厂房整体计算模型（如图5-14所示）可知，该模型由四类结构组成：排架柱及抗风柱结构、预应力屋架及附属结构、吊车梁结构、钢支撑结构。本模型中，为了精确模拟主厂房中各结构的空间受力行为，主体结构部分采

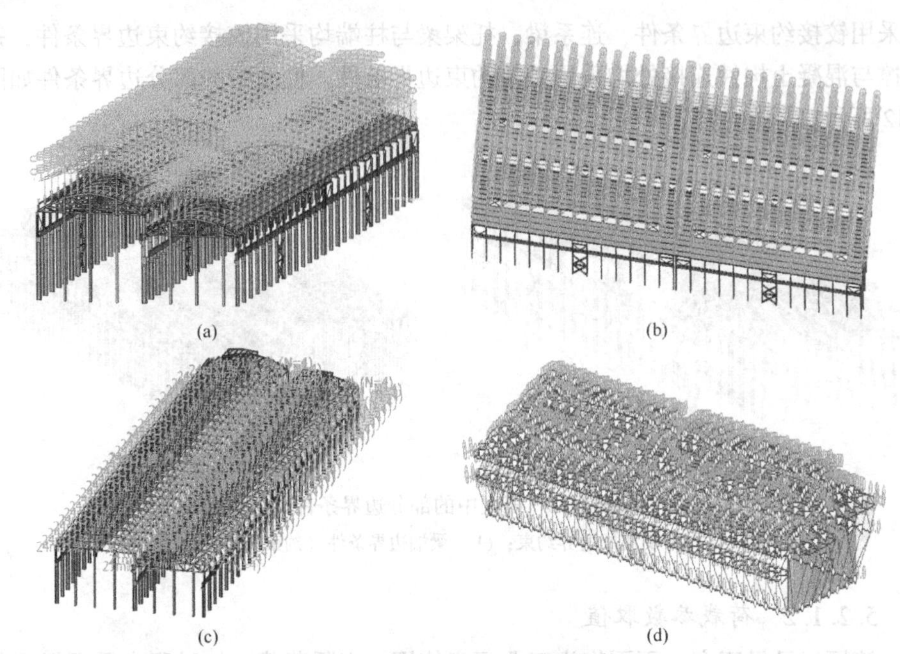

图 5-13 模型中的主要荷载取值

（a）屋顶恒荷载；（b）屋顶活荷载；（c）预应力荷载；（d）风荷载

用线单元模拟，而其中的预应力钢绞线单元采用锁单元（施加了初始预拉力）来模拟。主厂房中的 T 型结构吊车梁、矩形结构的屋架梁和连系梁采用实体梁单元建模。此外，为了精确反映结构的真实状态以及便于模型参数的修正，纵向支撑采用桁架单元模拟，屋顶和墙面采用面单元模拟，忽略其刚度。

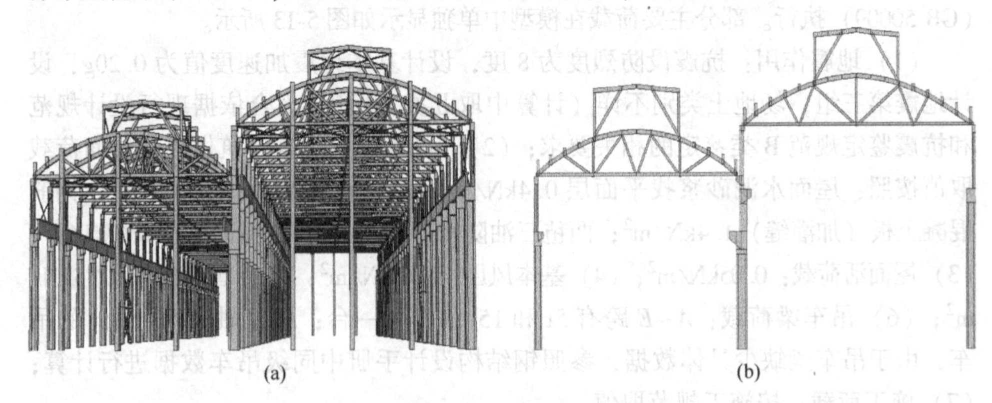

图 5-14 主厂房排架正面视图

（a）模型透视图；（b）模型一品排架

为了更好地了解有限元模型中的各个构件状态和其结构布置，现将重型机械加工场主厂房有限元模型中的关键构件进行单独显示，如图 5-15 所示。

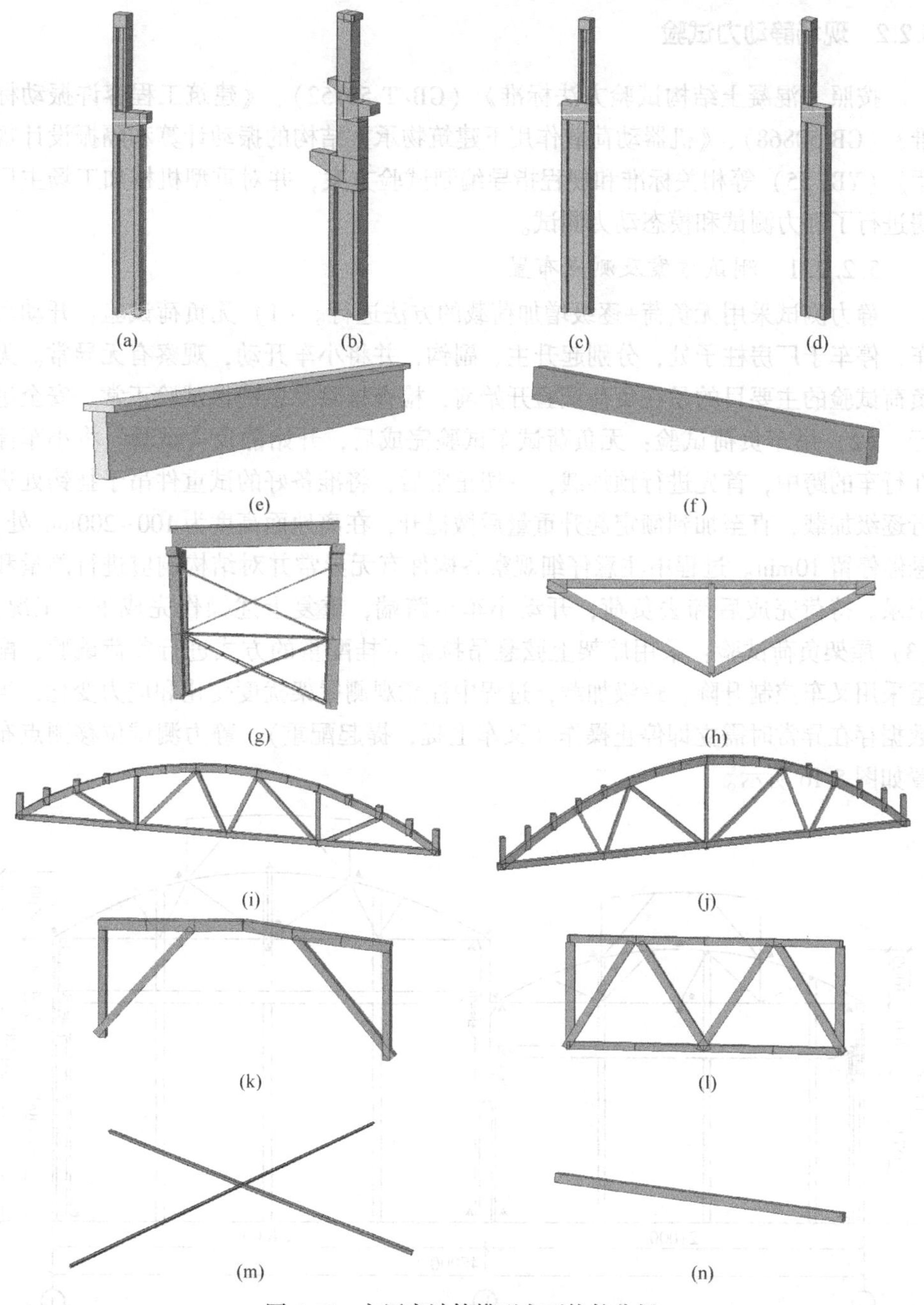

图 5-15 主厂房计算模型主要构件分析

（a）A 轴排架柱结构；（b）E 轴排架柱结构；（c）J 轴排架柱结构；（d）抗风柱结构；（e）吊车梁；（f）柱间连梁；（g）柱间纵向支撑；（h）托架；（i）21m 屋架结构；（j）24m 屋架结构；（k）天窗架结构；（l）纵向连系结构；（m）水平支撑；（n）纵向连系梁

5.2.2　现场静动力试验

按照《混凝土结构试验方法标准》（GB/T 50152）、《建筑工程容许振动标准》（GB 50868）、《机器动荷载作用下建筑物承重结构的振动计算和隔振设计规程》（YBJ 55）等相关标准和规程指导编制试验方案，并对重型机械加工场主厂房进行了静力测试和模态动力测试。

5.2.2.1　测试方案及测点布置

静力测试采用无负荷+逐级增加荷载的方法进行。（1）无负荷试验：开动吊车，停车于厂房柱子处，分别起升主、副钩，并将小车开动，观察有无异常。无负荷试验的主要目的是在负荷试验开始前，检查排除隐患确保试验正常、安全进行。（2）吊车负荷试验：无负荷试车试验完成后，开始静负荷试验。将小车停在行车的跨中，首先进行预加载，一切正常后，将准备好的试重件吊于挂钩处进行逐级加载，直至加到额定起升重量后做提升，在离地面高度为100~200mm处，悬停停留10min。过程中注意仔细观察各构件有无异常并对结构响应进行测量和记录。持荷完成后卸去负荷，开动小车至跨端，重复上述操作完成下一工况。（3）屋架负荷试验：采用屋架上弦悬吊拉索下挂配重的方式进行负荷试验，配重采用叉车控制升降，逐级加载，过程中注意观测屋架扰度变化和应力变化，当数据存在异常时需立即停止操作（叉车上提，提起配重）。静力测试位移测点布置如图5-16所示。

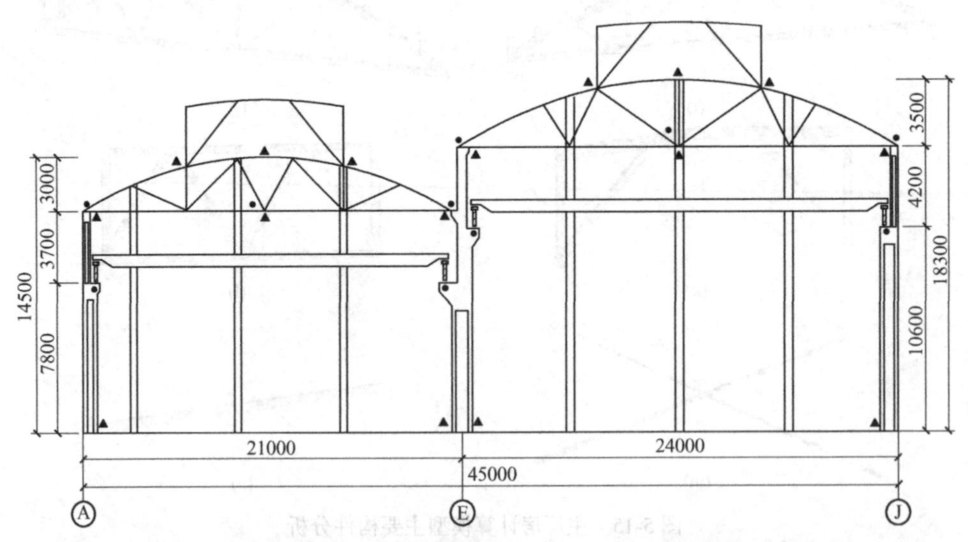

图5-16　重型机械加工场主厂房静、动力传感器布置断面点位图

动力试验一般采用吊车运行的方法进行环境激振，而对于吊车不能行驶的厂房，可以采取外部干预锤击等方式，本项目A-E跨和E-J跨的吊车均可正常行

驶，振动检测选取结构具有代表性的测点进行，采集不同振源状况下（本书拟定为吊车设备启动、运行、停止三种情况）测点的振动速度数据。开动行车，吊挂负荷逐级加载，加载完成后，大车、小车分别同时往返运行。在运行过程中，注意观察所有构件是否平稳，安全保护和限位开关是否可靠并对结构响应进行测量和记录。需要说明的是，旧工业建筑年久失修，在进行动负荷试验前应对整个行车进行仔细检查，看各零部件是否有裂纹等损坏现象，各连接处有无松动，试验过程应逐级加载，在加载过程中如发现异常现象应立即停止，进行相应的处理。动力测试位移测点布置如图5-17所示。

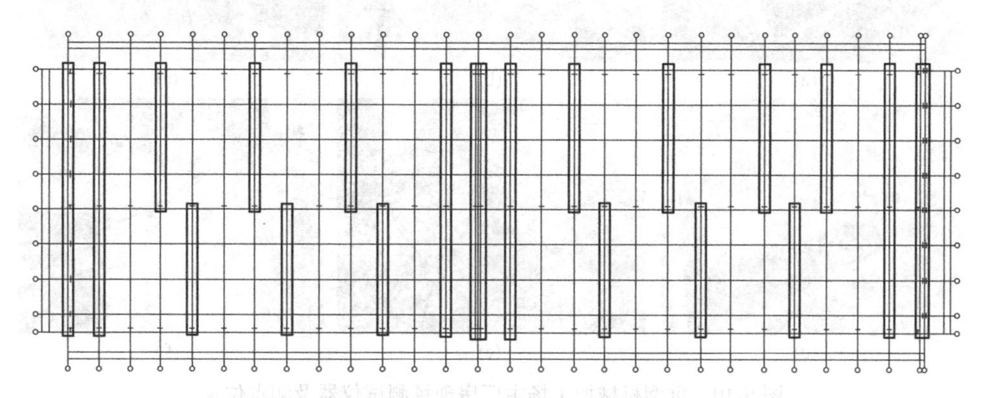

图5-17 重型机械加工场主厂房振动传感器布置点位图

5.2.2.2 加载工况设定及过程控制

静力测试主要包括主梁/屋架梁边跨最大正弯矩、主梁/屋架梁中跨最大正弯矩、排架柱顶处最大负弯矩等加载工况，每个加载工况都对主梁控制截面的应力、挠度以及排架柱控制截面的应力、变形等进行了测试。静力加载确定中跨为测试工况，边跨为验证工况，为了消除非弹性变形影响，在正式加载前进行了预加载。动力加载选取前10阶频率及振型为模型修正数据，11、12阶为验证数据，振动测试设备采用超低频高灵敏拾振器（941B型）和加速度传感器（YSV202型），数据收集采用网络型采集仪（YSV8000系列），测试系统如图5-18所示。

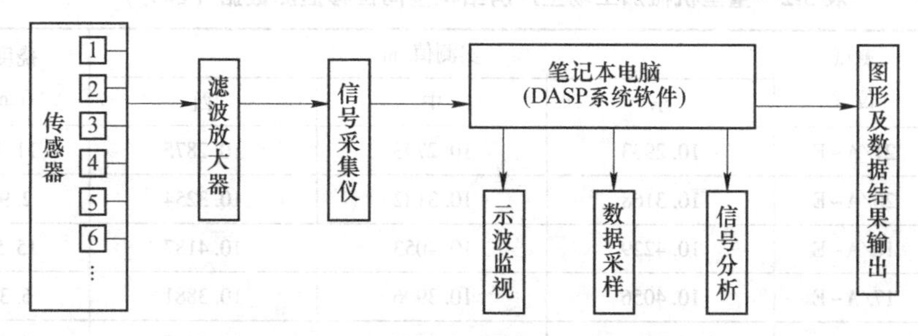

图5-18 振动模态测试仪器相互逻辑关系

本次模态试验测点布置如图 5-16、图 5-17 所示（断面+平面），现场测试操作平台及测点布置如图 5-19 所示。结构上共布置 46 个测点，左右对称布置，采样频率为 50Hz，最终，得到主厂房的前 12 阶自振频率和振型。

(a) (b) (c) (d) (e) (f)

图 5-19 重型机械加工场主厂房现场测试仪器及测点位置
(a) 现场作业；(b) 振动测试点（竖向构件）；(c) 变形测试点（水平构件）；(d) 模态测试；
(e) 振动测试点（水平构件）；(f) 变形测试点（竖向构件）

5.2.2.3 静力测试结果

本次测试的内容主要包含水平构件的扰度变化和竖向构件的侧移变化，结构的水平和竖向方向在受载状况下的变形量值采用位移传感器（关键监测构件、视野不允许、安全状况不允许的点位）+全站仪观测（视野开阔或位移传感器安装条件不允许的点位），在重型机械加工场主厂房室外选择统一的参考基准点。现场主厂房竖向位移、水平位移监测数据见表 5-2、表 5-3。

表 5-2 重型机械加工场主厂房结构竖向位移监测数据（部分）

序号	测试位置	实测值/m			挠度/mm
		东	中	西	
1	21/A~E	10.2933	10.2793	10.2875	11.1
2	20/A~E	10.3168	10.3182	10.3254	2.9
3	16/A~E	10.4229	10.4053	10.4187	15.5
4	17/A~E	10.4056	10.3906	10.3881	6.3
5	21/A~E	10.2637	10.2640	10.2815	8.6

续表 5-2

序号	测试位置	实测值/m			挠度/mm
		东	中	西	
6	20/A~E	10.3192	10.3216	10.3423	9.2
7	17/A~E	10.3831	10.3690	10.3653	5.2
8	16/E~J	14.3374	14.3195	14.3438	21.1
9	18/E~J	14.3927	14.3760	14.3756	8.15
10	22/E~J	14.3902	14.3835	14.3881	5.7
11	21/E~J	14.2796	14.2731	14.2819	7.7
12	20/E~J	14.3397	14.3428	14.3521	3.1
13	16/E~J	14.3666	14.3602	14.3734	9.8
14	15/E~J	14.3523	14.3476	14.3562	6.7
15	21/E~J	14.2783	14.2732	14.2991	15.5
⋮	⋮	⋮	⋮	⋮	⋮

表 5-3 重型机械加工场主厂房结构水平位移监测数据（部分）

序号	测试位置	南北向（南侧偏为正）			东西向（东侧偏为正）		
		高平距/mm	低平距/mm	位移/mm	高平距/mm	低平距/mm	位移/mm
1	E/22	2586.0	2584.9	1.1	6854.7	6849.5	5.2
2	F/19	2590.4	2587.5	2.9	6870.9	6875.1	-4.2
3	C/19	2584.8	2579.3	5.5	6867.5	6854.6	12.9
4	A/16	2584.0	2577.7	6.3	6874.4	6872.6	1.8
5	C/17	2574.2	2582.8	-8.6	6856.0	6851.7	4.3
6	D/14	2579.8	2589.0	-9.2	6824.9	6830.6	-5.7
7	G/21	2585.3	2584.2	1.1	6841.5	6832.7	8.9
8	B/17	2589.0	2586.1	2.9	6876.7	6871.6	5.2
9	C/24	2589.0	2573.5	15.5	6830.7	6823.2	7.5
10	C/12	2581.7	2588.0	-6.3	6823.5	6828.9	-5.4
11	F/18	2582.8	2574.2	8.6	6842.8	6831.3	11.5
12	D/17	2591.5	2582.3	9.2	6874.1	6872.1	2.0
13	H/25	2589.0	2587.9	1.1	6837.5	6839.8	-2.3
14	F/29	2583.2	2586.1	-2.9	6885.3	6887.3	-2.0
15	G/30	2581.8	2576.3	5.5	6873.3	6866.3	7.0
⋮	⋮	⋮	⋮	⋮	⋮	⋮	⋮

5.2.2.4 动力测试结果

依据《机器动荷载作用下建筑物承重结构的振动计算和隔振设计规程》（YBJ 55）等，测试设备启动、运行及停机工况，得到了主厂房纵向、横向振动频率等，主厂房在不同工况下各测点振幅（半峰值 μm）测试结果见表 5-4。

表 5-4 重型机械加工场主厂房实测振幅表

测点	启动/μm		运行/μm		停机/μm	
	横向振幅	纵向振幅	横向振幅	纵向振幅	横向振幅	纵向振幅
1	−63.4264	53.4774	−12.5885	6.58515	−16.9781	16.6652
2	−23.3775	22.6762	−4.57379	2.26954	−4.79265	2.54389
3	−224.1893	224.1167	−24.0248	19.532	−56.9314	55.4286
4	−157.6423	181.7497	−10.554	8.9279	−18.7012	19.0079
5	−224.2383	229.7887	−26.5217	22.0289	−56.9068	55.4348
6	−224.2263	222.3037	−12.8351	10.6541	−29.8478	24.9542
7	−223.7573	224.5237	−27.6315	23.4777	−56.7773	55.3362
8	−223.5843	224.2147	−15.3011	11.8872	−46.0468	49.8707
9	−223.6463	226.4347	−30.3441	27.2076	−56.7249	55.7893
10	−145.8423	132.8347	−12.2494	9.9143	−23.4256	20.6267
⋮	⋮	⋮	⋮	⋮	⋮	⋮

各工况下频率测试结果如图 5-20 所示，结果表明，重型机械加工场主厂房在设备运行时振幅最小，设备开机启动时振幅最大，测试结果与实际情况相符。

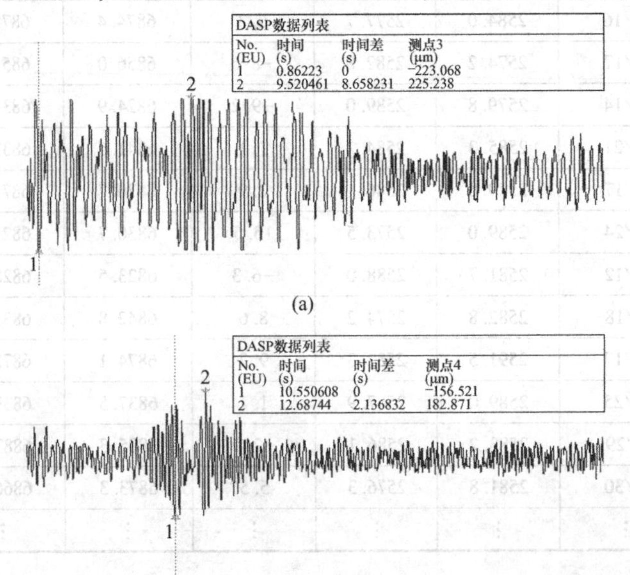

(a)

(b)

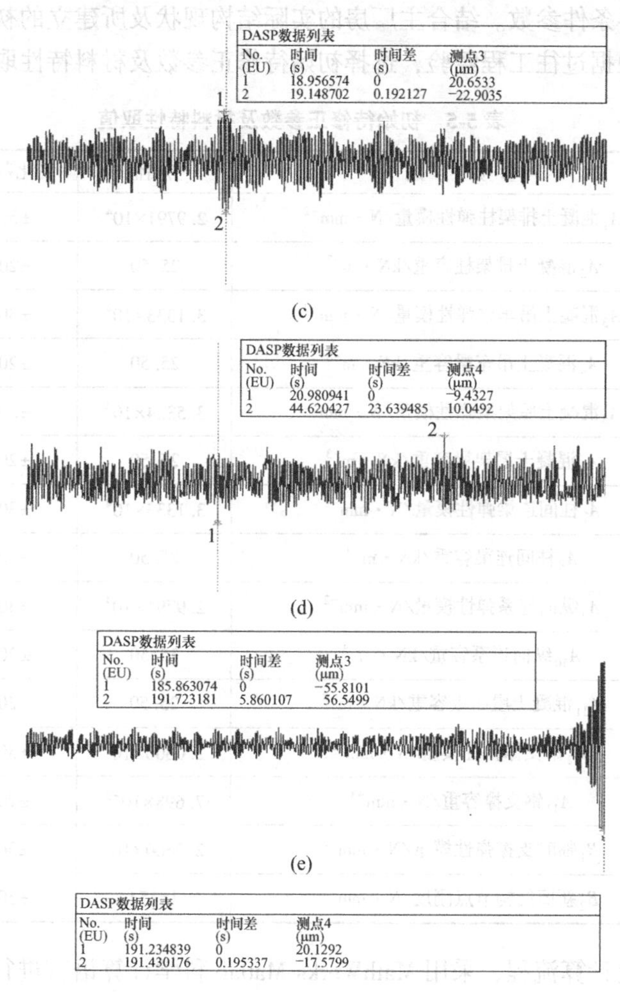

图 5-20 重型机械加工场主厂房现场频率测试部分结果

(a) 重型机械加工场主厂房启动纵向振幅；(b) 重型机械加工场主厂房启动横向振幅；
(c) 重型机械加工场主厂房运行纵向振幅；(d) 重型机械加工场主厂房运行横向振幅；
(e) 重型机械加工场主厂房停机纵向振幅；(f) 重型机械加工场主厂房停机横向振幅

5.2.3 模型修正及验证

5.2.3.1 主厂房待修正参数选取

旧工业建筑的主要设计参数包括：混凝土排架柱、混凝土吊车梁、混凝土屋架、连系梁、横向钢支撑、纵向钢支撑、混凝土屋面板等构件的弹性模量与质量密度以及边界条件参数。结合主厂房的实际结构现状及所建立的初始有限元模型的特点，并根据过往工程经验，选择初始待修正参数及材料特性取值，见表 5-5。

表 5-5 初始待修正参数及材料特性取值

序号	参 数 描 述	初始值	变化范围	备注
1	A_1混凝土排架柱弹性模量/N · mm^{-2}	2.9791×10^4	±30	C30
2	A_2混凝土排架柱容重/kN · m^{-3}	25.50	±20	C30
3	A_3混凝土吊车梁弹性模量/N · mm^{-2}	3.1333×10^4	±30	C35
4	A_4混凝土吊车梁容重/kN · m^{-3}	25.50	±20	C35
5	A_5混凝土屋架梁弹性模量/N · mm^{-2}	3.5324×10^4	±30	C55
6	A_6混凝土屋架梁容重/kN · m^{-3}	25.50	±20	C55
7	A_7柱间连梁弹性模量/N · mm^{-2}	3.1333×10^4	±30	C35
8	A_8柱间连梁容重/kN · m^{-3}	25.50	±20	C35
9	A_9纵向连系弹性模量/N · mm^{-2}	2.9791×10^4	±30	C30
10	A_{10}纵向连系容重/kN · m^{-3}	25.50	±20	C30
11	A_{11}混凝土屋面板容重/kN · m^{-3}	25.50	±20	Q235
12	A_{12}钢支撑弹性模量/N · mm^{-2}	2.0600×10^5	±30	Q235
13	A_{13}钢支撑容重/N · mm^{-3}	7.698×10^{-5}	±20	Q235
14	B_1临时支撑弹性模量/N · mm^{-2}	2.0600×10^5	±30	Q235
15	B_2新旧结构节点刚度/N · mm^{-1}	16154	±30	—

为了简化计算流程，采用 MathWorks-Matlab 科学计算语言进行编程，通过灵敏度分析求得上述初始修正参数的分析结果如图 5-21 所示。

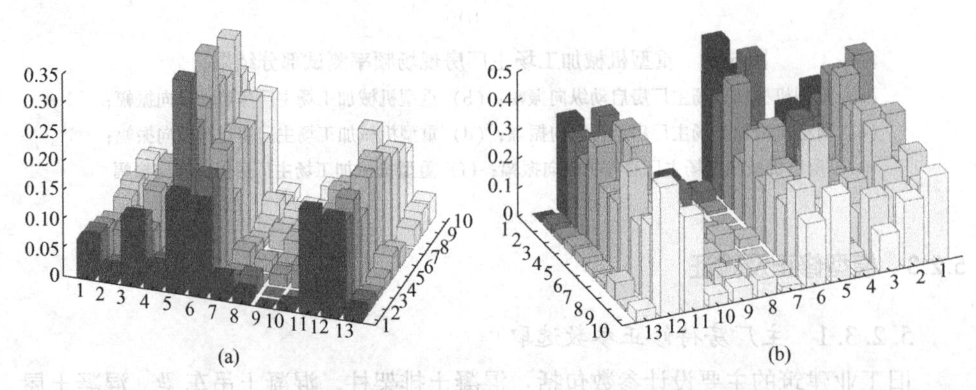

图 5-21 重型机械加工场主厂房待修正参数灵敏度分析结果
(a) 位移灵敏度（绝对值）；(b) 频率灵敏度（绝对值）

将最终灵敏度分析结果按照从大往小排列，筛选出灵敏度相对较大的参数，即混凝土排架柱弹模、混凝土排架柱容重、混凝土吊车梁弹模、混凝土屋架梁弹模、混凝土屋架梁容重、横向钢支撑弹模、混凝土屋面板容重等 7 个参数作为主厂房初始模型的待修正参数（G_0+i 阶段模型修正参数 $7+B_1+B_2$）。

5.2.3.2 主厂房模型修正过程

依据所建立的有限元模型按照静力测试和动力测试工况进行模拟计算分析，将优化计算所需结果从分析结果中调用至 Matlab，完成优化迭代求解，其中群规模设置为 80，最大进化代数为 100，交叉概率为 0.9，变异概率为 0.1。经过多次运行得到的 Pareto 前沿及 Pareto 协调最优解如图 5-22 所示。

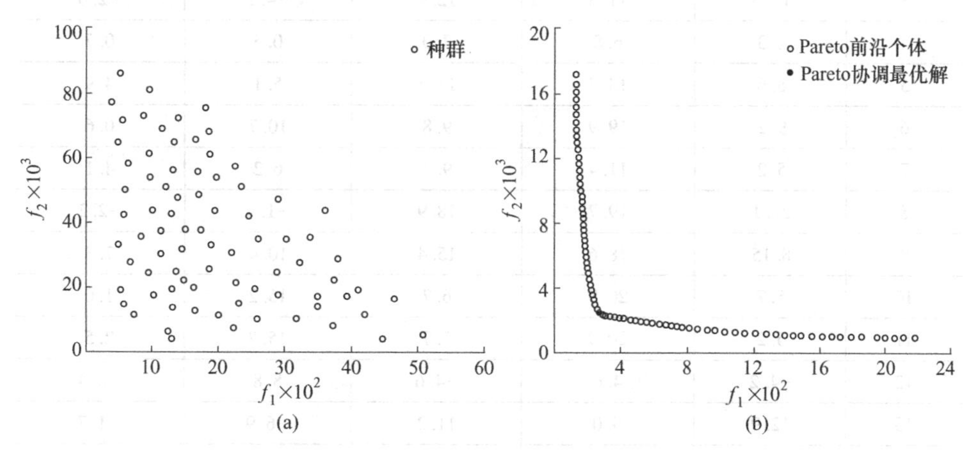

图 5-22 Pareto 协调最优解迭代结果

（a）初始种群在解空间情况；（b）Pareto 最优解

5.2.3.3 主厂房模型修正结果

重型机械加工场主厂房有限元模型修正参数的最终修正结果见表 5-6，其中主厂房混凝土梁和排架柱的弹性模量值修正幅度较大。

表 5-6 重型机械加工场主厂房有限元模型修正前后参数对比分析

编号	修正参数	初始值	修正值	变化幅度/%
1	A_1混凝土排架柱弹性模量/N · mm^{-2}	2.9791×10^4	2.6133×10^4	12.3
2	A_2混凝土排架柱容重/kN · m^{-3}	25.5	24.158	5.3
3	A_3混凝土吊车梁弹性模量/N · mm^{-2}	3.1333×10^4	2.6721×10^4	14.7
4	A_5混凝土屋架梁弹性模量/kN · m^{-3}	3.5324×10^4	3.7856×10^4	7.2
5	A_6混凝土屋架梁容重/kN · m^{-3}	25.5	24.127	5.4
6	A_{11}混凝土屋面板容重/kN · m^{-3}	25.5	27.238	6.8
7	A_{12}钢支撑弹性模量/kN · mm^{-2}	2.06×10^5	1.8213×10^5	11.6

重型机械加工场主厂房有限元模型修正前后的静力位移对比见表 5-7，从前后对比分析结果可以看出，有限元模型修正后各测点的实测位移与计算位移更加吻合，变化最大的点为测点 14，整体相对误差得到了较好的改善。

表 5-7 重型机械加工场主厂房有限元模型修正前后静力位移对比分析

测试点位	现场实测值/mm	计算值/mm		相对误差值/mm	
		修正前	修正后	修正前	修正后
1	11.1	28.7	17.4	17.6	6.3
2	2.9	11.3	1.2	8.4	-1.7
3	15.5	11.3	12.9	-4.2	-2.6
4	6.3	6.8	7.0	0.5	0.7
5	8.6	13.7	13.5	5.1	4.9
6	9.2	19.9	9.8	10.7	0.6
7	5.2	11.4	9.3	6.2	4.1
8	21.1	19.7	18.9	-1.4	-2.2
9	8.15	18.6	15.4	10.4	7.3
10	5.7	20.9	6.7	15.2	1.0
11	5.2	20.9	7.7	15.7	2.5
12	-4.2	4.6	-4.6	8.8	-0.4
13	12.9	6.0	11.2	-6.9	-1.7
14	1.8	19.7	-1.3	17.9	-3.1
15	4.3	21.3	7.0	17.0	2.7
16	-5.7	15.4	-2.0	21.1	3.7
17	8.9	26.2	7.7	17.3	-1.2
18	5.2	17.5	1.4	12.3	-3.8
19	7.5	12.0	11.0	4.5	3.5
20	-5.4	-3.1	-7.6	2.3	-2.2
⋮	⋮	⋮	⋮	⋮	⋮

重型机械加工场主厂房有限元模型修正前后的动力特性对比分析见表 5-8，由结果可知，修正后的主厂房振动频率同实测值均保持着较高的一致性。

表 5-8 重型机械加工场主厂房有限元模型修正前后动力特性对比分析

阶数	实测值/Hz	计算值/Hz		相对误差/‰		MAC	
		修正前	修正后	修正前	修正后	修正前	修正后
1	0.936	0.902	0.924	-3.63	-1.28	0.96	0.97

续表 5-8

阶数	实测值/Hz	计算值/Hz		相对误差/‰		MAC	
		修正前	修正后	修正前	修正后	修正前	修正后
2	0.966	0.858	0.951	-11.10	-1.50	0.95	0.96
3	1.204	1.142	1.212	-5.15	0.66	0.94	0.95
4	1.344	1.252	1.322	-6.84	-1.64	0.94	0.95
5	2.358	2.116	2.326	-10.26	-1.36	0.93	0.94
6	2.591	2.499	2.559	-3.55	-1.23	0.92	0.93
7	3.237	3.055	3.213	-5.62	-0.74	0.92	0.93
8	3.352	3.180	3.340	-5.13	-0.36	0.91	0.92
9	3.978	3.826	3.969	-3.82	-0.24	0.89	0.90
10	4.138	4.006	4.126	-3.19	-0.29	0.89	0.90

5.2.3.4 主厂房模型修正效果验证

采用屋架梁边跨最大弯矩、吊车梁主梁边跨最大弯矩为验证工况进行分析，由结果分析可知，静力位移计算值与实测值均保持较高的一致性，见表 5-9。

表 5-9 重型机械加工场主厂房有限元模型验证的静力位移对比分析

静力试验验证工况	测点顺序	实测值/mm	计算值/mm		相对误差/mm	
			修正前	修正后	修正前	修正后
验证工况一（屋架梁边跨最大弯矩）	1	11.1	19.148	12.535	-8.048	-1.435
	2	11.9	18.347	11.986	-6.447	-0.086
	3	11.5	4.791	13.752	6.709	-2.252
验证工况二（吊车梁主梁边跨最大弯矩）	16	7.4	14.421	9.421	-7.021	-2.021
	17	7.9	13.627	9.627	-5.727	-1.727
	18	7.6	14.425	7.425	-6.825	0.175

采用主厂房第 11、12 阶的实测自振频率对动力修正效果进行验证，由结果分析可知，11、12 阶的自振频率计算值与实测值均保持较高的一致性，见表 5-10。

表 5-10 重型机械加工场主厂房有限元模型验证的动力特性对比分析

验证阶数	实测值/Hz	计算值/Hz		相对误差/‰		MAC	
		修正前	修正后	修正前	修正后	修正前	修正后
11	4.556	4.314	4.534	-5.31	-0.48	0.89	0.91
12	4.608	4.106	4.556	-10.89	-1.13	0.87	0.89

由验证结果可知，未参与修正的模拟结果同实测值也保持着更加相近的关系，可见修正后的模型比较全面地反映了结构的相关特性。综上可得，本书提出的模型修正方法应用于重型机械加工场主厂房的模型修正中取得了较好的效果。

5.2.4 模拟分析结果

本节基于修正后的有限元模型对主厂房再生利用施工过程中“托梁抽柱施工”“屋架吊挂施工”“内部增层施工”等几个较为典型的工况进行对比分析，以期判断模型修正前后对施工安全模拟分析的现实意义。

5.2.4.1 托梁抽柱施工安全模拟前后对比

两个点位（11/E、14/E）的托梁抽柱施工（以 11/E 举例说明，如图 5-23、图 5-24 所示），首先，采用竖向钢支撑+千斤顶托起 10-12/E 东西两侧屋架梁，使其不依靠排架柱即可保持竖向承载及结构稳定（此阶段新增永久性质的屋架水平钢支撑和必要的柱间钢支撑）；其次，先拆除 21m 跨一侧吊车梁 10-11/E 与吊车梁 11-12/E，后采用横向切割的方式切除排架柱 11/E；再次，将整体成型的混凝土托架及钢结构吊车梁安置于 10-12/E 跨处；最后，待监测数据无异常后拆除竖向临时支撑。

图 5-23 排架柱 11/E 托梁抽柱施工前结构布置

按未经修正的有限元模型进行结构分析可知（如图 5-25（a）），新增托架施工对结构整体安全性无影响，施工过程中部分构件变形增大但变形量在允许范围内，无需增加其他加固措施（原有加固措施如图 5-25（c）所示）。而采用修正后的模型分析可知，新增托架施工拆除导致结构局部变形不协调，托架底部、端部变形超限，如图 5-25（b）所示。通过模拟分析，采取水平钢支撑在 9-10/E、11-12/E 等七跨上部进行加固补强措施可有效避免上述风险的发生，如图 5-24

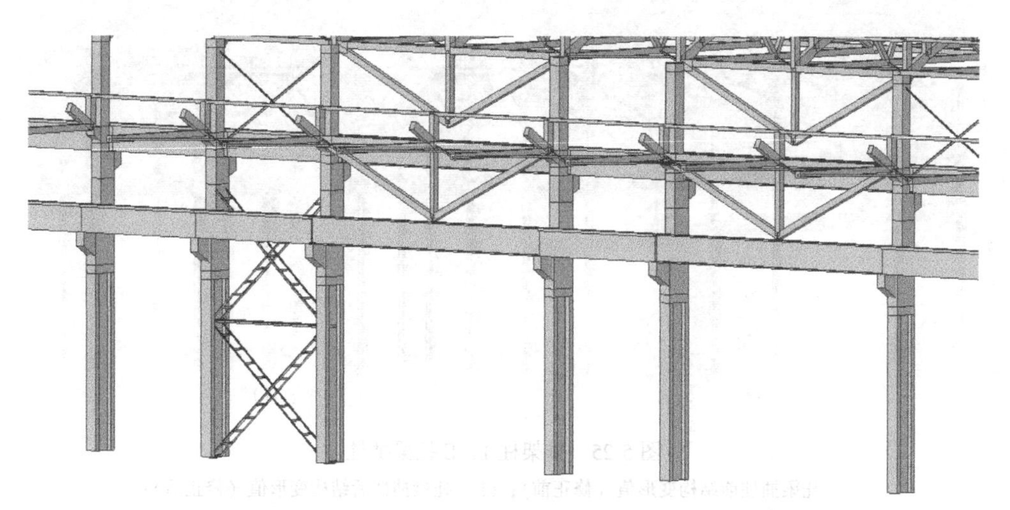

图 5-24 排架柱 11/E 托梁抽柱施工后结构布置（新增托架、水平钢支撑加固）

(d) 所示。该区域构件进行加固措施后，应力及变形经数值模拟分析显示均在安全限值之内，如图 5-25 (e)、(f) 所示。至此，调整施工顺序为：在拆除吊车梁增设托架之前先进行水平横向支撑的施工，进而保证施工过程中的结构安全。

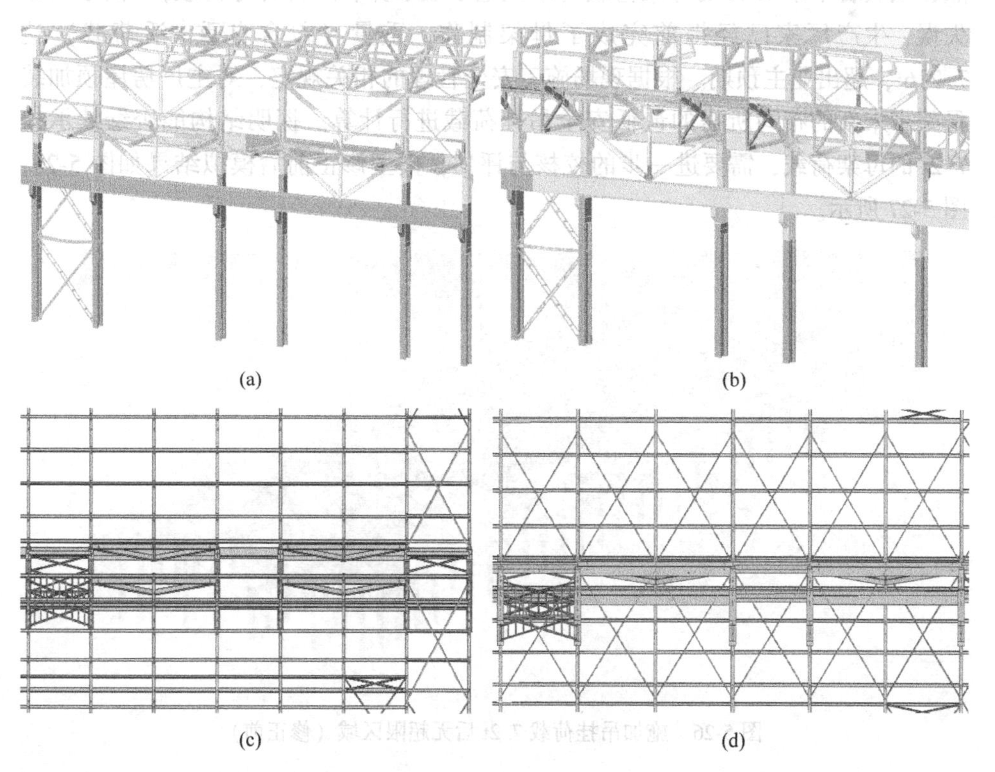

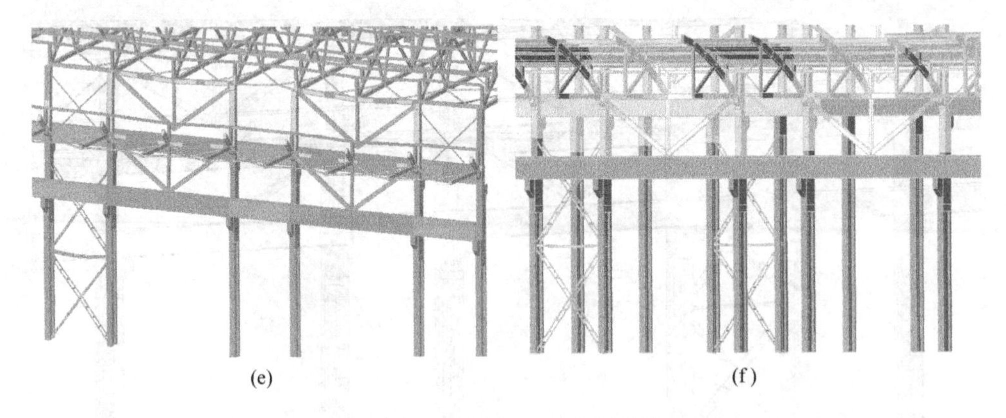

图 5-25　排架柱 11/E 托梁抽柱
(a) 托梁抽柱前结构变形值 (修正前); (b) 托梁抽柱后结构变形值 (修正后);
(c) 既有屋架加固措施 (水平支撑); (d) 新增屋架加固措施布置 (水平支撑);
(e) 结构区域应力值 (加固措施后); (f) 结构区域变形值 (加固措施后)

5.2.4.2　屋架吊挂施工安全模拟前后对比

按照原设计要求，需要在主厂房 21m 跨、24m 跨屋架梁上方施工布置多处吊点，预装若干个 6.8t 的母架荷载 (承担电子显示屏、广告牌等荷载)。由于沟通失误，生产厂家已经提前完成了母架制作，重量 (包含自重+活荷载) 达 7.216t，超出业主预期。根据现场施工安全管理的相关规定，对主厂房屋顶加装母架带来新的布局所需的最低安全吊挂荷载进行计算。探明结构能否继续承担 7.2t 的母架荷载，需要进一步的校核与评估，模型修正前后模拟结果如图 5-26、图 5-27 所示。

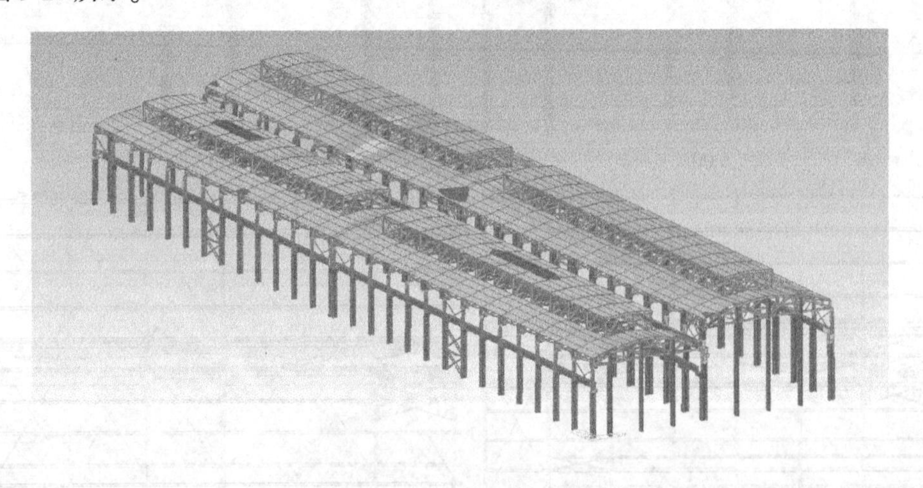

图 5-26　施加吊挂荷载 7.2t 后无超限区域 (修正前)

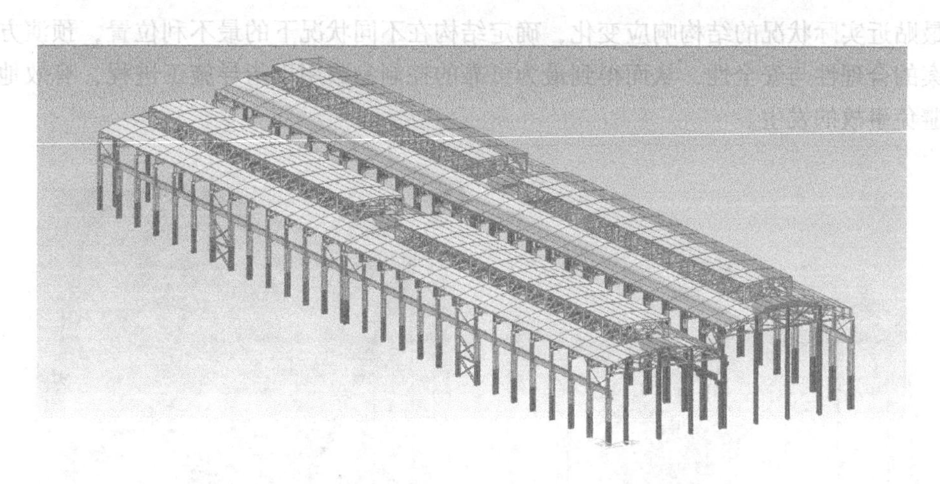

图 5-27 施加吊挂荷载 7.2t 后超限区域分布（修正后）

按未经修正的有限元模型进行结构分析可知（如图 5-26 所示），屋架新增吊挂荷载 7.2t 施工对结构安全无影响，施工过程中屋架各杆件出现变形增大的情况但变形量在安全范围内，变形可控。而采用修正后的有限元模型分析可知，新增的 7.2t 吊挂荷载母架对结构安全产生了诸多不利影响，导致屋架出现大面积变形超限的现象，尤其以 24m 跨区域更为严重，如图 5-27、图 5-28（a）和（b）所示。通过模拟，最终将屋架吊挂荷载定格在最大值为 4.6t 时，屋架变形量、应力值等指标在安全范围内，如图 5-28（c）~（f）所示。鉴于此，调整施工方案，将原母架重量调整至 4.5t 再进行后续吊挂施工，以确保施工过程中的结构安全。

5.2.4.3 内部增层施工安全模拟前后对比

按照设计要求，需要在主厂房 21m 跨、24m 的 16-31/A-J 区域进行内部增层。内部增层后的原结构承载体系需要额外协同承担新增结构转移来的荷载，包括新增结构自重、楼面恒载、活载等荷载作用。在整个内部增层过程中存在新增结构的应力应变始终滞后于原有结构，因此必须准确地通过数值模拟找出因内部增层带来的结构薄弱环节并采取必要的加固构造措施，使得新旧结构能够协同变形工作，否则会因变形不协调或局部应力集中导致结构局部开裂或失稳现象。模型修正前后模拟结果如图 5-29 所示。

未经修正的模型无法识别节点处的应力集中情况（图 5-29（a）），而修正后的模型可以有效地分析出部分新旧节点处的应力集中（图 5-29（b））和新增结构荷载导致的柱间支撑局部构件变形过大的情况（图 5-29（c）、（d）），并据此对上述问题进行加固补强。通过采用模型修正后的基准模型对施工过程中的关键节点、关键部位、关键工序等内容进行数值模拟分析，得到主厂房在不同工况下最贴近实际状况的结构响应变化，确定结构在不同状况下的最不利位置，预演方案的合理性与安全性，从而得到最为可靠的控制参数用于指导施工进程，有效地避免事故的发生。

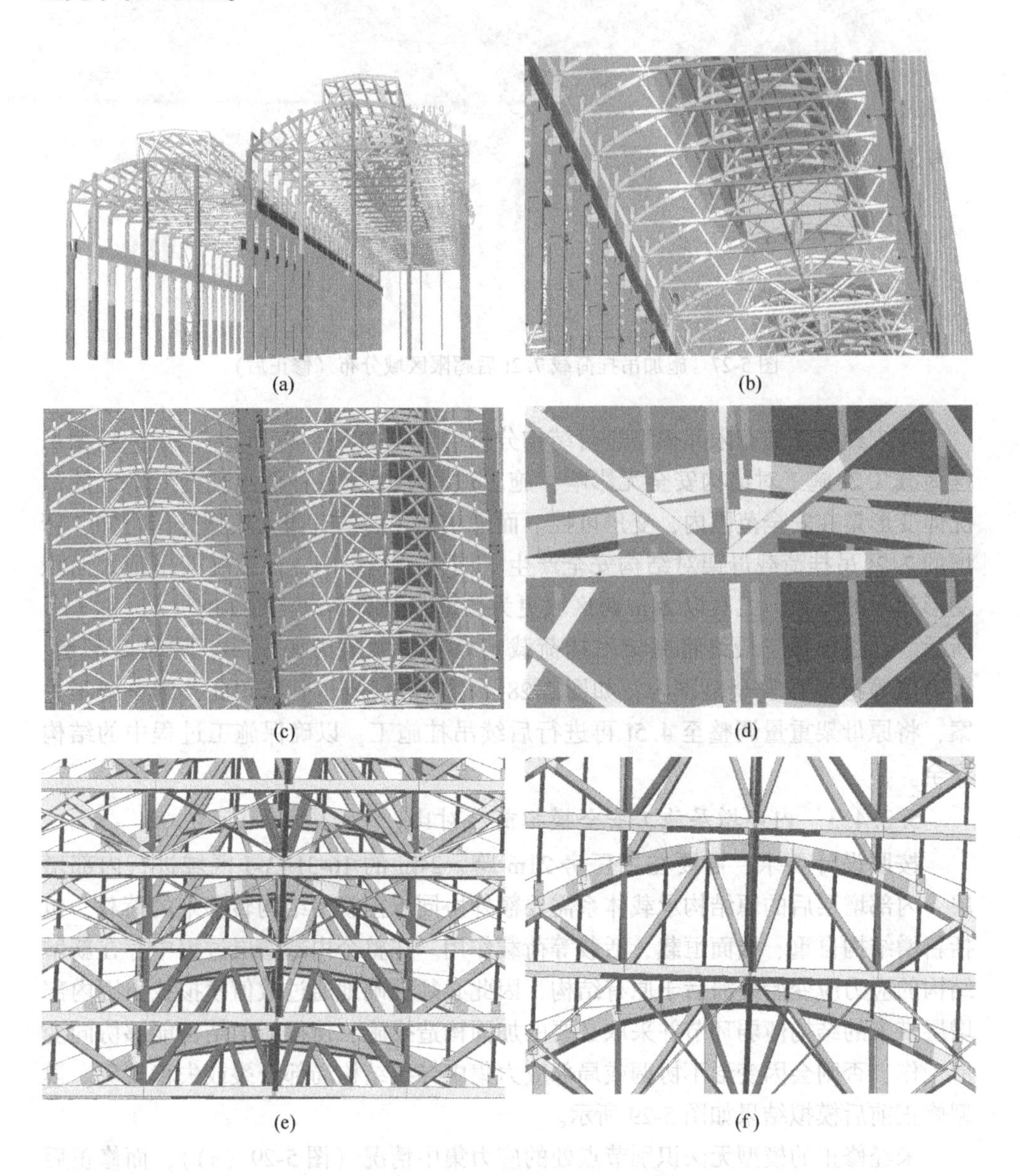

图 5-28　吊挂施工模型修正前后安全模拟对比

(a) 吊挂荷载 7.2t 变形超限（修正后）；(b) 吊挂荷载 7.2t 变形超限区域细部（修正后）；
(c) 吊挂荷载 4.6t 变形情况（修正后）；(d) 吊挂荷载 4.6t 局部变形情况（修正后）；
(e) 施加吊挂荷载 4.6t 后应力变化（修正后）；(f) 施加吊挂荷载 4.6t 后局部应力情况（修正后）

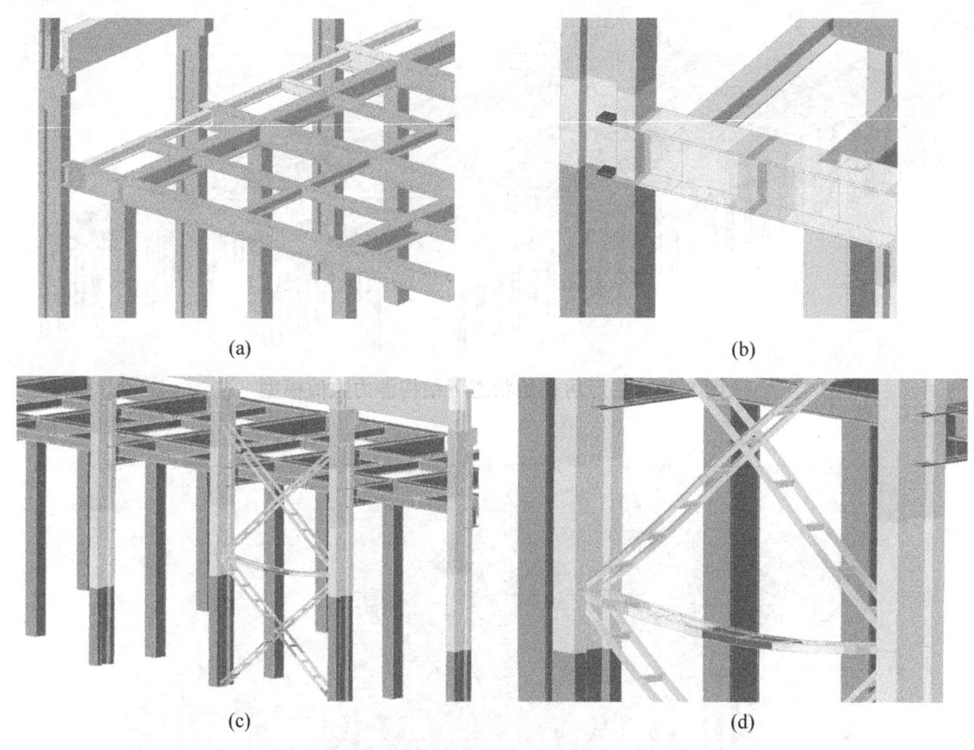

图 5-29 吊挂施工模型修正前后安全模拟对比
(a) 内部增层后节点应力变化（修正前）；(b) 内部增层后结构应力变化（修正后）；
(c) 内部增层后支撑变形情况（修正后）；(d) 内部增层后支撑局部变形情况（修正后）

5.3 施工安全监测分析

5.3.1 局部响应监测传感器布置

5.3.1.1 工况一状态下结构静力数值分析

采用 Midas/Gen 计算软件基于理想状态下的有限元模型对工况一（如图 5-30 所示）进行静力分析，工况一状态下的结构应力分析结果如图 5-31 所示，工况一状态下的结构变形分析结果如图 5-32 所示，部分构件的应力、变形数据见表 5-11。

5.3.1.2 工况二状态下结构静力数值分析

采用 Midas/Gen 计算软件基于理想状态下的有限元模型对工况二（如图 5-33 所示）进行静力分析，工况二状态下的结构应力分析结果如图 5-34 所示，工况二状态下的结构变形分析结果如图 5-35 所示，部分构件的应力、变形数据见表 5-11。

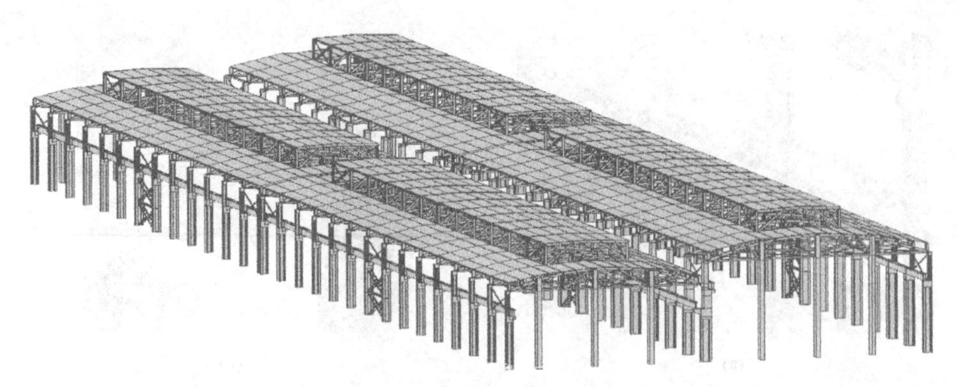

图 5-30 主厂房初始状态下结构静力数值模型

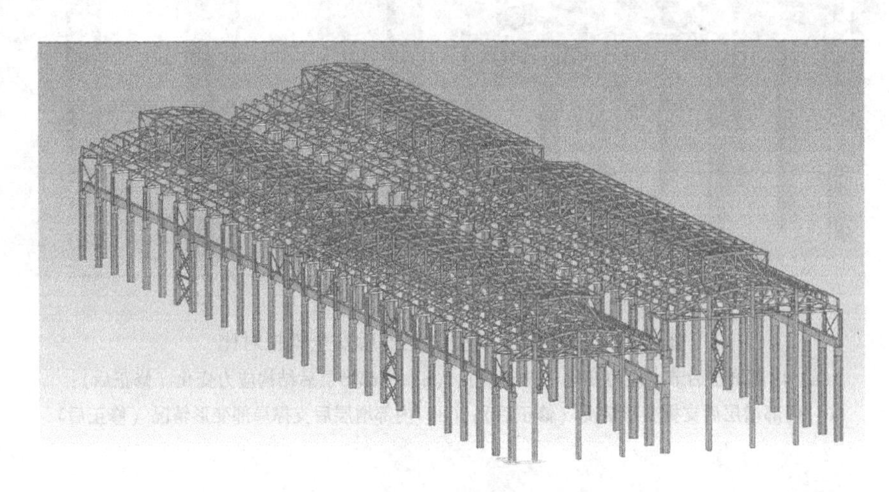

图 5-31 主厂房工况一状态下的结构应力分析

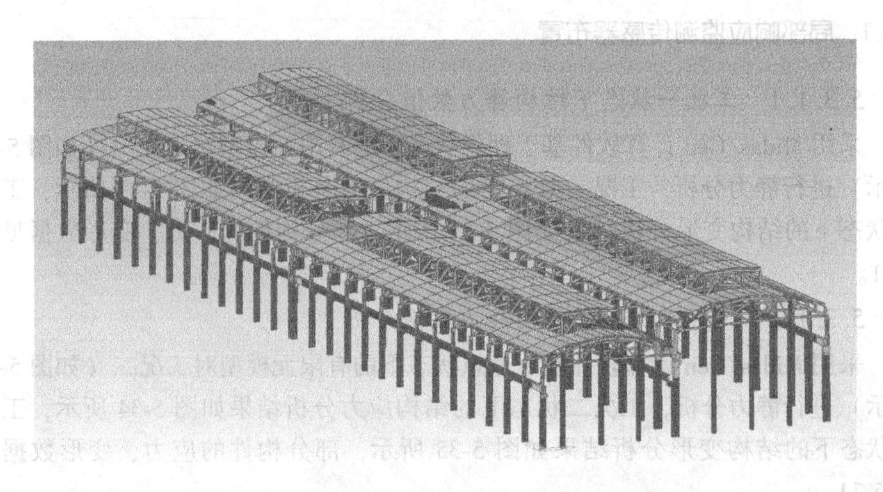

图 5-32 主厂房工况一状态下的结构变形分析

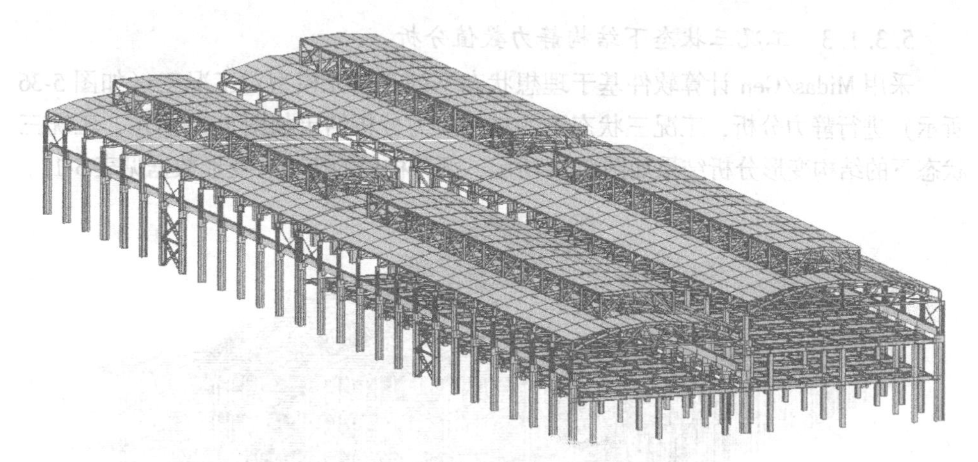

图 5-33 主厂房工况二状态下结构静力数值模型

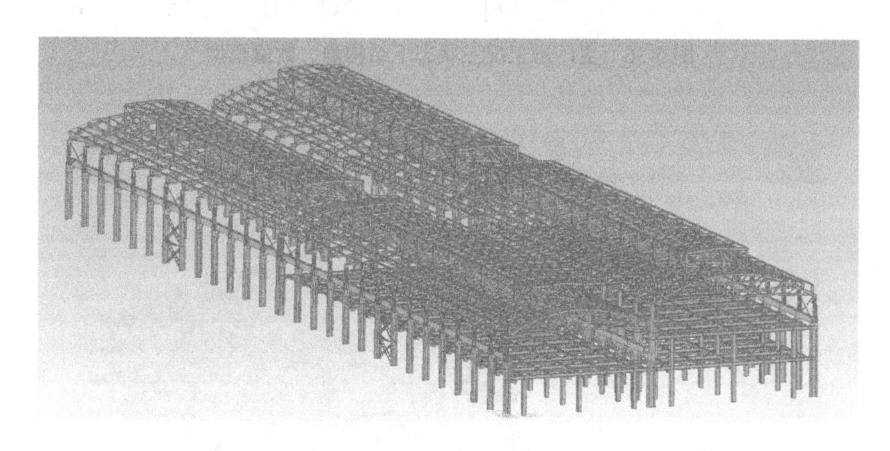

图 5-34 主厂房工况二状态下的结构应力分析

图 5-35 主厂房工况二状态下的结构变形分析

5.3.1.3 工况三状态下结构静力数值分析

采用Midas/Gen计算软件基于理想状态下的有限元模型对工况三（如图5-36所示）进行静力分析，工况三状态下的结构应力分析结果如图5-37所示，工况三状态下的结构变形分析结果如图5-38所示，部分构件的应力、变形数据见表5-11。

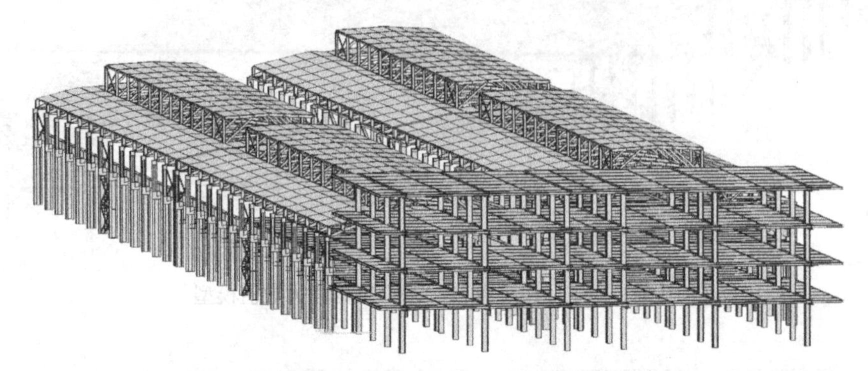

图5-36 主厂房工况三状态下结构静力数值模型

图5-37 主厂房工况三状态下的结构应力分析

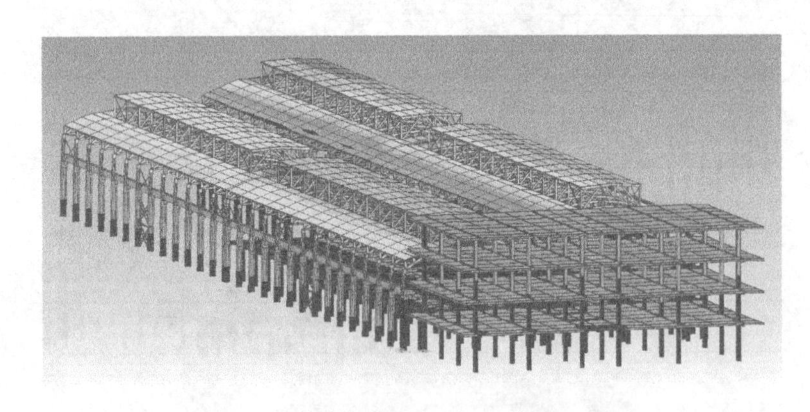

图5-38 主厂房工况三状态下的结构变形分析

表 5-11 工况一、工况二、工况三结构构件单元静力分析结果（部分）

工况一				工况二				工况三			
单元编号	轴力/kN	应力/kN·m^{-2}	应变(E-4)	单元编号	轴力/kN	应力/kN·m^{-2}	应变(E-4)	单元编号	轴力/kN	应力/kN·m^{-2}	应变(E-4)
235	-13.36	-9561	-0.461	577	-13.42	-9567	-0.521	1032	-10.47	-8364	-0.591
236	-10.38	-9380	-0.453	578	-10.44	-7386	-0.513	1033	-12.55	-8442	-0.624
237	-13.42	-7025	-0.449	579	-13.48	-8031	-0.509	1034	-10.55	-8672	-0.673
238	-10.36	-7647	-0.481	580	-10.42	-8653	-0.541	1035	-13.55	-9349	-0.703
239	-10.38	-6025	-0.449	581	-10.44	-8031	-0.509	1036	-12.65	-9647	-0.723
240	-13.38	-8032	-0.549	582	-13.44	-7038	-0.609	1037	-10.55	-8372	-0.675
241	-13.38	-7962	-0.503	583	-13.44	-9968	-0.563	1038	-12.55	-7442	-0.624
242	-11.48	-9025	-0.449	584	-11.54	-6031	-0.509	1039	-10.55	-9672	-0.678
243	-13.38	-8859	-0.454	585	-13.44	-9865	-0.514	1040	-15.55	-13349	-0.703
244	-10.38	-7032	-0.491	586	-10.44	-6036	-0.551	1041	-13.55	-8038	-0.579
245	-15.38	-13025	-0.447	587	-15.44	-14031	-0.509	1042	-10.49	-9661	-0.611
246	-15.38	-11025	-0.449	588	-13.48	-8031	-0.543	1043	-15.51	-15038	-0.579
247	-13.42	-8025	-0.483	589	-16.54	-13036	-0.613	1044	-13.51	-8045	-0.679
248	-13.48	-10033	-0.553	590	-10.44	-9031	-0.56	1045	-13.51	-8975	-0.633
249	-10.38	-8355	-0.500	591	-17.44	-14031	-0.514	1046	-11.61	-9038	-0.579
250	-11.38	-8425	-0.454	592	-10.44	-8061	-0.56	1047	-13.51	-9872	-0.584
251	-10.38	-8655	-0.500	593	-13.44	-9038	-0.593	1048	-10.51	-8043	-0.621
252	-13.38	-7332	-0.533	594	-18.49	-14031	-0.563	1049	-14.51	-9038	-0.577
253	-11.43	-9625	-0.503	595	-10.44	-8036	-0.509	1050	-15.51	-14038	-0.579
254	-10.38	-8630	-0.449	596	-13.45	-8031	-0.575	1051	-13.55	-8038	-0.613
255	-13.39	-12525	-0.515	597	-13.44	-7039	-0.506	1052	-16.61	-13043	-0.683
256	-10.38	-7430	-0.449	598	-11.47	-8039	-0.533	1053	-10.51	-6368	-0.634
257	-13.39	-8525	-0.515	599	-10.44	-8031	-0.554	1054	-13.51	-9438	-0.584
258	-13.38	-8032	-0.549	600	-15.55	-8042	-0.619	1055	-13.56	-9042	-0.685
259	-13.38	-9962	-0.503	601	-13.59	-8042	-0.653	1056	-16.55	-13505	-0.615
260	-11.48	-8025	-0.449	602	-16.65	-14047	-0.723	1057	-12.58	-9605	-0.643

续表 5-11

工况一				工况二				工况三			
单元编号	轴力/kN	应力/kN·m^{-2}	应变(E-4)	单元编号	轴力/kN	应力/kN·m^{-2}	应变(E-4)	单元编号	轴力/kN	应力/kN·m^{-2}	应变(E-4)
261	-13.38	-7859	-0.454	603	-10.55	-8042	-0.673	1058	-10.55	-8042	-0.664
262	-10.38	-8030	-0.491	604	-17.55	-14042	-0.624	1059	-13.65	-8047	-0.723
263	-12.38	-9025	-0.447	605	-10.55	-7072	-0.674	1060	-10.55	-9042	-0.676
264	-10.38	-8025	-0.449	606	-13.55	-9049	-0.703	1061	-13.55	-9042	-0.624
265	-13.42	-8025	-0.483	607	-12.61	-9042	-0.673	1062	-10.55	-8072	-0.672
266	-10.48	-7030	-0.553	608	-10.55	-7047	-0.619	1063	-13.55	-7049	-0.703
⋮	⋮	⋮	⋮	⋮	⋮	⋮	⋮	⋮	⋮	⋮	⋮

注：构件单元数量繁多，仅列出部分，且表中省去内力及变形近似为零的构件。

5.3.1.4 静力传感器优化布置

该工程结构计算模型共有上千个构件单元，各个构件中又包含排架柱、抗风柱、吊车梁、柱间连梁、柱间支撑、屋架下弦、屋架腹杆、屋架连杆、托架、天窗架、纵向连系梁、横向支撑等构件，按照本书提出的布置方法，依据修正后的有限元基准模型进行结构数值模拟分析，获得结构实际不同工况下的受力状态和受力特点，拟合计布置 167 个传感器，对屋架梁的应力与侧移、排架柱的倾斜度、柱间支撑和横向支撑的应力与变形等内容进行监测。

(1) 应力监测点位布置。对重型机械加工场主厂房数值模拟结果中应力最大的构件进行监测，拟采用 36 枚表面型智能弦式应变传感器（JMZX-212HAT）对屋架梁、排架柱、柱间支撑、水平支撑等构件的应力进行监测，不同工况下的监测点位略有不同，绝大部分应力监测传感器工作周期均能横跨工况一、工况二、工况三，工况一的监测传感器能为后续工况服务，避免了重复布置带来的不必要工作内容。此外，需要说明的是本项目屋架为预应力结构，结构在施加预应力后，增大了结构的刚度，使结构形成一个可以承担外荷载的闭合力系，根据其结构受力特点，主要对屋架梁的关键受力部位进行应力监测。测点布置如图 5-39 所示。

(2) 变形监测点位布置。对重型机械加工场主厂房数值模拟结果中变形最大的构件进行监测，拟采用 20 枚智能单点位移计传感器（JMDL-32XXAT）和南方高精密自动化全站仪 NTS-332R 监测相组合的方式对屋架梁、排架柱、柱间支撑、水平支撑等构件的变形进行监测。需要说明的是，对屋架梁的下弯挠度、排架柱的倾斜变形、柱间支撑与水平支撑的弯曲变形监测外，还需要重点关注屋架端部与排架柱端部连接处的支座侧移变化。此外，拟采用 8 枚固定式测倾尺（垂直/水平）（JMQJ-7515AD/ADS）结合南方高精密自动化全站仪（NTS-332R）、徕卡高精密水准仪（DNA03）对主厂房的整体倾斜和地基基础沉降进行监测。测点布置如图 5-39 所示。

■应变监测点位(1)，▲变形、位移监测点位 (1)，★裂缝监测点位(1)，⬆压力荷载监测点位(1)
■应变监测点位(2)，▲变形、位移监测点位(2)，★裂缝监测点位(2)，⬆压力荷载监测点位(2)
■应变监测点位(3)，▲变形、位移监测点位 (3)，★裂缝监测点位(3)，⬆压力荷载监测点位(3)

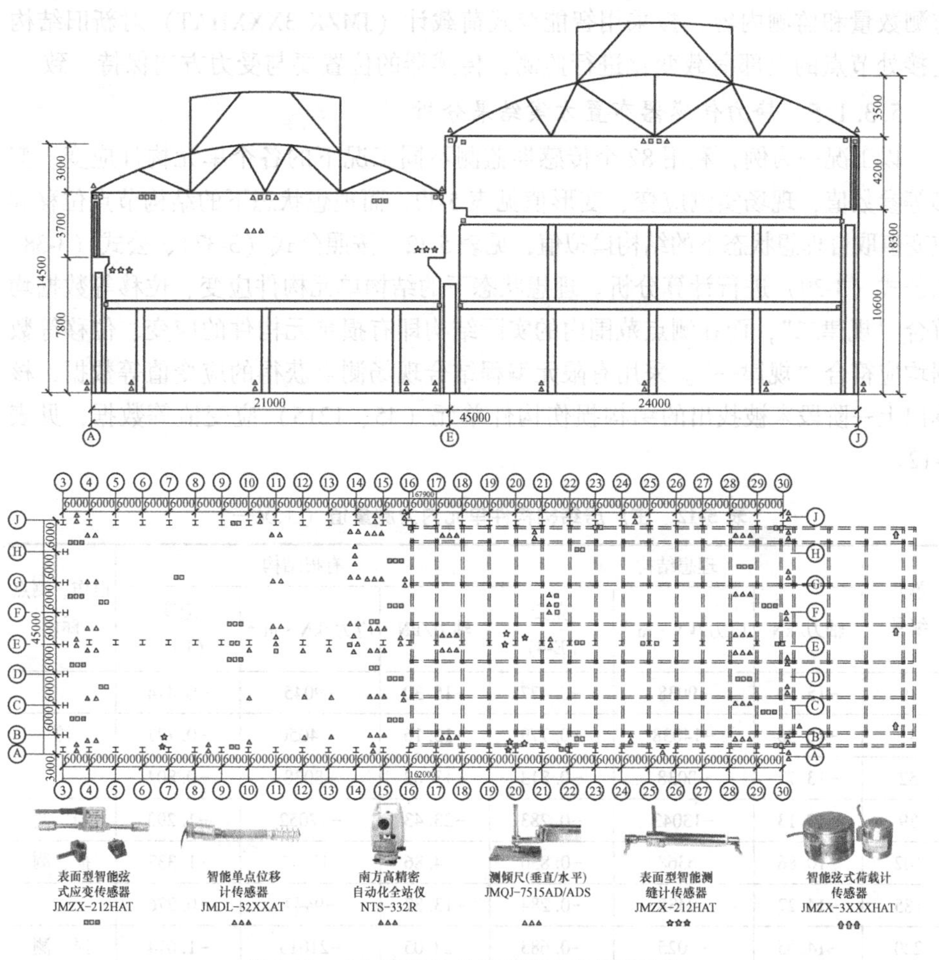

图 5-39　主厂房结构的静态及动态监测位置

（3）裂缝监测点位布置。裂缝分为受力裂缝和非受力裂缝。施工安全监测过程中对于裂缝的监测内容主要集中在核心传力构件再生利用前期产生的受力裂缝。对重型机械加工场主厂房核心传力构件中已存在受力裂缝的部位（前期检测中发现）进行监测，拟采用 3 枚表面型智能测缝计传感器（JMZX-212HAT）对排架柱、吊车梁的裂缝进行监测；对次要和一般传力构件存在已知的裂缝情况，过程中注意观察其变化，当发现开裂趋势明显时，增加测点，测点布置如图 5-39 所示。

（4）其他监测点位布置。对重型机械加工场主厂房托梁抽柱施工过程中，增加专项监测数量和监测内容，拟采用智能弦式荷载计（JMZX-3XXXHAT）对抽梁托柱过程中的上部荷载变化进行监测，传感器的位置设置于托架跨中的正上方。对重型机械加工场主厂房内部增层和非独立外接施工过程中，增加专项监测数量和监测内容，拟采用智能弦式荷载计（JMZX-3XXXHAT）对新旧结构连接处节点的上部荷载变化进行监测，传感器的位置要与受力方向保持一致。

5.3.1.5 静力传感器布置方案结果分析

以工况一为例，利用 82 个传感器监测不同工况下的各个单元构件应变、变形等参数值，现场实测应变、变形值见表 5-12，而理想状态下的结构节点位移和应变值取自理想状态下的结构模拟值，见表 5-12。按照公式（3-37）、公式（3-38）和公式（3-39）进行计算分析。理想状态下的结构单元构件应变、位移等数据均符合“规律二”，而在测点范围内的实际结构即有损单元构件的应变、位移等数据均应符合“规律一”。采用有限元编程结合现场测点获得的应变值等数据，核算出上一阶段未被找出的结构损伤构件单元（45、1215）应变值等数据，见表 5-12。

表 5-12 主厂房结构构件单元内力测量值（工况一）

单元编号	理想结构			有损结构			损伤、测点标记
	轴力/kN	应力/kN · m^{-2}	应变（E-4）	轴力/kN	应力/kN · m^{-2}	应变（E-4）	
19	−15.50	−9038	−0.477	−15.30	−9045	−0.474	
45	−15.56	−14038	−0.779	−15.16	−14050	−0.777	测
52	−13.72	−8038	−0.813	−13.82	−8038	−0.804	
89	−17.13	−13043	−0.283	−23.43	−17052	−1.293	损、测
102	−10.86	−6368	−0.830	−24.86	−19375	−1.337	损、测
185	−14.27	−9438	−0.284	−13.87	−9447	−0.276	
220	−14.05	−8025	−0.683	−23.05	−21013	−1.674	损、测
223	−14.18	−10033	−0.653	−13.98	−10019	−0.644	
355	−11.14	−8355	−0.500	−10.84	−8349	−0.498	
375	−11.45	−8425	−0.354	−11.25	−8406	−0.348	测
388	−10.52	−8655	−0.500	−10.52	−8653	−0.509	
389	−13.88	−7332	−0.633	−13.98	−7347	−0.626	
489	−11.62	−9625	−0.203	−25.42	−21612	−1.498	损、测

续表 5-12

单元编号	理想结构			有损结构			损伤、测点标记
	轴力/kN	应力/kN·m^{-2}	应变(E-4)	轴力/kN	应力/kN·m^{-2}	应变(E-4)	
394	-11.29	-8630	-0.649	-31.89	-25633	-1.658	损、测
410	-13.99	-12525	-0.515	-13.89	-12512	-0.516	
415	-10.96	-7430	-0.349	-11.16	-7411	-0.344	测
533	-14.02	-8525	-0.515	-14.32	-8510	-0.508	
564	-14.22	-8032	-0.149	-28.22	-21014	-1.943	损、测
627	-13.86	-9962	-0.103	-13.66	-9961	-0.110	
732	-11.17	-8036	-0.209	-11.37	-8020	-0.216	
745	-14.31	-8031	-0.775	-27.91	-19024	-1.767	损、测
812	-14.21	-7039	-0.400	-13.81	-7020	-0.398	
826	-11.77	-8039	-0.433	-11.67	-8044	-0.427	
1092	-10.44	-8031	-0.354	-10.44	-8034	-0.358	测
1098	-16.30	-8042	-0.919	-16.00	-8037	-0.910	
1215	-14.22	-8042	-0.453	-19.32	-18055	-1.460	损、测
⋮	⋮	⋮	⋮	⋮	⋮	⋮	⋮

需要说明的是，由于重型机械加工场主厂房的结构有限元模型是简化的光滑模型，通过修正后的模型查看显示的构件单元上的应变值为整个构件单位的平均应变值。然而重型机械加工场主厂房的实践过程中的结构构件的实测应变是一个局部量，它的大小跟被测量的位置密切相关。因此，在进行监测传感器的数据对比过程时（与有限元模型的模拟结果进行对比），重型机械加工场主厂房的结构构件的应变数据误差可适当放宽；而位移值误差可适当向偏小方面控制，避免因重型机械加工场主厂房结构有限元模型显示值与监测传感器实测值存在一定微小误差而影响了整个数据读取过程。此外，此原则也同样适用于加速度监测传感器。

5.3.2 整体响应监测传感器布置

5.3.2.1 工况一状态下结构动力数值分析

用 Midas/Gen 对主厂房的整体模态进行分析，求解主厂房主体结构的动态特性；计算工况一条件下结构的前十二阶低频模态，如图 5-40 所示。

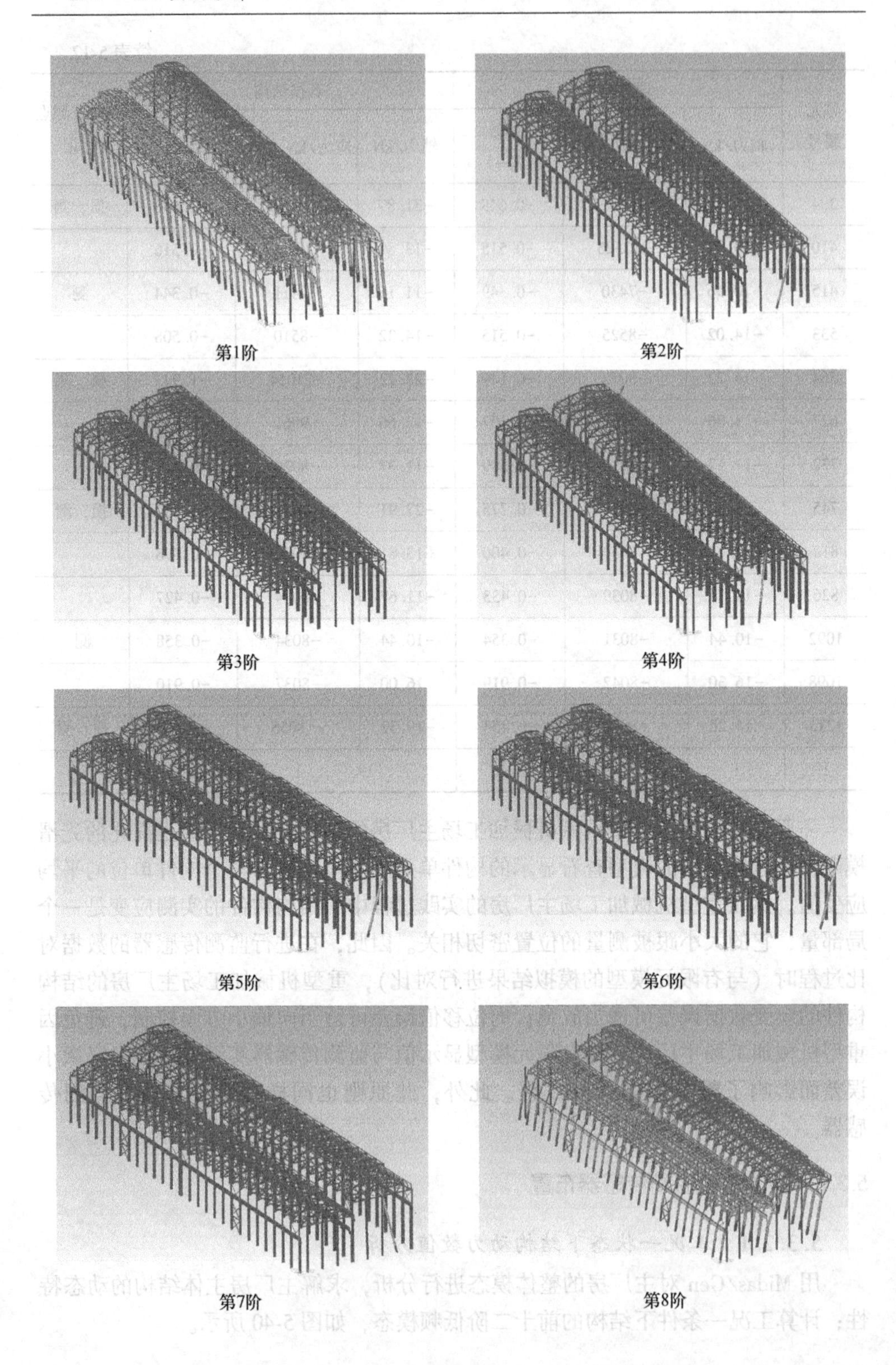
第1阶
第2阶
第3阶
第4阶
第5阶
第6阶
第7阶
第8阶

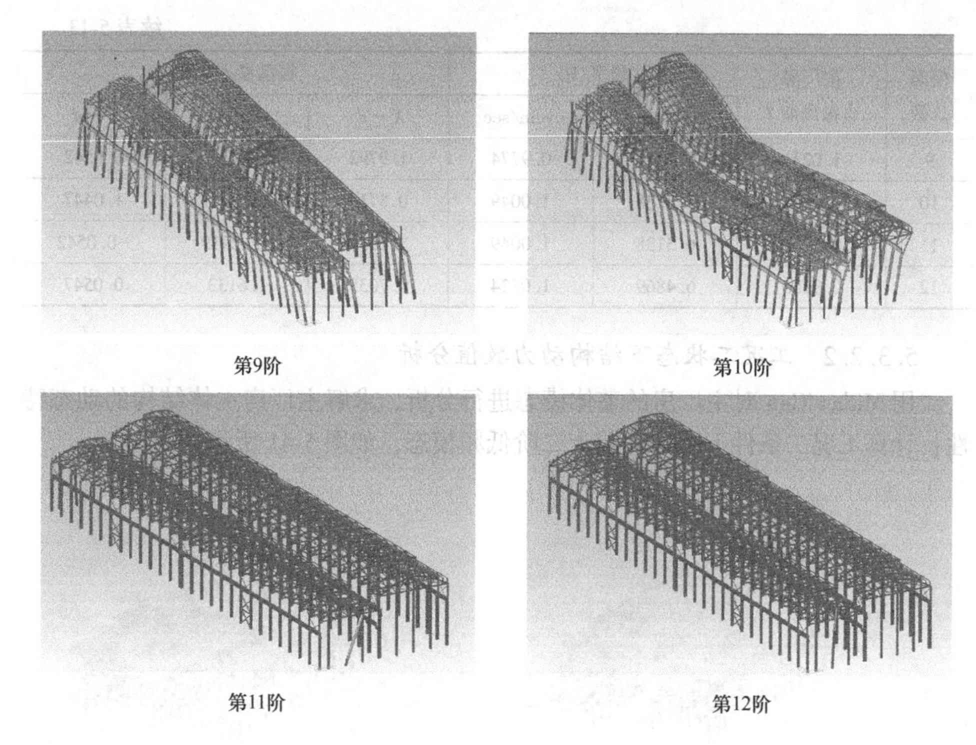

图 5-40 主厂房工况一状态下结构前 12 阶振型

通过对主厂房结构构件单元位移参数的量测，并以结构临界承载力作为结构稳定性的控制参数，通过数值计算得到对应工况的结构临界承载力大小。最后，通过对主厂房工况一状态下的有限元计算模型进行模态分析，得如下数据，见表 5-13。

表 5-13 主厂房工况一状态下结构前 12 阶自振频率、振型参入系数

模态阶数	主厂房自振周期 T	频率/Hz		振型参入系数		
		rad/sec	cycle/sec	$X-d$	$Y-d$	$Z-d$
1	1.6647	3.7743	0.6007	2.6974	18.2134	-1.0512
2	1.6646	3.7746	0.6007	2.6973	3.3145	-1.0647
3	1.6306	3.8533	0.6133	2.1397	-2.4409	0.0547
4	1.6306	3.8533	0.6133	2.7402	-1.1993	0.0341
5	1.6306	3.8533	0.6133	1.4596	5.5837	-0.0547
6	1.6306	3.8533	0.6133	3.7767	-1.2175	0.0647
7	1.0416	6.0324	0.9601	-0.0089	1.8414	-1.0543
8	1.0231	6.1412	0.9774	2.7568	5.4702	-1.0647

续表 5-13

模态阶数	主厂房自振周期 T	频率/Hz		振型参入系数		
		rad/sec	cycle/sec	$X-d$	$Y-d$	$Z-d$
9	1.0231	6.1412	0.9774	1.9792	1.0638	0.0542
10	0.9951	6.3138	1.0049	0.8715	−1.3977	1.0447
11	0.9951	6.3138	1.0049	3.2334	−2.2419	−0.0542
12	0.9686	6.4869	1.0324	0.7035	1.6133	0.0547

5.3.2.2 工况二状态下结构动力数值分析

用 Midas/Gen 对主厂房的整体模态进行分析，求解主厂房主体结构的动态特性；计算工况二条件下结构的前十二阶低频模态，如图 5-41 所示。

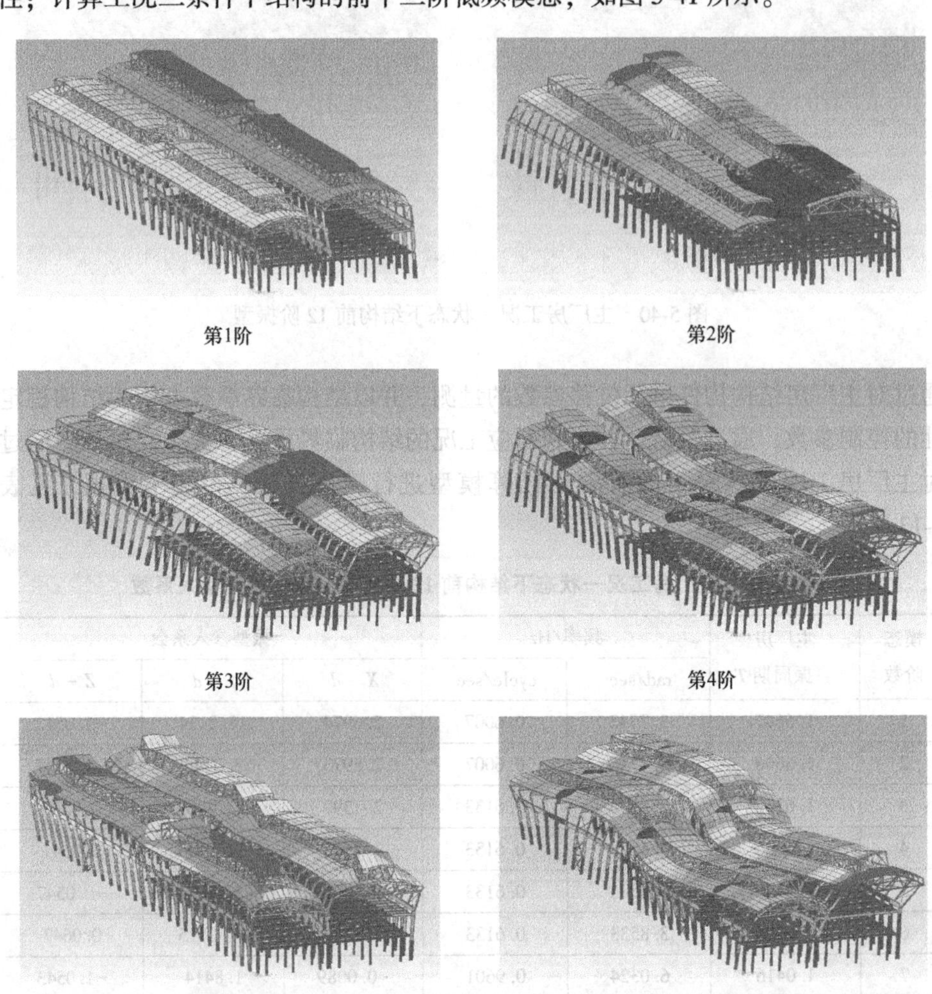

第1阶 第2阶

第3阶 第4阶

第5阶 第6阶

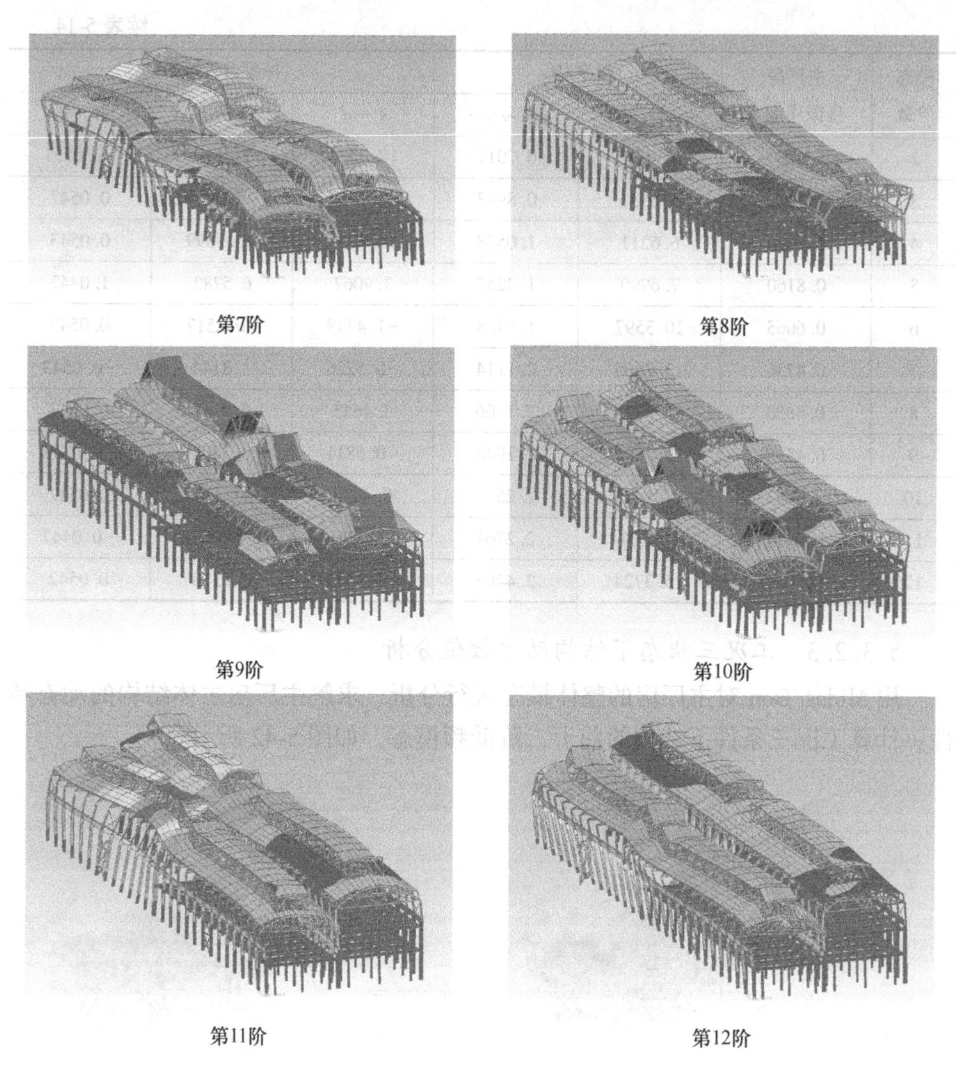

图 5-41 主厂房工况二状态下结构前 12 阶振型

通过对主厂房结构构件单元位移参数的量测，并以结构临界承载力作为结构稳定性的控制参数，通过数值计算得到对应工况的结构临界承载力大小。最后，通过对主厂房工况二状态下的有限元计算模型进行模态分析，得如下数据，见表 5-14。

表 5-14 主厂房工况二状态下结构前 12 阶自振频率、振型参入系数

模态阶数	主厂房自振周期 T	频率/Hz		振型参入系数		
		rad/sec	cycle/sec	$X-d$	$Y-d$	$Z-d$
1	1.6180	3.8833	0.618	-0.728	21.949	-10547

续表 5-14

模态阶数	主厂房自振周期 T	频率/Hz		振型参入系数		
		rad/sec	cycle/sec	$X-d$	$Y-d$	$Z-d$
2	1.4250	4.4092	0.7017	17.7264	2.4531	-2.0551
3	1.1115	5.6531	0.8997	12.3619	-2.0944	0.0547
4	0.9490	6.6211	1.0538	16.7731	-0.1399	0.0543
5	0.8160	7.6999	1.2255	3.4067	6.5783	1.0442
6	0.6065	10.3597	1.6488	-1.4748	-0.2517	0.0547
7	0.4736	13.2665	2.1114	-0.5226	1.8144	-0.0543
8	0.4650	13.5128	2.1506	3.4645	6.0247	0.0647
9	0.4558	13.7864	2.1942	-0.5811	0.3806	-0.0542
10	0.4443	14.1423	2.2508	0.4053	-0.3797	0.0547
11	0.4394	14.301	2.2761	11.2741	-2.1924	-0.0447
12	0.4087	15.3724	2.4466	-6.3653	1.6313	0.0542

5.3.2.3 工况三状态下结构动力数值分析

用 Midas/Gen 对主厂房的整体模态进行分析，求解主厂房主体结构的动态特性；计算工况三条件下结构的前十二阶低频模态，如图 5-42 所示。

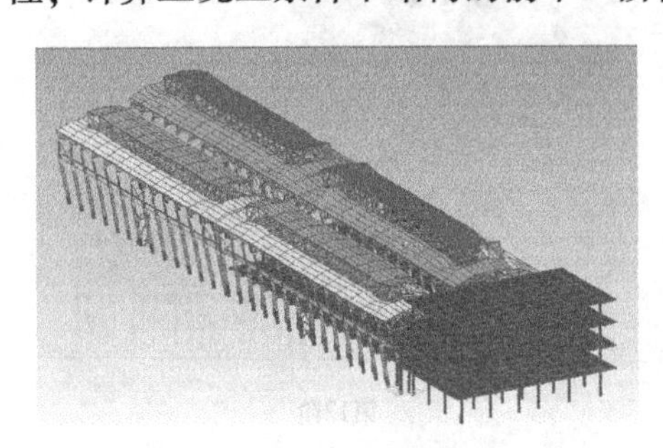

第1阶

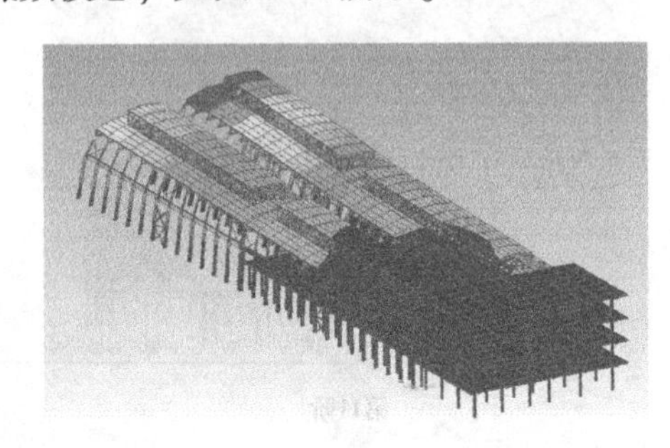

第2阶

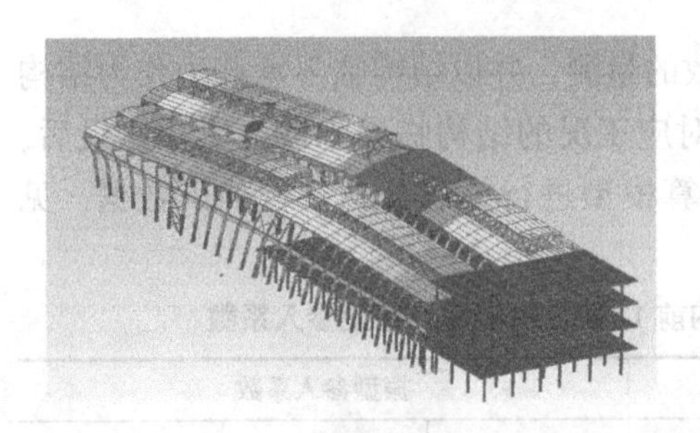

第3阶

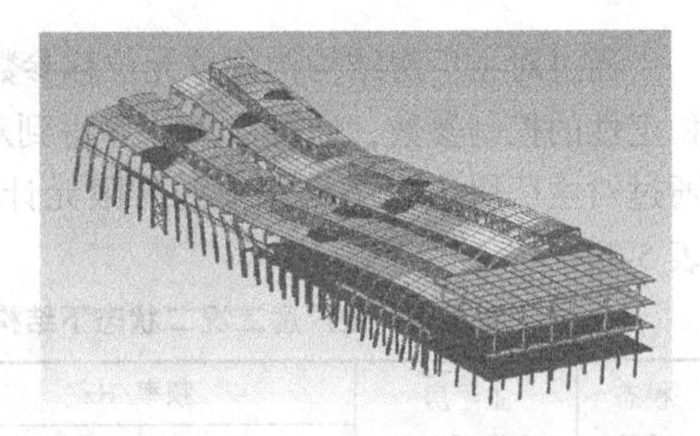

第4阶

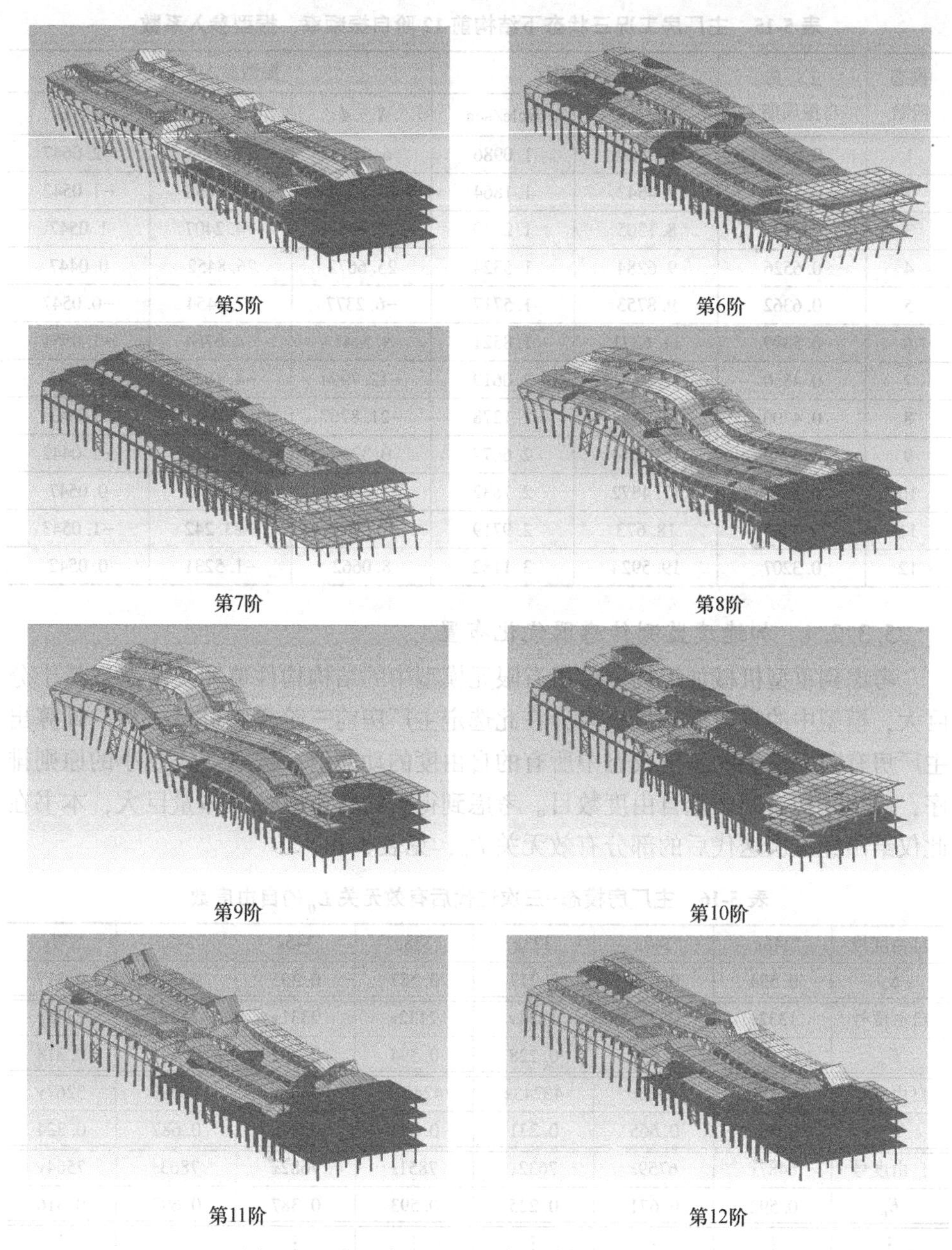

图 5-42 主厂房工况三状态下结构前 12 阶振型

通过对主厂房结构构件单元位移参数的量测，并以结构临界承载力作为结构稳定性的控制参数，通过数值计算得到对应工况的结构临界承载力大小。最后，通过对主厂房工况三状态下的有限元计算模型进行模态分析，得如下数据，见表 5-15。

表 5-15 主厂房工况三状态下结构前 12 阶自振频率、振型参入系数

模态阶数	主厂房自振周期 T	频率/Hz		振型参入系数		
		rad/sec	cycle/sec	$X-d$	$Y-d$	$Z-d$
1	0.9102	6.9029	1.0986	6.6707	27.9695	-2.0647
2	0.8429	7.4542	1.1864	21.4071	-7.9098	-1.0542
3	0.7728	8.1305	1.2940	22.6969	-4.2407	1.0547
4	0.6526	9.6284	1.5324	25.6672	26.8452	0.0447
5	0.6362	9.8753	1.5717	-6.2377	17.4454	-0.0547
6	0.5399	11.6371	1.8521	9.5141	-4.6764	-1.0551
7	0.4850	12.9551	2.0619	-12.7994	-4.1822	1.0547
8	0.4700	13.3693	2.1278	-21.8767	4.6458	0.0543
9	0.3749	16.7614	2.6677	0.3749	3.1395	-1.0442
10	0.3593	17.4872	2.7832	-13.4979	3.1488	0.0547
11	0.3365	18.673	2.9719	20.7712	-23.242	-1.0543
12	0.3207	19.5924	3.1182	8.0662	-1.5231	0.0542

5.3.2.4 加速度监测传感器优化布置

考虑到重型机械加工场主厂房有限元模型中的结构构件单元及节点数量十分巨大，模型中的自由度数量极多，在此选定主厂房前三阶模态进行分析。计算出主厂房有限元模型的各阶模态中所有的自由度的动能值，按照从大到小的原则排序，确定其初始的候选自由度数目。考虑到得到的自由度数目体量巨大，本书在此仅给出经三次迭代后的部分有效无关 E_{ij}，见表 5-16。

表 5-16 主厂房模态-三次迭代后有效无关 E_{ij} 的自由度数

自由度号	446x	347z	323x	338z	345x	342z	337y
E_{ij}	0.594	0.658	0.217	0.587	0.395	0.703	0.317
自由度号	1332x	2232z	1234x	2132z	2331x	2133z	2233y
E_{ij}	0.591	0.657	0.228	0.594	0.382	0.691	0.318
自由度号	33265x	4563z	43243x	42457z	4543x	5339z	3267y
E_{ij}	0.589	0.665	0.231	0.595	0.398	0.687	0.324
自由度号	6487x	6759z	7632x	7851z	7682x	7863z	7564y
E_{ij}	0.592	0.671	0.225	0.593	0.387	0.693	0.316
⋮	⋮	⋮	⋮	⋮	⋮	⋮	⋮

注：表中数字表示单元节点号，x、y、z 表示单元节点的自由度方向。

由分析结果可知，经过三次迭代后主厂房有限元模型中的有效无关的自由度数约为 28 个。考虑到加速度监测传感器的安装多布置在构件单元的 Z 方向上，且需要考虑结构对称性原则。至此，重型机械加工场主厂房的加速度监测传感器优化布置方案确定为在 672z、2136z 等共 28 个节点的 Z 方向设置，如图 5-43 所示。

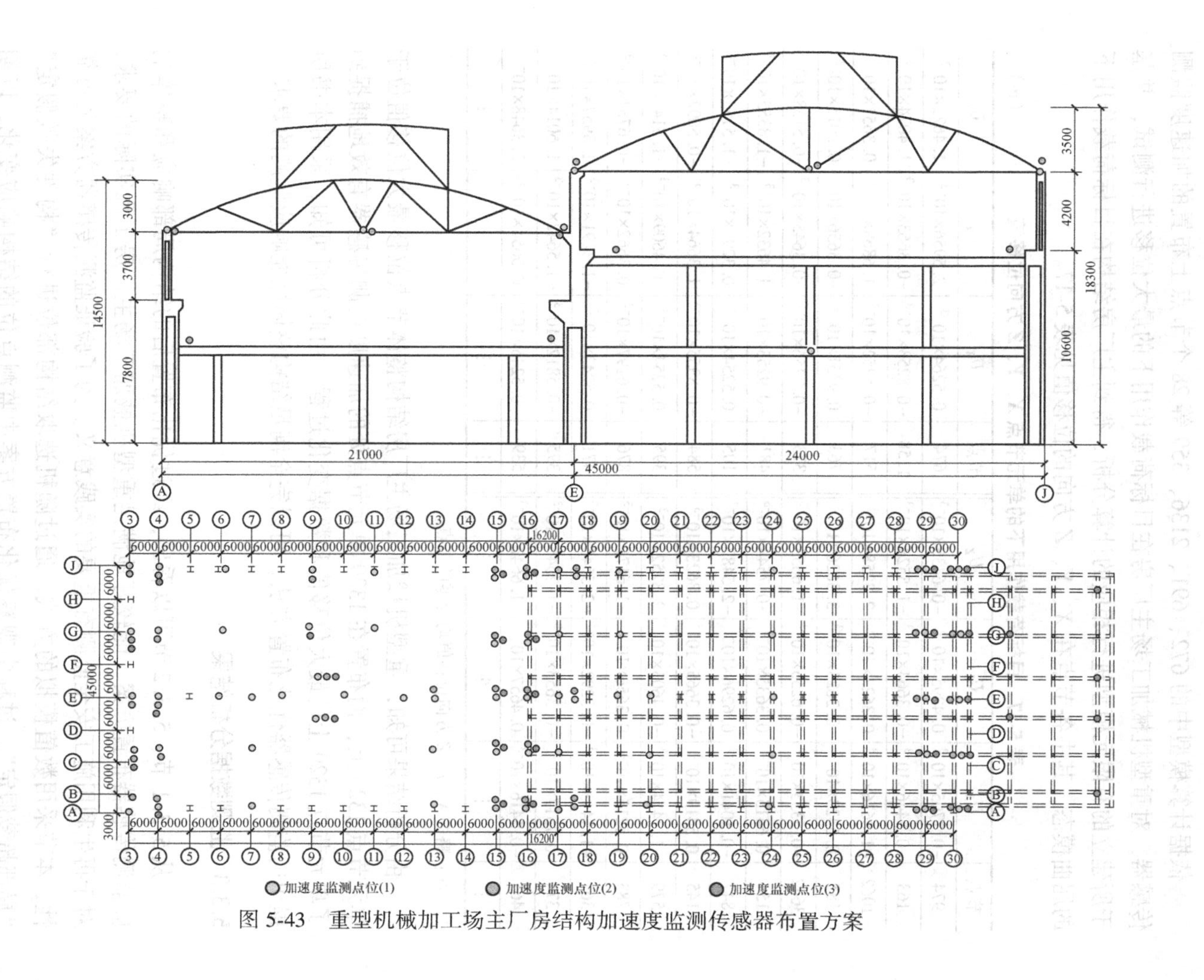

图 5-43 重型机械加工场主厂房结构加速度监测传感器布置方案

5.3.2.5 加速度监测传感器布置方案结果分析

依据计算模型中的 672、691、2136、359 等 28 个节点上布置的加速度监测传感器，对重型机械加工场主厂房在目标荷载作用下的最大位移进行测试，并基于所建立的有限元模型进行相应的计算分析，得到主厂房结构在目标荷载作用下的屈曲模态，其中各节点在 X、Y、Z 方向的位移值见表 5-17。

表 5-17 目标荷载作用下的单元节点 X、Y、Z 方向位移值 (m)

节点	U_X	U_Y	U_Z	节点	U_X	U_Y	U_Z
974	-0.7705×10^{-3}	0.4295×10^{-3}	-0.6435×10^{-3}	674	0.5264×10^{-3}	2.5956×10^{-3}	1.4623×10^{-3}
163	-0.5446×10^{-3}	-0.3664×10^{-3}	-1.5524×10^{-3}	1158	-0.8253×10^{-3}	-0.3663×10^{-3}	1.4074×10^{-3}
1062	-1.8616×10^{-3}	0.3623×10^{-3}	2.3258×10^{-3}	517	-0.5252×10^{-3}	1.6868×10^{-3}	0.3651×10^{-3}
185	0.5423×10^{-3}	-0.3623×10^{-3}	3.3626×10^{-3}	763	0.9251×10^{-3}	-0.3656×10^{-3}	0.8015×10^{-3}
3642	-0.5353×10^{-3}	-0.6256×10^{-3}	-1.6653×10^{-3}	373	-0.7256×10^{-3}	-0.3645×10^{-3}	-0.5158×10^{-3}
154	0.6415×10^{-3}	0.3635×10^{-3}	-0.7544×10^{-3}	481	-0.9253×10^{-3}	1.4632×10^{-3}	-1.8355×10^{-3}
847	-0.5041×10^{-3}	0.6296×10^{-3}	-2.5487×10^{-3}	105	0.5254×10^{-3}	0.3295×10^{-3}	-1.5153×10^{-3}
145	0.5419×10^{-3}	-0.3665×10^{-3}	0.3623×10^{-3}	584	-0.8355×10^{-3}	1.3664×10^{-3}	-0.5092×10^{-3}
579	-1.7414×10^{-3}	-0.4603×10^{-3}	2.3252×10^{-3}	395	0.5254×10^{-3}	-0.4609×10^{-3}	-1.5142×10^{-3}
783	0.5215×10^{-3}	0.3656×10^{-3}	-1.6175×10^{-3}	876	-0.6197×10^{-3}	0.3662×10^{-3}	-0.6784×10^{-3}
367	-1.5413×10^{-3}	-0.3292×10^{-3}	-2.5545×10^{-3}	471	0.5243×10^{-3}	-1.3291×10^{-3}	1.3957×10^{-3}
374	0.7517×10^{-3}	-0.3653×10^{-3}	-1.7546×10^{-3}	395	-0.5812×10^{-3}	-1.5642×10^{-3}	1.6014×10^{-3}
461	-0.5416×10^{-3}	0.4657×10^{-3}	-1.6642×10^{-3}	539	-0.5245×10^{-3}	0.5654×10^{-3}	2.3648×10^{-3}
⋮	⋮	⋮	⋮	⋮	⋮	⋮	⋮

注：略去 X、Y、Z 方向位移值均为零的节点。

由分析结果可知，重型机械加工场主厂房结构整体节点位移最大位移值位于单元节点 1329 上，而布置在 1329 单元节点处的加速度监测传感器有效地捕捉到了单元节点 1329 上的最大位移值和数据变化过程。由此分析可知，采用本书所提出的监测传感器优化布置方法，可以完全满足结构整体性能响应监测的要求。

5.3.3 监测数据分析结果

从 5.3.1 节、5.3.2 节可以看出，经过优化布置后的结构局部响应和整体响应监测传感器布置方案，能较好地满足重型机械加工场主厂房工程实际的要求，对于再生利用施工安全监测有重要的实践意义。为了验证监测传感器方案的可靠性，本节采用数值模拟的方式，通过随机选取结构部位进行“构件失效假定”“局部超载假定”，过程中观察优化布置方案中监测点位的结构响应变化，以期从侧面验证优化布置方案监测传感器的数据可信性。

5.3.3.1 构件失效假定监测传感器数据分析

重型机械加工场主厂房在再生利用施工过程中，存在部分受损构件拆除、屋面板更换等工作内容，整个施工过程不仅会造成拆除部分的构件“失效”，还会导致整个结构传力系统的内力重新分布，最先反映到结构拆除、更换区域的结构构件中，而监测传感器需要能有效地识别诸如拆除、更换构件等作业带来的应力、变形等变化的影响量，才能及时有效地为后续安全预控提供数据基础。本节随机拟定2-3/A-B、14-15/C-D、18-19/D-E等几个具有代表性的区域进行构件失效模拟（逐级降低其等效截面来模拟其失效过程），试验结果见表5-18。

表5-18　构件失效假定验证分析　(%)

	失效区域	失效30%	失效50%	失效70%	失效100%
数据覆盖率	2-3/A-B	91.09	88.18	93.06	91.01
	14-15/C-D	98.24	88.06	90.14	94.05
	18-19/D-E	98.28	97.24	96.14	93.16
	26-27/E-F	93.09	89.32	90.14	98.11
	29-30/F-J	89.04	91.24	90.27	90.21

从表5-18的分析结果可知，本书建立的传感器优化布置方案能准确、高效地监测到因结构构件失效而引起的相应区域的结构响应变化，且误差在允许范围内，监测数据可信程度高。以29-30/A-J举例分析模拟过程，假定29-30/A-J区域中屋架的部分上部连梁因受损严重拟定对其进行拆除更换，具体操作过程是在模型中对拟定构件的等效截面按照逐级缩减的方法（100%→70%→40%→0%）模拟其失效过程即拆除过程。结果表明，部分构件失效过程中，该失效构件区域最近的变形监测传感器和应变监测传感器均可以有效地识别出因构件失效导致内力重分布而造成的区域构件变形量和应力值陡然增大，如图5-44、图5-45所示。

图5-44　结构超载假定后结构整体构件变形情况显示

图 5-45 结构局部超载假定后结构构件变形情况显示（局部）

（a）局部变形情况显示；（b）监测传感器布置情况

5.3.3.2 局部超载假定监测传感器数据分析

重型机械加工场主厂房再生利用施工期间，在内部增层、外部扩建过程中，存在楼板上部因施工进度延误、工人误操作等原因导致的过度集中堆载而出现的局部构件应力集中的现象，最先反映到结构比较敏感的构件上，而监测传感器需要能有效地识别过度堆载或荷载变换导致的局部构件应力增大量、不协调变形量、裂缝开展情况等，才能及时有效地为后续安全预控提供数据基础。本节随机拟定 26-27/E-F、29-30/A-B、2-3/F-J 等几个具有代表性的区域进行局部超载假定模拟（逐级增加局部区域的荷载值来模拟其过载过程），试验结果见表 5-19。

表 5-19 局部超载假定验证分析 （%）

	加载区域	一级加载 50%	二级加载 100%	三级加载 120%
数据覆盖率	26-27/E-F	93.23	91.11	89.11
	29-30/A-B	97.17	97.10	90.14
	2-3/F-J	96.15	92.33	92.08
	14-15/C-D	91.21	96.01	92.15
	18-19/D-E	95.03	89.16	89.18

从表 5-19 的分析结果可知，本书建立的传感器优化布置方案能准确、高效地监测到因楼板局部超载而引起的相应区域的结构响应变化，且误差在允许范围内，监测数据可信程度高。以 29-30/A-J 举例分析模拟过程，假定 29-30/A-J 区域因工期延误，楼板上部临时堆载了大量的钢构件和水泥等，具体操作过程是在模型对应区域进行竖向压力荷载等效逐级加载（50%→100%→120%），加载过

程表明，加载影响区域最近的构件变形监测传感器和应变监测传感器均可以有效识别出荷载变化造成的区域构件变形量和应力增大的变化量，如图 5-46、图 5-47 所示。

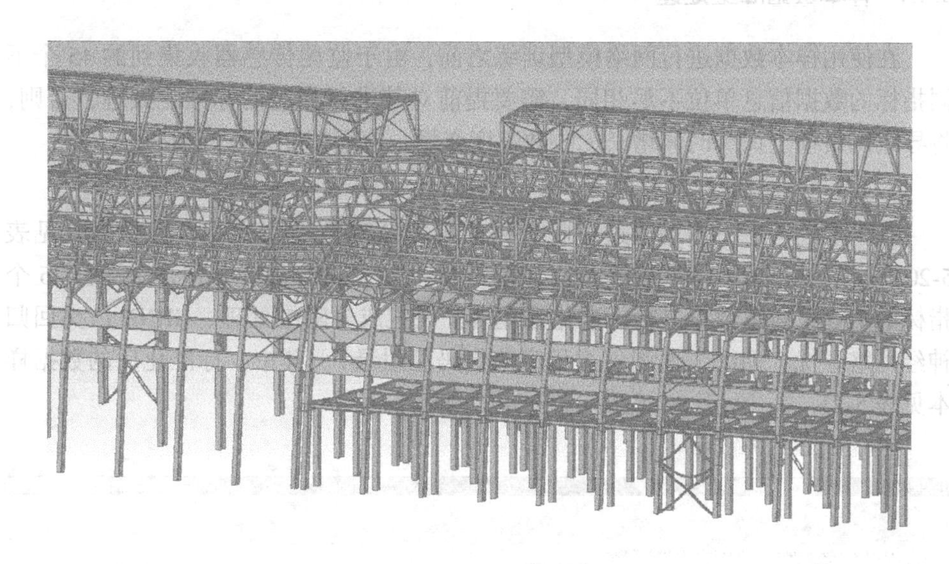

图 5-46　结构超载假定后结构构件整体应力情况显示

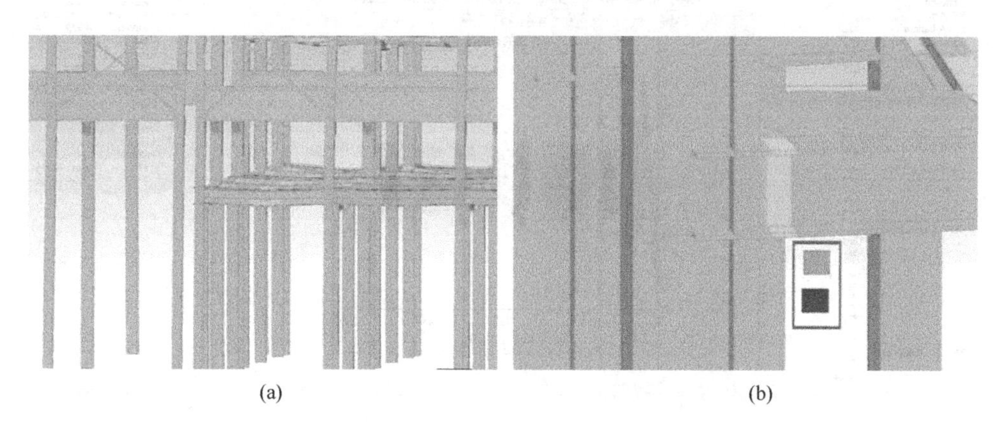

(a)　(b)

图 5-47　结构局部超载假定后结构构件应力情况显示
(a) 局部应力情况显示；(b) 监测传感器布置情况

结果表明，本书所建立的监测传感器优化布置方案可以有效识别出因构件拆除、屋面板更换等工作内容引起的传力构件应力、应变变化；监测传感器不仅可以为有限元模型进一步的修正提供参考，而且可以对关键参数的数据变化进行有效读取，为后续再生利用施工安全预控分析提供实时的数据支持。

5.4 施工安全预控分析

5.4.1 样本数据降维处理

在使用样本数据进行网络模型训练之前，由于监测传感器收集到的 45 个不同指标的数据信息单位不尽相同，需要提前对其进行相应的标准化处理，否则，将导致网络模型训练时间增长、收敛速度变慢、模型精度变低等问题。

5.4.1.1 数据标准化处理

基于上述考虑，本书通过对收集到的现场监测数据（原始样本数据，见表 5-20）基于 Matlab2014 软件平台（如图 5-48 所示）进行加载处理，对涵盖 45 个指标的 186 组样本数据进行标准化处理后开展主成分降维处理、GRNN 广义回归神经网络寻优、训练、预测（主程序伪代码见附录）。其中，标准化后的数据样本见表 5-21。

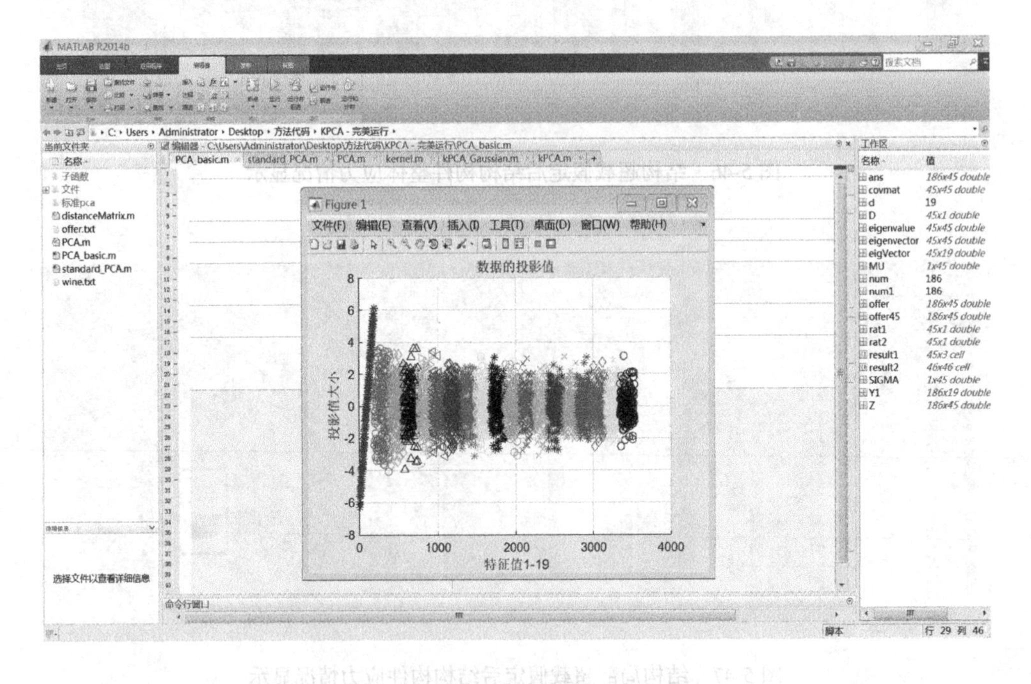

图 5-48 基于 Matlab2014 工作平台的数据降维分析

5.4.1.2 主元分析法 PCA 降维处理

得到标准化矩阵之后，分析求解 45 个预控指标的相关系数矩阵 covmat 的计算值（矩阵太大，篇幅有限，不再直接给出），如图 5-49 所示。并求得相关系数矩阵 covmat 的特征值和特征向量，如图 5-50 所示。

表 5-20 原始样本数据

日期	D_1	D_2	D_3	D_4	D_5	D_6	D_7	D_8	…	D_{178}	D_{179}	D_{180}	D_{181}	D_{182}	D_{183}	D_{184}	D_{185}	D_{186}
核心构件水平变形累计量 S_{11a}/mm	2.00	2.10	2.10	2.10	2.10	2.10	2.10	2.20	…	7.40	7.50	7.60	7.60	7.60	7.60	7.60	7.60	7.60
次要构件水平变形累计量 S_{11b}/mm	2.10	2.10	2.10	2.10	2.10	2.20	2.20	2.20	…	5.90	5.90	5.90	5.90	5.90	6.00	6.10	6.10	6.10
一般构件水平变形累计量 S_{11c}/mm	2.10	2.10	2.10	2.10	2.10	2.10	2.10	2.10	…	5.50	5.50	5.60	5.60	5.60	5.60	5.60	5.60	5.60
核心构件竖向变形累计量 S_{12a}/mm	1.10	1.20	1.20	1.30	1.40	1.40	1.40	1.50	…	13.20	13.20	13.30	13.40	13.40	13.70	13.70	13.80	13.90
次要构件竖向变形累计量 S_{12b}/mm	1.10	1.20	1.20	1.20	1.30	1.30	1.30	1.30	…	6.50	6.50	6.50	6.60	6.60	6.60	6.60	6.70	6.70
一般构件竖向变形累计量 S_{12c}/mm	1.10	1.20	1.20	1.20	1.20	1.20	1.20	1.20	…	3.50	3.50	3.50	3.50	3.50	3.50	3.50	3.50	3.50
核心构件应力值 $S_{13a}/N \cdot mm^{-2}$	15.74	13.76	21.63	16.96	17.78	19.69	20.72	19.70	…	15.22	12.65	21.87	15.45	22.02	20.95	15.83	13.84	21.46
次要构件应力值 $S_{13b}/N \cdot mm^{-2}$	196.55	195.14	196.81	200.11	197.15	197.04	197.92	194.88	…	195.09	194.94	201.64	195.38	200.05	201.09	199.75	198.77	194.90
核心构件裂缝宽度 S_{14a}/mm	0.02	0.02	0.02	0.02	0.02	0.02	0.02	0.02	…	0.23	0.23	0.23	0.23	0.23	0.23	0.23	0.23	0.23
次要构件裂缝宽度 S_{14b}/mm	0.01	0.02	0.02	0.02	0.02	0.02	0.02	0.02	…	0.23	0.24	0.24	0.24	0.24	0.24	0.24	0.24	0.24

续表 5-20

日期	D_1	D_2	D_3	D_4	D_5	D_6	D_7	D_8	…	D_{178}	D_{179}	D_{180}	D_{181}	D_{182}	D_{183}	D_{184}	D_{185}	D_{186}
核心构件振动频率 S_{15}/Hz	0.58	0.77	0.45	0.70	0.54	0.47	0.61	0.45	…	0.56	0.49	0.76	0.43	0.41	0.75	0.49	0.44	0.70
整体倾斜值 S_{21}/‰	-0.22	-0.26	-0.25	-0.25	-0.23	-0.22	-0.22	-0.21	…	0.79	0.79	0.81	0.82	0.82	0.82	0.83	0.84	0.84
沉降累计量 S_{22}/mm	1.20	1.30	1.40	1.50	1.70	1.70	1.70	1.70	…	12.70	12.80	12.80	13.00	13.00	13.10	13.10	13.20	13.20
沉降差异量 S_{23}/mm	0.09	-0.40	-0.07	-2.02	1.22	1.25	-0.40	1.25	…	2.26	-1.51	-0.26	-1.04	-0.68	-2.24	-1.36	0.75	-0.26
沉降速率 $S_{24}/mm \cdot d^{-1}$	0.02	0.01	0.02	0.02	0.01	0.02	0.03	0.03	…	0.04	0.02	0.03	0.01	0.01	0.00	0.01	0.02	0.01
支座侧移量 S_{25}/mm	0.70	0.80	0.90	0.90	0.90	0.90	0.90	0.90	…	5.10	5.10	5.10	5.20	5.20	5.20	5.30	5.30	5.30
支座应力值 $S_{26}/N \cdot mm^{-2}$	216.50	216.82	217.32	221.63	217.22	213.65	217.30	213.85	…	215.96	216.35	222.91	213.70	221.96	222.08	219.37	220.25	215.17
结构加速度 S_{27}/Hz	0.12	0.25	0.33	0.31	0.30	0.38	0.39	0.09	…	0.17	0.10	0.28	0.32	0.15	0.19	0.31	0.37	0.29
承载力最大值 $S_{28}/N \cdot mm^{-2}$	219.40	217.96	218.52	222.06	218.29	218.57	220.62	217.84	…	217.01	216.75	223.16	217.26	222.15	222.34	222.44	221.18	217.43
挑空、悬空持续时间 S_{29}/h	2.17	2.33	4.92	3.42	4.92	3.58	2.42	5.00	…	2.75	2.58	1.33	4.17	4.83	1.67	6.00	2.25	4.00

续表 5-20

日期	D_1	D_2	D_3	D_4	D_5	D_6	D_7	D_8	…	D_{178}	D_{179}	D_{180}	D_{181}	D_{182}	D_{183}	D_{184}	D_{185}	D_{186}
影响区域构件补强程度 S_{30}/%	118.00	116.00	98.00	118.00	116.00	125.00	115.00	98.00	…	101.00	100.00	130.00	117.00	111.00	108.00	128.00	112.00	120.00
防倾覆装置作用时间 S_{31}/h	26.00	28.00	59.00	41.00	59.00	43.00	29.00	60.00	…	33.00	31.00	16.00	50.00	58.00	20.00	72.00	27.00	48.00
相邻构件竖向变形差值 S_{32}/mm	4.37	5.53	5.22	6.09	5.62	6.90	5.26	7.87	…	6.09	6.52	3.63	6.41	3.93	2.91	6.30	6.10	7.83
传力节点处的应力值 S_{33}/N·mm^{-2}	218.00	215.72	216.04	221.30	215.61	216.45	219.59	215.84	…	215.36	214.50	220.54	216.07	220.66	220.14	220.71	219.86	216.11
新旧连接处（节点）的应力值 S_{34}/kN	185.10	203.90	199.94	198.19	204.29	179.23	194.08	205.56	…	197.19	202.21	197.93	205.07	198.77	186.83	184.38	183.73	197.98
新旧连接处（节点）的变形累积量 S_{35}/mm	0.70	0.70	0.80	0.80	0.90	0.90	0.90	1.00	…	12.10	12.10	12.20	12.20	12.20	12.20	12.20	12.30	12.40
新旧连接处（节点）的振动频率 S_{36}/Hz	5.42	4.37	6.21	6.53	4.14	6.72	5.44	6.69	…	5.16	5.90	6.88	4.41	5.60	4.31	4.99	6.97	6.53
单次开挖深度 S_{37}/m	1.50	1.50	1.50	1.50	1.50	1.50	1.50	1.50	…	1.50	1.50	1.50	1.50	1.50	1.50	1.50	1.50	1.50
单次开挖面积 S_{38}/m^3	3.46	2.87	4.81	3.19	2.24	2.24	4.82	2.65	…	3.77	2.57	3.78	4.68	4.20	3.22	4.08	3.02	2.32
坑底暴露时间 S_{39}/h	11.00	13.00	19.00	18.00	12.00	18.00	19.00	12.00	…	13.00	11.00	13.00	14.00	19.00	14.00	11.00	12.00	11.00

续表 5-20

日期	D_1	D_2	D_3	D_4	D_5	D_6	D_7	D_8	…	D_{178}	D_{179}	D_{180}	D_{181}	D_{182}	D_{183}	D_{184}	D_{185}	D_{186}
坑边荷载 S_{310}/kPa	215.21	220.38	217.76	217.04	215.45	221.83	214.98	217.92	…	214.04	217.23	214.44	220.03	218.55	221.80	219.00	220.36	219.05
吊运设备起吊极限值 S_{311}/kN	1.23	1.63	1.29	1.40	1.35	1.76	2.07	1.83	…	1.69	2.09	1.22	1.93	1.93	1.94	1.22	1.93	1.90
吊索索力不均匀系数 S_{312}	1.35	1.08	1.31	1.22	1.13	1.40	1.19	1.11	…	1.49	1.29	1.14	1.40	1.03	1.46	1.03	1.48	1.34
离地后最大偏摆幅度 S_{313}/m	3.35	3.55	3.38	0.67	2.46	1.29	3.68	3.53	…	2.08	2.53	1.20	0.32	0.69	1.16	0.41	2.86	1.88
就位时最大变形量 S_{314}/m	10.86	5.52	4.92	9.37	9.58	5.08	8.40	10.32	…	11.65	14.22	10.37	7.97	5.29	12.69	6.86	8.33	10.85
临时荷载分布 S_4	-0.17	-0.43	-0.45	0.18	0.37	0.57	-0.24	-0.67	…	-0.66	-0.34	0.28	0.38	-0.32	0.19	-0.18	0.17	-0.26
临时荷载核算 S_{42}	0.59	0.41	0.12	0.17	0.77	0.19	0.52	0.68	…	0.32	0.05	0.73	0.97	0.26	0.73	0.56	0.23	0.48
荷载持续时间 S_{43}/h	5.17	1.77	1.51	3.22	3.13	3.22	8.37	7.50	…	7.40	5.71	7.44	7.85	7.41	5.65	5.93	1.27	3.62
支撑体系变形累计量 S_{44}/mm	2.40	4.71	4.44	3.82	5.10	6.67	5.14	4.20	…	4.66	5.42	4.68	5.63	6.43	6.15	6.29	6.89	7.85
支撑体系变形速率 S_{45}/mm·d^{-1}	1.55	2.31	1.28	1.69	2.57	3.26	1.03	2.31	…	2.54	2.03	1.80	2.98	2.60	2.70	2.73	3.30	3.70

续表 5-20

日期	D_1	D_2	D_3	D_4	D_5	D_6	D_7	D_8	…	D_{178}	D_{179}	D_{180}	D_{181}	D_{182}	D_{183}	D_{184}	D_{185}	D_{186}
支撑体系轴力 S_{46}/kN	184. 65	199. 91	186. 52	197. 43	189. 57	195. 62	178. 35	185. 03	…	186. 15	193. 53	192. 07	193. 84	183. 56	191. 30	186. 92	198. 85	191. 28
风速 S_{51}/m · s^{-1}	4. 22	9. 56	3. 40	8. 94	11. 24	4. 47	5. 51	8. 82	…	3. 73	8. 83	5. 75	6. 97	5. 81	3. 73	5. 27	4. 07	5. 69
风向 S_{52}	-0. 43	-0. 74	0. 48	-0. 22	0. 52	-0. 01	-0. 95	0. 19	…	-0. 94	-0. 30	0. 96	-0. 82	-0. 71	-0. 15	0. 87	0. 66	-1. 00
大气温度 S_{54}/℃	14. 94	16. 32	16. 40	14. 22	17. 45	16. 14	16. 09	14. 17	…	15. 94	15. 04	16. 28	15. 05	15. 86	14. 42	14. 52	17. 95	15. 13
施工温度差值 S_{55}/℃	22. 95	20. 04	20. 36	20. 03	20. 97	22. 84	22. 19	20. 34	…	21. 09	21. 21	21. 57	22. 01	20. 75	20. 82	20. 59	20. 68	20. 17

表 5-21 标准化后的样本数据

日期	D_1	D_2	D_3	D_4	D_5	D_6	D_7	D_8	…	D_{178}	D_{179}	D_{180}	D_{181}	D_{182}	D_{183}	D_{184}	D_{185}	D_{186}
S_{11a} /mm	-1. 7283	-1. 6659	-1. 6659	-1. 6659	-1. 6659	-1. 6659	-1. 6659	-1. 6035	…	1. 5156	1. 5156	1. 5156	1. 5156	1. 5156	1. 5780	1. 5780	1. 5780	1. 5780
S_{11b} /mm	-1. 6972	-1. 6972	-1. 6972	-1. 6972	-1. 6972	-1. 6089	-1. 6089	-1. 6089	…	1. 3951	1. 3951	1. 4835	1. 4835	1. 4835	1. 4835	1. 5718	1. 5718	1. 5718
S_{11c} /mm	-1. 8547	-1. 8547	-1. 8547	-1. 8547	-1. 8547	-1. 8547	-1. 8547	-1. 8547	…	1. 5497	1. 5497	1. 5497	1. 5497	1. 6631	1. 6631	1. 6631	1. 6631	1. 6631
S_{12a} /mm	-1. 7643	-1. 7346	-1. 7346	-1. 7049	-1. 6751	-1. 6751	-1. 6751	-1. 6454	…	1. 5958	1. 5958	1. 6553	1. 6553	1. 6553	1. 6850	1. 6850	1. 6850	1. 7148

续表 5-21

日期	D_1	D_2	D_3	D_4	D_5	D_6	D_7	D_8	…	D_{178}	D_{179}	D_{180}	D_{181}	D_{182}	D_{183}	D_{184}	D_{185}	D_{186}
S_{12b} /mm	-1.8233	-1.7562	-1.7562	-1.7562	-1.6892	-1.6892	-1.6892	-1.6892	…	1.5969	1.5969	1.5969	1.5969	1.5969	1.5969	1.6639	1.7310	1.7310
S_{12c} /mm	-1.8390	-1.6803	-1.6803	-1.6803	-1.6803	-1.6803	-1.6803	-1.6803	…	1.4942	1.4942	1.4942	1.6530	1.6530	1.6530	1.6530	1.8117	1.8117
S_{13a} /N · mm^{-2}	-0.5702	-1.1833	1.2538	-0.1924	0.0616	0.6530	0.9720	0.6561	…	-0.2946	-1.4775	0.6623	-0.7839	-1.5890	1.0123	-1.2422	-1.1214	1.6099
S_{13b} /N · mm^{-2}	-0.3679	-0.9679	-0.2572	1.1470	-0.1126	-0.1594	0.2151	-1.0785	…	-1.5040	1.8491	-1.1211	-0.7891	1.8108	0.9725	-1.7891	0.7300	-0.4572
S_{14a} /mm	-1.6302	-1.6302	-1.6302	-1.6302	-1.6302	-1.6302	-1.6302	-1.6302	…	1.5335	1.5335	1.5335	1.5335	1.5335	1.5335	1.5335	1.7000	1.7000
S_{14b} /mm	-1.8414	-1.6740	-1.6740	-1.6740	-1.6740	-1.6740	-1.6740	-1.6740	…	1.5083	1.5083	1.6758	1.6758	1.6758	1.6758	1.8432	1.8432	1.8432
S_{15} /Hz	0.0413	1.6272	-1.0438	1.0429	-0.2926	-0.8769	0.2917	-1.0438	…	-0.7099	-1.7950	-0.7099	-0.5430	-1.7115	1.2933	-0.1256	-1.2107	0.6256
S_{21} /‰	-1.5122	-1.6465	-1.6129	-1.6129	-1.5458	-1.5122	-1.5122	-1.4786	…	1.5783	1.5783	1.6119	1.6790	1.6790	1.6790	1.7126	1.7126	1.7462
S_{22} /mm	-1.7078	-1.6758	-1.6439	-1.6119	-1.5481	-1.5481	-1.5481	-1.5481	…	1.6786	1.7105	1.7105	1.7105	1.7105	1.7425	1.8064	1.8703	1.8703
S_{23} /mm	0.0757	-0.2731	-0.0382	-1.4263	0.8801	0.9015	-0.2731	0.9015	…	0.8516	-1.2768	1.6703	-0.2375	0.9015	0.7520	0.3462	-0.2090	1.1506
S_{24} /mm · d^{-1}	0.6799	-0.4103	0.6799	0.6799	-0.4103	0.6799	1.7701	1.7701	…	1.7701	0.6799	-1.5005	-1.5005	-0.4103	1.7701	0.6799	-0.4103	0.6799

续表 5-21

日期	D_1	D_2	D_3	D_4	D_5	D_6	D_7	D_8	…	D_{178}	D_{179}	D_{180}	D_{181}	D_{182}	D_{183}	D_{184}	D_{185}	D_{186}
S_{25} /mm	-1.7458	-1.6627	-1.5795	-1.5795	-1.5795	-1.5795	-1.5795	-1.5795	…	1.5787	1.6618	1.6618	1.6618	1.7449	1.7449	1.7449	1.7449	1.7449
S_{26} /N·mm^{-2}	-0.1583	-0.0386	0.1485	1.7614	0.1111	-1.2248	0.1411	-1.1500	…	-1.6365	1.9822	-0.3903	0.2982	0.9044	1.0317	-2.1155	0.1822	-0.9666
S_{27} /Hz	-0.8813	0.3605	1.1247	0.9337	0.8381	1.6023	1.6979	-1.1679	…	-1.7410	-0.7858	0.3605	1.4113	0.6471	1.2202	-0.0216	-1.3589	-0.1171
S_{28} /N·mm^{-2}	-0.0090	-0.6267	-0.3865	1.1321	-0.4851	-0.3650	0.5144	-0.6782	…	-1.6219	1.7626	-0.7811	-0.6610	1.7755	0.5959	-1.6433	1.0763	-0.3693
S_{29} /h	-0.8057	-0.7003	1.0055	0.0176	1.0055	0.1229	-0.6411	1.0582	…	0.0703	0.1229	-1.0823	0.4523	-1.5763	-1.0296	0.9462	-0.5357	1.3348
S_{30} /%	0.5133	0.3219	-1.3999	0.5133	0.3219	1.1829	0.2263	-1.3999	…	-0.6346	-1.3043	0.4176	0.3219	-1.3043	-1.5912	1.6612	-0.0607	-1.3043
S_{31} /h	-0.8080	-0.6983	1.0034	0.0153	1.0034	0.1251	-0.6434	1.0583	…	0.0702	0.1251	-1.0825	0.4545	-1.5765	-1.0276	0.9485	-0.5336	1.3328
S_{32} /mm	-0.0863	0.5108	0.3512	0.7990	0.5571	1.2159	0.3718	1.7152	…	-1.4298	0.8968	1.3240	1.0101	-0.2665	-1.2188	0.0578	-0.7504	-0.5239
S_{33} /N·mm^{-2}	0.0311	-0.9469	-0.8097	1.4467	-0.9941	-0.6338	0.7131	-0.8955	…	-1.5432	1.5367	-1.2515	-0.7453	1.5839	0.5373	-1.6547	0.9362	-0.5823
S_{34} /kN	-0.6367	1.4778	1.0324	0.8355	1.5216	-1.2969	0.3733	1.6645	…	1.3653	-0.1463	-1.4454	-0.0980	-1.2137	0.3890	-1.3734	-0.4646	-0.1126
S_{35} /mm	-1.6901	-1.6901	-1.6584	-1.6584	-1.6266	-1.6266	-1.6266	-1.5948	…	1.7082	1.7082	1.7082	1.7400	1.7400	1.7717	1.7717	1.8353	1.8353

续表 5-21

日期	D_1	D_2	D_3	D_4	D_5	D_6	D_7	D_8	…	D_{178}	D_{179}	D_{180}	D_{181}	D_{182}	D_{183}	D_{184}	D_{185}	D_{186}
S_{36} /Hz	-0.2322	-1.4164	0.6587	1.0196	-1.6758	1.2339	-0.2097	1.2001	…	0.8843	-0.8525	-0.6495	-1.1119	-0.7172	-0.1646	1.2339	0.4670	1.1098
S_{37} /m	0.0000	0.0000	0.0000	0.0000	0.0000	0.0000	0.0000	0.0000	…	0.0000	0.0000	0.0000	0.0000	0.0000	0.0000	0.0000	0.0000	0.0000
S_{38} /m^3	0.0283	-0.6721	1.6308	-0.2922	-1.4200	-1.4200	1.6427	-0.9333	…	1.4053	-1.7049	-0.7671	0.6812	0.8948	-0.4940	-1.3487	-0.8858	-1.1232
S_{39} /h	-1.7297	-0.9554	1.3675	0.9804	-1.3425	0.9804	1.3675	-1.3425	…	0.2061	0.9804	0.9804	-0.9554	-1.7297	-0.1811	0.9804	1.3675	0.2061
S_{310} /kPa	-1.0995	1.1517	0.0109	-0.3026	-0.9950	1.7831	-1.1996	0.0806	…	-1.2040	0.5944	-0.9079	-0.0588	-0.2243	0.0762	0.5204	-1.5306	-0.4812
S_{311} /kN	-1.6822	-0.3029	-1.4753	-1.0960	-1.2684	0.1453	1.2143	0.3867	…	-0.1305	1.6281	0.0419	0.0074	-1.3374	0.1109	-0.1650	1.5246	-0.3374
S_{312}	0.6461	-1.2360	0.3673	-0.2601	-0.8875	0.9946	-0.4692	-1.0269	…	-0.2601	0.2279	0.2976	0.9249	-1.0269	-1.0269	1.2038	-1.6542	0.0884
S_{313} /m	1.0610	1.2343	1.0870	-1.2620	0.2895	-0.7246	1.3470	1.2170	…	0.4889	0.9050	0.0295	0.4542	1.4597	-1.7301	1.1563	0.6536	0.3329
S_{314} /m	0.4396	-0.6777	-0.8033	0.1279	0.1718	-0.7698	-0.0751	0.3266	…	-1.0606	-1.0062	-0.3764	-1.3515	-0.4203	-0.9058	-0.7740	1.6951	0.6593
S_4	-0.3871	-1.0544	-1.1057	0.5113	0.9989	1.5122	-0.5667	-1.6704	…	0.9476	0.8706	-0.1817	-0.6951	-0.6181	-1.0800	-0.0021	-0.7207	1.3582
S_{42}	0.2408	-0.4222	-1.4903	-1.3061	0.9037	-1.2325	-0.0170	0.5723	…	0.7564	-0.1275	1.6404	-1.1956	0.2408	0.7196	-1.5271	1.0142	-0.8641

续表 5-21

日期	D_1	D_2	D_3	D_4	D_5	D_6	D_7	D_8	…	D_{178}	D_{179}	D_{180}	D_{181}	D_{182}	D_{183}	D_{184}	D_{185}	D_{186}
S_{43} /h	0. 0611	-1. 3935	-1. 5047	-0. 7731	-0. 8116	-0. 7731	1. 4302	1. 0580	…	1. 1350	-1. 1539	1. 6826	-1. 2651	1. 3703	-0. 9314	0. 3264	-1. 6288	1. 5371
S_{44} /mm	-2. 8984	-0. 9754	-1. 2001	-1. 7163	-0. 6507	0. 6563	-0. 6174	-1. 3999	…	0. 3899	1. 9216	0. 3482	-1. 2917	0. 2400	1. 3472	0. 5064	0. 0985	-0. 1512
S_{45} /mm · d^{-1}	-1. 1539	-0. 2520	-1. 4743	-0. 9878	0. 0566	0. 8755	-1. 7710	-0. 2520	…	1. 7062	1. 0179	-0. 5487	-1. 3082	1. 6350	0. 2702	0. 4364	-0. 3232	0. 0803
S_{46} /kN	-0. 9513	0. 8194	-0. 7343	0. 5316	-0. 3804	0. 3216	-1. 6823	-0. 9072	…	-1. 6173	0. 4284	1. 1640	-1. 2147	0. 9656	0. 9006	-0. 1379	-1. 1811	0. 7184
S_{51} /m · s^{-1}	-1. 3602	0. 5190	-1. 6488	0. 3008	1. 1102	-1. 2722	-0. 9063	0. 2586	…	0. 8814	0. 4803	-1. 1280	1. 6064	1. 0891	0. 3113	-1. 2371	0. 5894	-1. 4623
S_{52}	-0. 7790	-1. 2976	0. 7434	-0. 4277	0. 8103	-0. 0764	-1. 6489	0. 2582	…	-1. 3310	-0. 5448	-0. 6284	0. 4422	0. 6263	1. 1783	-0. 2102	1. 4293	0. 2917
S_{54} /℃	-0. 8992	0. 2601	0. 3273	-1. 5041	1. 2094	0. 1089	0. 0669	-1. 5461	…	-1. 4957	-0. 7480	-0. 2355	-0. 4708	-0. 4624	-1. 1176	-1. 4789	-0. 6724	1. 5370
S_{55} /℃	1. 6977	-1. 8277	-1. 4400	-1. 8398	-0. 7010	1. 5644	0. 7770	-1. 4643	…	-1. 3916	0. 1228	-0. 3255	1. 1041	-0. 4587	0. 7527	0. 9466	0. 9950	0. 9102

	1	2	3	4	5	6	7	8	9	10	11	12	13	14	15	16	17	18
1	1.0000	0.9975	0.9964	0.9968	0.9962	0.9967	-0.0387	0.0147	0.9968	0.9963	-0.1361	0.9963	0.9939	0.1372	0.0469	0.9965	0.0465	-0.1252
2	0.9975	1.0000	0.9947	0.9946	0.9949	0.9953	-0.0353	0.0228	0.9973	0.9945	-0.1352	0.9961	0.9901	0.1384	0.0429	0.9949	0.0500	-0.1206
3	0.9964	0.9947	1.0000	0.9959	0.9964	0.9975	-0.0316	0.0302	0.9948	0.9958	-0.1410	0.9923	0.9919	0.1340	0.0427	0.9939	0.0538	-0.1200
4	0.9968	0.9946	0.9959	1	0.9971	0.9971	-0.0339	0.0181	0.9955	0.9975	-0.1465	0.9962	0.9966	0.1459	0.0515	0.9979	0.0507	-0.1257
5	0.9962	0.9949	0.9964	0.9971	1	0.9977	-0.0347	0.0259	0.9960	0.9969	-0.1438	0.9946	0.9951	0.1450	0.0450	0.9959	0.0555	-0.1275
6	0.9967	0.9953	0.9975	0.9971	0.9977	1	-0.0306	0.0270	0.9963	0.9972	-0.1422	0.9941	0.9939	0.1344	0.0458	0.9955	0.0552	-0.1189
7	-0.0387	-0.0353	-0.0316	-0.0339	-0.0347	-0.0306	1	-0.0602	-0.0491	-0.0366	-0.0616	-0.0384	-0.0309	-0.0912	0.1209	-0.0331	-0.0111	0.1052
8	0.0147	0.0228	0.0302	0.0181	0.0259	0.0270	-0.0602	1.0000	0.0276	0.0180	3.5623...	0.0225	0.0204	-0.1477	-0.0653	0.0197	0.8217	0.0716
9	0.9968	0.9973	0.9948	0.9955	0.9960	0.9963	-0.0491	0.0276	1.0000	0.9958	-0.1450	0.9951	0.9918	0.1384	0.0419	0.9946	0.0564	-0.1220
10	0.9963	0.9945	0.9958	0.9975	0.9969	0.9972	-0.0366	0.0180	0.9958	1.0000	-0.1387	0.9948	0.9950	0.1427	0.0448	0.9961	0.0504	-0.1262
11	-0.1361	-0.1352	-0.1410	-0.1465	-0.1438	-0.1422	-0.0616	3.5623...	-0.1450	-0.1387	1.0000	-0.1444	-0.1474	-0.1031	-0.0233	-0.1445	0.0180	0.0631
12	0.9963	0.9961	0.9923	0.9962	0.9946	0.9941	-0.0384	0.0225	0.9951	0.9948	-0.1444	1.0000	0.9957	0.1529	0.0507	0.9984	0.0481	-0.1290
13	0.9939	0.9901	0.9919	0.9966	0.9951	0.9939	-0.0309	0.0204	0.9918	0.9950	-0.1474	0.9957	1.0000	0.1529	0.0533	0.9971	0.0519	-0.1300
14	0.1372	0.1384	0.1340	0.1459	0.1450	0.1344	-0.0912	-0.1477	0.1384	0.1427	-0.1031	0.1529	0.1529	1.0000	0.0431	0.1509	-0.1642	0.0386
15	0.0469	0.0429	0.0427	0.0515	0.0450	0.0458	0.1209	-0.0653	0.0419	0.0448	-0.0233	0.0507	0.0533	0.0431	1.0000	0.0547	-0.0222	0.0074
16	0.9965	0.9949	0.9939	0.9979	0.9959	0.9955	-0.0331	0.0197	0.9946	0.9961	-0.1445	0.9984	0.9971	0.1509	0.0547	1.0000	0.0461	-0.1260
17	0.0465	0.0500	0.0538	0.0507	0.0555	0.0552	-0.0111	0.8217	0.0564	0.0504	0.0180	0.0481	0.0519	-0.1642	-0.0222	0.0461	1	0.1149
18	-0.1252	-0.1206	-0.1200	-0.1257	-0.1275	-0.1189	0.1052	0.0716	-0.1220	-0.1262	0.0631	-0.1290	-0.1300	0.0386	0.0074	-0.1260	0.1149	1.0000
19	-0.0050	0.0016	0.0116	-0.0011	0.0070	0.0087	-0.0590	0.9708	0.0079	-3.142...	0.0462	4.5310...	7.9204...	-0.1570	-0.0462	-0.0013	0.8357	0.0851
20	0.0965	0.0956	0.0879	0.0976	0.0929	0.0946	-0.0620	0.0466	0.0942	0.1006	-0.1176	0.0958	0.0961	0.0433	0.0310	0.0949	-0.0044	1.8704...
21	-0.0313	-0.0258	-0.0366	-0.0309	-0.0350	-0.0311	0.0205	-0.1019	-0.0308	-0.0277	0.1553	-0.0398	-0.0409	1.4672...	-0.1259	-0.0336	-0.1657	-0.0080
22	0.0968	0.0959	0.0882	0.0979	0.0932	0.0949	-0.0621	0.0468	0.0945	0.1009	-0.1176	0.0961	0.0965	0.0434	0.0309	0.0952	-0.0042	1.6275...
23	-0.1486	-0.1416	-0.1527	-0.1488	-0.1476	-0.1539	-0.0195	-0.0918	-0.1409	-0.1406	-0.0011	-0.1423	-0.1463	-0.0856	-0.0016	-0.1454	-0.0088	-0.0965
24	-0.0043	0.0021	0.0127	-0.0017	0.0064	0.0089	-0.0493	0.9553	0.0073	-4.514...	0.0431	-0.0028	-0.0013	-0.1787	-0.0533	-0.0044	0.8132	0.0725

图 5-49　相关系数矩阵

	1	2	3	4	5	6	7	8	9	10	11	12	13	14	15	16	17	18
1	1.9596...	-0.0018	0.2038	0.3234	0.3345	0.3405	-0.2897	-0.2475	0.4384	0.2122	-0.3307	-0.1374	0.0711	0.1606	0.0155	-0.0056	-0.0119	-0.0050
2	-2.789...	0.0021	-0.4616	-0.0508	-0.4888	-0.1886	-0.2565	-0.1267	-0.0135	-0.0204	-0.0937	-0.3324	0.2347	0.4106	-0.0124	-0.0209	-0.0019	0.0057
3	1.7849...	7.3396...	0.0522	-0.1682	0.0764	-0.3653	0.3891	0.0570	0.1187	-0.1249	-0.5510	0.4526	0.1105	0.1931	0.0335	-0.0349	-0.0114	0.0108
4	6.3120...	0.0015	0.1957	0.4802	-0.2210	-0.1133	-0.2582	0.6582	-0.2102	0.0616	-0.1076	0.0687	-0.0852	-0.1196	0.0105	0.0091	-0.0065	0.0044
5	-1.413...	0.0017	0.1577	-0.1661	0.1719	-0.2088	-0.4737	-0.0538	0.1896	-0.4957	0.4467	0.2803	0.0349	0.0411	0.0240	-0.0072	0.0056	0.0128
6	4.4336...	-0.0045	-0.0231	-0.0251	-0.2974	0.7572	0.2107	-0.0044	-0.1569	-0.2242	0.1017	0.3203	0.0774	0.1141	0.0246	-0.0036	-0.0184	0.0096
7	5.4496...	-1.080...	0.0035	-5.672...	0.0046	-5.409...	4.2482...	0.0037	0.0051	0.0110	0.0048	-0.0034	0.0057	0.0054	-0.0093	-0.0191	-0.0122	0.3311
8	2.3978...	4.7616...	0.0049	0.0118	-0.0033	0.0041	-0.0196	-0.0088	8.1179...	0.0346	0.0137	0.0785	-0.2485	0.1688	-0.7510	-0.2608	0.0034	0.0072
9	1.5326...	-0.0034	-0.0428	-0.0355	0.2266	-0.0578	0.3728	0.3192	0.1907	0.4152	0.5325	-0.0938	0.1921	0.2805	0.0056	-0.0089	-0.0172	0.0031
10	-4.916...	0.0057	0.0234	0.1634	0.1208	-0.1748	-0.0595	-0.5081	-0.5960	0.3755	0.1243	0.2572	-0.0193	-0.0388	0.0454	0.0101	-0.0023	0.0124
11	2.2788...	-2.760...	0.0017	7.7727...	4.2264...	3.6887...	0.0037	0.0072	0.0023	-2.542...	0.0051	0.0038	-0.0152	0.0048	-0.0387	-0.0013	0.0578	0.2696
12	1.0840...	2.5515...	0.6398	-0.2198	-0.1214	-0.0568	0.2217	-0.1151	-0.1873	-0.1826	-0.0239	-0.5464	0.0186	-0.0550	-0.0847	-0.0178	-0.0019	0.0106
13	-9.608...	8.6790...	-0.2449	0.4117	-0.1759	-0.1512	0.3537	-0.2526	0.3465	-0.1880	0.1498	-0.0754	-0.2831	-0.4249	-0.0198	-0.0011	-0.0086	0.0125
14	5.1835...	-2.571...	6.7368...	0.0086	0.0037	0.0050	0.0046	-1.891...	0.0027	-8.889...	-0.0047	0.0028	-0.0040	0.0278	0.0107	0.0475	0.1043	0.3653
15	-1.548...	5.8986...	0.0011	-0.0030	-0.0028	-0.0018	0.0026	-0.0041	1.4156...	-1.632...	0.0038	0.0028	-0.0016	0.0086	-0.0036	-0.0093	-0.0510	-0.2847
16	-9.496...	-0.0014	-0.4520	-0.1304	0.5693	0.1324	-0.0041	0.2010	-0.3166	-0.2572	-0.1625	-0.2799	-0.0677	-0.1802	-0.0690	-0.0190	-6.893...	0.0074
17	-7.091...	-7.614...	-0.0027	-0.0028	0.0092	-0.0071	0.0178	-2.603...	-1.150...	-0.0222	-0.0149	-0.0081	-0.0084	0.0349	0.0120	0.8328	0.1470	-0.0281
18	-1.055...	6.3706...	0.0034	-0.0044	-7.257...	-0.0033	-0.0029	-0.0012	0.0019	1.7459...	3.8178...	5.9045...	-0.0149	-0.0085	0.0070	-0.0726	-0.0418	-0.3489
19	-1.756...	1.3323...	-0.0141	0.0072	-0.0263	0.0017	-0.0255	-0.0054	0.0319	0.0310	-0.0166	0.0105	0.6737	-0.4459	0.1151	-0.2338	-0.0548	0.0638
20	-1.400...	0.7071	-9.183...	-0.0042	5.8690...	0.0034	0.0051	0.0043	0.0054	-0.0026	-0.0013	-0.0020	0.0120	-0.0064	0.0087	0.0273	0.0016	-0.0076
21	8.3069...	-6.272...	0.0056	-0.0024	1.5983...	-0.0013	0.0100	-0.0021	0.0060	-0.0090	-0.0038	-0.0030	-0.0047	-0.0075	0.0237	0.0293	0.0628	-0.1287
22	1.4006...	-0.7071	-4.894...	-0.0010	-8.335...	-0.0058	0.0011	-5.731...	2.1537...	-0.0027	-0.0020	-6.895...	0.0116	-0.0074	0.0081	0.0272	0.0016	-0.0077
23	-5.284...	7.1588...	0.0011	7.4132...	-0.0024	0.0073	-0.0014	0.0033	0.0062	-0.0033	-0.0078	0.0082	-0.0170	0.0026	0.0063	-0.0902	-0.0507	0.1688
24	1.4395...	-4.207...	0.0123	-0.0128	0.0237	0.0034	0.0227	0.0118	-0.0343	-0.0387	0.0095	-0.0881	-0.4334	0.2449	0.6283	-0.2652	-0.0838	0.0550

图 5-50　特征向量矩阵

随后计算各个指标的初始特征值及累计方差百分比，分析求解数据可知前19个主成分的累计方差百分比大于85%，其特征值和方差贡献率见表5-22。至此，最终求得降维至19个维度后的原始样本投影数据，见表5-23。

表 5-22 特征值和方差贡献率（保留四位小数）

序号	特征值	贡献率/%	累计贡献率/%	序号	特征值	贡献率/%	累计贡献率/%
1	12.2096	27.7492	27.7492	24	0.6192	1.4073	94.2494
2	3.9242	8.9186	36.6678	25	0.5746	1.3058	95.5552
3	2.2669	5.1520	41.8198	26	0.5314	1.2076	96.7628
4	1.8392	4.1800	45.9998	27	0.4761	1.0821	97.8449
5	1.6788	3.8155	49.8154	28	0.4165	0.9465	98.7914
6	1.4762	3.3549	53.1703	29	0.2485	0.5648	99.3562
7	1.3901	3.1593	56.3295	30	0.1865	0.4239	99.7801
8	1.3592	3.0891	59.4186	31	0.0396	0.0900	99.8701
9	1.2931	2.9390	62.3576	32	0.0170	0.0386	99.9087
10	1.2828	2.9156	65.2731	33	0.0139	0.0316	99.9403
11	1.1959	2.7180	67.9911	34	0.0091	0.0207	99.9610
12	1.1384	2.5872	70.5783	35	0.0036	0.0083	99.9693
13	1.0741	2.4411	73.0194	36	0.0033	0.0075	99.9768
14	1.0529	2.3930	75.4124	37	0.0025	0.0057	99.9825
15	1.0116	2.2991	77.7115	38	0.0020	0.0046	99.9871
16	0.9812	2.2299	79.9414	39	0.0017	0.0038	99.9909
17	0.9587	2.1788	82.1202	40	0.0014	0.0032	99.9941
18	0.9348	2.1246	84.2449	41	0.0010	0.0024	99.9965
19	0.8638	1.9631	86.2080	42	0.0009	0.0020	99.9985
20	0.7875	1.7898	87.9979	43	0.0007	0.0015	100.0000
21	0.7391	1.6799	89.6777	44	0.0000	0.0000	100.0000
22	0.7244	1.6464	91.3241	45	0.0000	0.0000	100.0000
23	0.6679	1.5180	92.8421				

表 5-23 降维处理后的投影数据

	H_1	H_2	H_3	H_4	H_5	H_6	H_7	H_8	H_9	H_{10}	H_{11}	H_{12}	H_{13}	H_{14}	H_{15}	H_{16}	H_{17}	H_{18}	H_{19}
1	-6.2761	0.3518	-0.9640	2.6343	1.0200	1.7001	-0.4322	1.5298	-1.2589	-1.0131	0.0535	0.0508	0.0774	0.8781	1.6518	0.0404	0.2067	-0.0287	-0.4905
2	-6.1233	1.1078	0.8918	0.5342	-0.6523	0.8636	0.1652	0.5252	0.8307	-0.0367	-1.6902	0.9071	1.7227	-1.9803	-0.9242	1.8064	-0.7504	-0.9327	-0.5161
3	-6.0773	0.6118	-1.6589	1.3466	2.1647	-0.3240	-1.1168	-2.3267	0.6393	-0.1727	0.7279	-1.0205	0.4348	-1.3547	-1.7381	-0.6022	1.0337	0.7537	1.3816
4	-6.0949	-2.4165	-0.5921	0.3840	0.8507	-1.4377	1.5448	-0.3400	-0.4408	0.7832	-0.1755	0.8852	0.0035	-2.6811	-1.0043	-0.3856	0.2678	0.4314	0.4484
5	-5.5519	1.1354	-1.1433	-0.8361	-0.1645	1.0958	-0.7586	1.8495	1.3287	1.7080	-0.1434	-0.7941	0.0371	-1.5959	0.9233	-0.1172	-0.4236	0.6146	-0.6049
6	-5.6210	0.7443	-0.1613	-1.8811	-0.0455	-0.6251	0.6367	0.5281	-1.4487	-0.9079	2.6224	-1.5992	-0.4201	0.4672	-1.4426	-1.2924	0.7825	-2.0602	-0.3547
7	-5.9381	-0.9229	-0.6690	2.1040	0.1300	-0.7442	0.3903	-2.6433	-1.1136	-0.1161	0.2919	0.3888	-0.3006	0.6689	1.5840	0.6140	-0.4147	0.5772	-0.4612
8	-5.5844	2.4405	-2.7704	-0.0905	0.1651	1.8819	-0.6498	-1.7006	0.2829	2.3653	0.9161	1.2276	0.8772	-0.2312	0.1474	1.2902	-0.5707	-0.3303	0.9134
9	-5.2535	-0.3334	1.4678	-0.7350	0.3803	3.4012	-1.5114	-1.4474	0.5329	-0.3672	1.2006	0.8807	1.3659	0.8989	0.1726	0.5066	-0.6375	0.4144	0.3829
10	-5.1322	-0.6270	0.9933	-1.6560	-1.5243	2.1887	-0.7592	0.4806	1.0898	-0.9076	2.1500	0.8046	0.2214	1.3620	-0.6046	0.6836	1.1441	-0.8813	-2.5468
11	-5.0268	0.7005	-1.0340	-3.9563	-0.8976	0.3023	0.2666	2.1672	0.0848	0.3440	1.3469	0.0998	0.2525	-0.1637	-0.6257	0.6822	0.3915	-0.4101	0.7951
12	-5.5029	2.9609	1.8334	-0.9702	-0.1122	0.0726	-2.2816	0.7475	-0.4045	-1.2756	-0.2388	-1.6095	-0.5407	-1.5721	1.4659	0.5213	-1.0795	-0.4396	0.8773
13	-5.0077	-2.1174	-2.2999	-1.3292	-1.6710	-2.0116	2.6260	0.7723	-1.2163	2.0388	-0.8512	-0.8551	-1.2956	-0.4022	-0.1358	0.1193	0.0527	0.4660	0.8153
14	-5.2926	1.4194	-0.1164	2.2624	-1.9608	-1.6025	-0.7683	0.0903	0.9745	1.0431	-0.8348	-0.8535	-0.3876	2.0233	-1.1459	-0.4316	0.2088	-0.1523	-0.1171
15	-5.2357	0.4950	3.1447	0.2581	0.0942	-1.0316	0.7387	1.4780	2.2541	-0.3940	-1.5312	-0.2684	1.2594	0.0231	0.2047	-0.6340	-0.6270	0.0538	-0.5149
16	-4.8833	-0.2716	-3.1956	0.2510	2.0124	1.9237	-0.9324	0.4139	0.8265	-1.5625	-0.1458	1.2424	0.5656	1.6144	-0.3980	-0.9375	0.8561	1.5271	0.4578
17	-5.0827	2.9399	2.2435	1.7893	1.8414	-0.4705	-2.8326	-2.1547	1.1092	1.0277	0.0835	0.3052	0.1584	-0.5299	-0.9607	0.2422	-0.0818	-0.0575	0.2423
18	-4.8438	-1.6968	-0.6912	-0.2713	-0.2602	-2.9022	0.6286	1.1494	-0.1843	-1.2410	1.0577	-0.2761	1.0273	0.0472	0.8077	1.7976	0.5764	-0.4735	-0.0958
19	-4.5162	-1.0554	-0.5186	-2.1093	0.1181	-0.3179	-1.9144	1.5224	-0.8068	-0.7982	-0.8845	0.4620	-0.1263	0.2797	0.7493	0.4806	0.6056	1.0271	0.5668
20	-4.6044	-3.1522	0.5469	-0.9195	-0.0997	0.5800	2.0667	-1.5091	2.1459	0.6834	-0.3561	-0.4890	0.2669	-0.0786	-1.3917	-0.6340	-1.4630	-0.9828	1.8429
21	-5.0112	2.6528	1.1769	0.6871	-1.7149	-0.7529	0.0650	-0.4604	-1.8324	-1.3751	0.1561	1.4457	0.3606	-0.4586	-0.2493	-0.4208	0.4002	1.1713	0.6543
22	-4.7457	-2.0096	1.5525	-1.8679	2.1555	-1.7790	2.1618	-0.2247	-1.5979	0.4538	-1.5778	-0.0467	-0.7311	-0.3595	0.2522	-1.7009	-0.3070	1.2229	0.0396
⋮	⋮	⋮	⋮	⋮	⋮	⋮	⋮	⋮	⋮	⋮	⋮	⋮	⋮	⋮	⋮	⋮	⋮	⋮	⋮
160	0.8010	0.4926	0.5951	0.3727	2.1719	0.1969	1.7016	-1.0735	0.9035	-0.7833	1.6334	-0.4166	0.7781	-0.1578	0.1919	0.8010	0.4926	0.5951	0.3727
161	1.2602	0.1482	-0.9346	-1.8049	0.6943	1.0488	0.4363	0.8854	-0.6193	0.8668	-1.3800	0.8412	1.1820	0.5746	-2.0929	1.2602	0.1482	-0.9346	-1.8049

续表 5-23

	H_1	H_2	H_3	H_4	H_5	H_6	H_7	H_8	H_9	H_{10}	H_{11}	H_{12}	H_{13}	H_{14}	H_{15}	H_{16}	H_{17}	H_{18}	H_{19}
162	1.6636	-0.6241	0.1097	-0.9078	-0.4704	-0.3530	1.2131	1.0479	-0.9390	-1.1550	-0.8562	-1.9089	-0.3820	0.7589	-0.4173	1.6636	-0.6241	0.1097	-0.9078
163	0.2671	1.2306	1.0073	-0.4244	-1.4005	1.2123	1.1109	0.1722	-2.1342	-0.6858	-0.1618	1.4433	-1.0624	-0.6858	-0.4405	0.2671	1.2306	1.0073	-0.4244
164	0.4769	-1.2321	1.3588	0.3398	1.0588	0.4588	0.3814	-0.3149	-0.4811	-0.2441	-0.5748	-0.1015	1.2680	1.1939	0.2380	0.4769	-1.2321	1.3588	0.3398
165	-1.1489	-3.1198	0.7994	0.0729	1.3578	0.7539	-0.0788	-1.1867	0.4396	1.1559	0.9106	0.1099	-0.7377	-0.3555	-0.9348	-1.1489	-3.1198	0.7994	0.0729
166	0.3404	0.8648	0.2073	0.4324	0.5167	1.8501	0.5082	1.4563	0.6682	0.8644	-0.3187	0.1414	-0.2493	0.6738	-1.8885	0.3404	0.8648	0.2073	0.4324
167	-0.0325	1.5522	-0.3593	0.0586	0.2825	-0.5545	1.3506	0.7976	0.8772	0.6124	-0.4394	-0.0477	-0.6311	0.4040	-0.4868	-0.0325	1.5522	-0.3593	0.0586
168	-0.8233	-0.2248	-0.8843	2.3591	-1.5323	2.2031	1.7420	0.3814	-1.5389	-0.4893	-1.2828	-0.7708	0.9654	-0.2028	2.1258	-0.8233	-0.2248	-0.8843	2.3591
169	-1.0827	1.1427	0.2193	-0.5225	1.0497	0.6693	1.5715	0.6198	0.3946	-0.6553	-0.4103	-0.2598	0.3795	-1.0955	-0.4682	-1.0827	1.1427	0.2193	-0.5225
170	3.1185	-1.3429	0.7456	2.3225	1.2581	-0.0370	-0.8560	0.0539	0.2123	-0.4748	0.4427	-0.1700	-1.6054	-0.8029	-0.2081	3.1185	-1.3429	0.7456	2.3225
171	-0.5800	-1.1017	1.2550	0.9910	0.6186	0.4788	-0.6060	-0.4835	0.7086	0.3710	0.2476	-0.5158	1.1508	-0.8343	-1.1112	-0.5800	-1.1017	1.2550	0.9910
172	0.3219	-0.0875	0.2929	-0.5556	-0.4419	-1.9362	0.8972	-1.5018	-0.5669	0.1184	-0.9463	-0.3979	-0.2365	0.8153	-0.8672	0.3219	-0.0875	0.2929	-0.5556
173	3.2724	0.9804	-0.4662	-1.2811	0.2916	-0.3054	1.8370	-1.2579	0.3173	-0.9621	0.8503	-1.3255	0.5085	-0.0631	-0.8660	3.2724	0.9804	-0.4662	-1.2811
174	1.1025	0.4028	-0.6020	1.0772	1.1971	-1.3699	-0.8028	-0.2871	0.5955	1.8279	2.7047	-0.3566	-0.4356	-0.9122	1.7654	1.1025	0.4028	-0.6020	1.0772
175	1.9317	2.0149	0.7423	0.6559	1.5663	0.2811	1.4047	0.6780	-1.1044	-1.3497	0.1491	0.5973	1.4786	-0.1264	-0.1310	1.9317	2.0149	0.7423	0.6559
176	-0.8243	0.5424	0.1635	-1.9234	-1.1906	-2.0051	0.4134	-0.9680	-0.7913	-0.6452	0.1834	0.0570	-1.1223	1.8590	2.1053	-0.8243	0.5424	0.1635	-1.9234
178	-1.0611	-0.4971	-0.7655	0.5820	1.7977	1.2560	-0.6208	-1.4081	-0.7378	0.0116	-0.8242	-1.3191	-0.1789	-1.1024	-0.5170	-1.0611	-0.4971	-0.7655	0.5820
179	-0.4171	0.4607	-0.2785	-2.4145	1.4806	1.2957	0.3157	0.7229	1.9171	1.0888	1.3248	0.4301	1.9329	0.5897	0.1466	-0.4171	0.4607	-0.2785	-2.4145
180	-2.5298	1.2323	-0.4653	-0.5086	0.1707	0.9371	0.4486	0.5173	-0.0423	-0.2577	-1.6951	-0.5923	0.4003	-2.1589	0.8310	-2.5298	1.2323	-0.4653	-0.5086
181	-1.4691	-1.4996	1.1908	0.9900	-1.3808	-0.1070	0.9589	-0.3979	1.1642	1.8249	0.4351	-0.7315	-1.2465	-0.1329	0.8953	-1.4691	-1.4996	1.1908	0.9900
182	0.0390	-0.3427	-1.9892	0.7132	0.6811	-1.6539	-1.4184	-0.4724	-0.6186	-1.0281	-1.4956	-0.4725	-0.3334	-0.1621	-0.7524	0.0390	-0.3427	-1.9892	0.7132
183	0.1891	1.5266	-1.5785	1.1856	-1.5181	0.8914	-0.6181	-0.1098	2.4647	0.9195	0.3752	1.1346	-0.3234	0.9576	1.8150	0.1891	1.5266	-1.5785	1.1856
184	1.3377	-1.1634	-1.0213	0.1379	-0.6959	0.8280	1.7060	2.0544	-1.1539	-0.4279	-0.4289	2.0892	-0.4840	0.4175	0.5800	1.3377	-1.1634	-1.0213	0.1379
185	0.1463	-0.3713	0.5087	0.0357	-1.8187	-2.0387	-0.1378	0.0859	1.0647	1.0401	-1.5771	-0.8522	1.7947	-2.0928	-0.7066	0.1463	-0.3713	0.5087	0.0357
186	-1.7107	0.0429	-1.6453	0.6149	-0.9575	0.0365	-0.5731	1.6926	-1.7092	-1.2492	1.5571	-0.5394	0.4504	-0.0341	1.3629	-1.7107	0.0429	-1.6453	0.6149

为更好地观察数据分布，对降维处理后的投影数据进行可视化处理，如图 5-51 所示，由图可知，进行主成分 PCA 数据处理后，数据从 45 维降低到 19 维；观察样本数据可知，各个特征属性的数据比较分散；部分特征属性数据出现明显的区分，如此一来便可实现基本的数据分类；此外，部分特征属性出现较为严重的重叠，根据主成分 PCA 贡献率的计算结果，特征属性 18、19 的引入对贡献率的提升作用不大。至此可见，应该进行新空间的数据映射，实现更好的数据预处理。

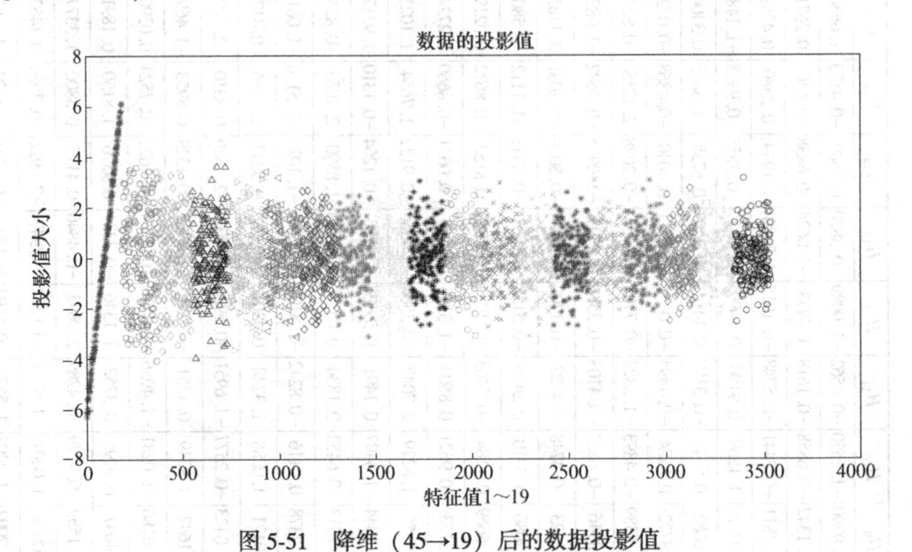

图 5-51 降维（45→19）后的数据投影值

5.4.1.3 核主元分析法 KPCA 求解处理

首先，对原始样本数据进行标准化处理，同 PCA 处理方法；其次求标准化矩阵的核矩阵（选用高斯径向基 RBF 核函数，Gaussian para = 1. 1328）以及中心化矩阵并归一化处理，如图 5-52、图 5-53 所示；最后，计算特征值及特征向量，如图 5-54 所示（过程中数据矩阵过大，不再一一导出分析）。

186x186 double

	1	2	3	4	5	6	7	8	9	10	11	12	13	14	15	16	17	18	19	20
163	2.1807…	4.5530…	1.7414…	7.8963…	2.3167…	9.1114…	4.1088…	6.6858…	1.5088…	1.0322…	8.4704…	1.6294…	6.0380…	1.6827…	1.6638…	7.7422…	8.8876…	1.1761…	5.0908…	1.3090…
164	3.3378…	5.4522…	3.8724…	4.0732…	2.0022…	9.7974…	8.7986…	1.7569…	5.0455…	1.9794…	4.6395…	3.2336…	1.5313…	7.5089…	4.3205…	1.5547…	2.6424…	7.1015…	3.2607…	1.0783…
165	5.5794…	4.5300…	3.9861…	9.0223…	1.1162…	1.1627…	1.8327…	4.4037…	1.2618…	1.2087…	6.6521…	2.4295…	7.5404…	2.3927…	2.4012…	1.5278…	2.8298…	1.9955…	1.3851…	1.7826…
166	1.2326…	4.8954…	2.4133…	4.4959…	5.5638…	1.7731…	3.0258…	1.6927…	2.6709…	9.5812…	8.5504…	2.4673…	3.1019…	1.1157…	8.3347…	1.4250…	2.0550…	7.7487…	7.8167…	3.4794…
167	3.7276…	1.7630…	1.4275…	1.5246…	1.4816…	7.1266…	2.3537…	5.1469…	1.5923…	1.4491…	8.5170…	5.8597…	1.0414…	6.7617…	8.3931…	4.0291…	5.0576…	5.1743…	9.7176…	9.9416…
168	1.6627…	5.0037…	1.6754…	1.2742…	4.8448…	1.4481…	7.1590…	4.2467…	2.8107…	1.0080…	7.0106…	3.9363…	5.7933…	9.7306…	4.0834…	4.6089…	8.1090…	1.7018…	6.3096…	4.9523…
169	1.0981…	1.8574…	3.3290…	2.4916…	3.8142…	3.5410…	2.1810…	5.4887…	3.8150…	3.6554…	6.7552…	5.5377…	2.1811…	3.9969…	3.5774…	6.1550…	4.1589…	7.1107…	2.6387…	3.8415…
170	1.0795…	1.0223…	1.2244…	2.0539…	7.6004…	7.3265…	7.9003…	2.5410…	6.8786…	1.3065…	2.3569…	2.4202…	7.7611…	1.6770…	1.5849…	2.8436…	4.3125…	1.4878…	7.1623…	2.3673…
171	5.5652…	4.7236…	4.1545…	8.0302…	7.5644…	4.9411…	1.9237…	6.2455…	1.4089…	9.1635…	3.6260…	3.8964…	5.8700…	5.2911…	2.2200…	2.8958…	1.5961…	3.0192…	4.9507…	9.5225…
172	2.5259…	7.5549…	2.1229…	3.3612…	2.8428…	6.5928…	3.3392…	1.7797…	4.6547…	4.5426…	7.8087…	5.7424…	7.0233…	8.8124…	1.2543…	9.4946…	4.7227…	5.0410…	1.0045…	8.5546…
173	1.0016…	1.9818…	9.4040…	1.5810…	3.0657…	1.0042…	8.4116…	2.9669…	4.3598…	2.1603…	2.3895…	5.9601…	4.3407…	1.0316…	2.4614…	2.2078…	8.2607…	5.7246…	1.2729…	4.5017…
174	1.5096…	1.6999…	1.2261…	6.0202…	7.7286…	1.4457…	1.5990…	9.1785…	6.3904…	1.2170…	1.5876…	3.0201…	2.3531…	1.0941…	4.3013…	1.3791…	3.8582…	6.0259…	4.5262…	1.9145…
175	7.4200…	8.6242…	2.8410…	1.3465…	9.8218…	2.7952…	2.1165…	4.7421…	4.0219…	2.7292…	9.9994…	1.3036…	1.8716…	2.3442…	2.4901…	7.3786…	4.0031…	5.3608…	7.3887…	1.5465…
176	3.1975…	3.2879…	1.9531…	2.3405…	2.1077…	4.1227…	6.5411…	2.2347…	1.2617…	7.3131…	1.8345…	1.4619…	9.9082…	2.3244…	1.1620…	1.5395…	2.6611…	5.7228…	2.2250…	9.0874…
177	1.8700…	3.7753…	8.1804…	1.6259…	1.2978…	1.1106…	4.5964…	1.8817…	1.2473…	7.8227…	1.1607…	1.8136…	7.8218…	4.2381…	6.7704…	8.1911…	2.7593…	1.0114…	2.2046…	1.1062…
178	7.7121…	1.8800…	1.0859…	6.6461…	4.8174…	3.7158…	1.7027…	3.2188…	5.6975…	1.0930…	7.3988…	1.1659…	1.4509…	5.3610…	1.3529…	9.2288…	9.5594…	5.0605…	5.6976…	4.4870…
179	1.0569…	1.8841…	1.2463…	1.5591…	1.3213…	3.1129…	3.3957…	2.8473…	1.8140…	8.1081…	6.9102…	6.2288…	4.2347…	1.4391…	3.6701…	4.3305…	5.6632…	6.7691…	1.2253…	2.5011…
180	1.5759…	1.0998…	6.5414…	4.3382…	2.4098…	1.9784…	1.5989…	2.4513…	4.4360…	2.1870…	1.1559…	1.0429…	7.3402…	5.1299…	9.1398…	1.2406…	6.3622…	5.3358…	3.1146…	2.8186…
181	5.4042…	4.1375…	1.1097…	8.8162…	6.9110…	3.8942…	4.5980…	1.8944…	1.2365…	1.7131…	3.5675…	1.7912…	1.3117…	9.3362…	4.9543…	2.5163…	7.4997…	5.6745…	5.0026…	2.9247…
182	4.6427…	1.6162…	4.2247…	7.6415…	1.5503…	1.2138…	5.2677…	1.4111…	3.3540…	1.8082…	2.2482…	6.7661…	4.7655…	6.8629…	1.6013…	3.8485…	1.0152…	5.1694…	4.6797…	5.9031…
183	1.9000…	4.4340…	1.7777…	2.6857…	2.5040…	1.1480…	2.5988…	7.8350…	2.5711…	5.6294…	1.9436…	2.8203…	1.0199…	5.7024…	6.3265…	1.1630…	8.4989…	3.6999…	7.1598…	9.7967…
184	2.1870…	1.4887…	3.8592…	2.2991…	7.3145…	4.3991…	4.5898…	5.0050…	2.1165…	1.6064…	8.9643…	2.2771…	1.1551…	1.5110…	1.2350…	5.7505…	1.1388…	2.4925…	7.3455…	9.6398…
185	4.6277…	2.5143…	7.8238…	2.0624…	2.4303…	2.9778…	3.2420…	8.6497…	9.1567…	9.8760…	5.9400…	1.9901…	1.3363…	2.6310…	6.9330…	4.0015…	8.3945…	5.6601…	8.6223…	3.3690…
186	7.4972…	3.4913…	3.6022…	1.3871…	7.4447…	1.2509…	9.3281…	5.9030…	5.6997…	5.6458…	2.5153…	2.1546…	1.3380…	3.3597…	3.3156…	2.2286…	5.2612…	1.4012…	6.1840…	1.4491…

图 5-52 核矩阵计算结果

186x186 double

	1	2	3	4	5	6	7	8	9	10	11	12	13	14	15	16	17	18	19	20
1	0.9946	-0.0054	-0.0054	-0.0054	-0.0054	-0.0054	-0.0054	-0.0054	-0.0054	-0.0054	-0.0054	-0.0054	-0.0054	-0.0054	-0.0054	-0.0054	-0.0054	-0.0054	-0.0054	-0.0054
2	-0.0054	0.9946	-0.0054	-0.0054	-0.0054	-0.0054	-0.0054	-0.0054	-0.0054	-0.0054	-0.0054	-0.0054	-0.0054	-0.0054	-0.0054	-0.0054	-0.0054	-0.0054	-0.0054	-0.0054
3	-0.0054	-0.0054	0.9946	-0.0054	-0.0054	-0.0054	-0.0054	-0.0054	-0.0054	-0.0054	-0.0054	-0.0054	-0.0054	-0.0054	-0.0054	-0.0054	-0.0054	-0.0054	-0.0054	-0.0054
4	-0.0054	-0.0054	-0.0054	0.9946	-0.0054	-0.0054	-0.0054	-0.0054	-0.0054	-0.0054	-0.0054	-0.0054	-0.0054	-0.0054	-0.0054	-0.0054	-0.0054	-0.0054	-0.0054	-0.0054
5	-0.0054	-0.0054	-0.0054	-0.0054	0.9946	-0.0054	-0.0054	-0.0054	-0.0054	-0.0054	-0.0054	-0.0054	-0.0054	-0.0054	-0.0054	-0.0054	-0.0054	-0.0054	-0.0054	-0.0054
6	-0.0054	-0.0054	-0.0054	-0.0054	-0.0054	0.9946	-0.0054	-0.0054	-0.0054	-0.0054	-0.0054	-0.0054	-0.0054	-0.0054	-0.0054	-0.0054	-0.0054	-0.0054	-0.0054	-0.0054
7	-0.0054	-0.0054	-0.0054	-0.0054	-0.0054	-0.0054	0.9946	-0.0054	-0.0054	-0.0054	-0.0054	-0.0054	-0.0054	-0.0054	-0.0054	-0.0054	-0.0054	-0.0054	-0.0054	-0.0054
8	-0.0054	-0.0054	-0.0054	-0.0054	-0.0054	-0.0054	-0.0054	0.9946	-0.0054	-0.0054	-0.0054	-0.0054	-0.0054	-0.0054	-0.0054	-0.0054	-0.0054	-0.0054	-0.0054	-0.0054
9	-0.0054	-0.0054	-0.0054	-0.0054	-0.0054	-0.0054	-0.0054	-0.0054	0.9946	-0.0054	-0.0054	-0.0054	-0.0054	-0.0054	-0.0054	-0.0054	-0.0054	-0.0054	-0.0054	-0.0054
10	-0.0054	-0.0054	-0.0054	-0.0054	-0.0054	-0.0054	-0.0054	-0.0054	-0.0054	0.9946	-0.0054	-0.0054	-0.0054	-0.0054	-0.0054	-0.0054	-0.0054	-0.0054	-0.0054	-0.0054
11	-0.0054	-0.0054	-0.0054	-0.0054	-0.0054	-0.0054	-0.0054	-0.0054	-0.0054	-0.0054	0.9946	-0.0054	-0.0054	-0.0054	-0.0054	-0.0054	-0.0054	-0.0054	-0.0054	-0.0054
12	-0.0054	-0.0054	-0.0054	-0.0054	-0.0054	-0.0054	-0.0054	-0.0054	-0.0054	-0.0054	-0.0054	0.9946	-0.0054	-0.0054	-0.0054	-0.0054	-0.0054	-0.0054	-0.0054	-0.0054
13	-0.0054	-0.0054	-0.0054	-0.0054	-0.0054	-0.0054	-0.0054	-0.0054	-0.0054	-0.0054	-0.0054	-0.0054	0.9946	-0.0054	-0.0054	-0.0054	-0.0054	-0.0054	-0.0054	-0.0054
14	-0.0054	-0.0054	-0.0054	-0.0054	-0.0054	-0.0054	-0.0054	-0.0054	-0.0054	-0.0054	-0.0054	-0.0054	-0.0054	0.9946	-0.0054	-0.0054	-0.0054	-0.0054	-0.0054	-0.0054
15	-0.0054	-0.0054	-0.0054	-0.0054	-0.0054	-0.0054	-0.0054	-0.0054	-0.0054	-0.0054	-0.0054	-0.0054	-0.0054	-0.0054	0.9946	-0.0054	-0.0054	-0.0054	-0.0054	-0.0054
16	-0.0054	-0.0054	-0.0054	-0.0054	-0.0054	-0.0054	-0.0054	-0.0054	-0.0054	-0.0054	-0.0054	-0.0054	-0.0054	-0.0054	-0.0054	0.9946	-0.0054	-0.0054	-0.0054	-0.0054
17	-0.0054	-0.0054	-0.0054	-0.0054	-0.0054	-0.0054	-0.0054	-0.0054	-0.0054	-0.0054	-0.0054	-0.0054	-0.0054	-0.0054	-0.0054	-0.0054	0.9946	-0.0054	-0.0054	-0.0054
18	-0.0054	-0.0054	-0.0054	-0.0054	-0.0054	-0.0054	-0.0054	-0.0054	-0.0054	-0.0054	-0.0054	-0.0054	-0.0054	-0.0054	-0.0054	-0.0054	-0.0054	0.9946	-0.0054	-0.0054
19	-0.0054	-0.0054	-0.0054	-0.0054	-0.0054	-0.0054	-0.0054	-0.0054	-0.0054	-0.0054	-0.0054	-0.0054	-0.0054	-0.0054	-0.0054	-0.0054	-0.0054	-0.0054	0.9946	-0.0054
20	-0.0054	-0.0054	-0.0054	-0.0054	-0.0054	-0.0054	-0.0054	-0.0054	-0.0054	-0.0054	-0.0054	-0.0054	-0.0054	-0.0054	-0.0054	-0.0054	-0.0054	-0.0054	-0.0054	0.9946
21	-0.0054	-0.0054	-0.0054	-0.0054	-0.0054	-0.0054	-0.0054	-0.0054	-0.0054	-0.0054	-0.0054	-0.0054	-0.0054	-0.0054	-0.0054	-0.0054	-0.0054	-0.0054	-0.0054	-0.0054
22	-0.0054	-0.0054	-0.0054	-0.0054	-0.0054	-0.0054	-0.0054	-0.0054	-0.0054	-0.0054	-0.0054	-0.0054	-0.0054	-0.0054	-0.0054	-0.0054	-0.0054	-0.0054	-0.0054	-0.0054
23	-0.0054	-0.0054	-0.0054	-0.0054	-0.0054	-0.0054	-0.0054	-0.0054	-0.0054	-0.0054	-0.0054	-0.0054	-0.0054	-0.0054	-0.0054	-0.0054	-0.0054	-0.0054	-0.0054	-0.0054

图 5-53 中心化后的核矩阵

186x186 double

	1	2	3	4	5	6	7	8	9	10	11	12	13	14	15	16	17	18	19	20
1	-0.0733	-1.283...	-0.0010	9.9212...	-0.0026	0.0021	-0.0027	0.0019	4.1562...	-0.0045	-0.0029	4.7894...	-6.937...	-1.675...	-0.0023	-6.499...	-9.691...	-6.333...	-0.0031	-0.0026
2	-0.0733	-1.263...	-9.940...	9.6414...	-0.0025	0.0020	-0.0026	0.0018	-1.212...	5.1476...	-0.0024	3.6971...	-5.067...	-0.0117	-0.0016	-4.577...	-6.450...	-4.285...	-0.0021	7.3534...
3	-0.0733	-1.288...	-0.0010	9.9900...	-0.0026	0.0021	-0.0028	0.0019	-8.950...	8.1675...	-0.0030	4.9823...	-7.935...	2.5986...	-0.0025	-7.003...	-0.0010	-6.812...	-0.0036	-0.0017
4	-0.0733	-1.274...	-0.0010	9.7920...	-0.0025	0.0021	-0.0027	0.0018	-8.372...	1.1513...	-0.0027	4.2014...	-5.359...	2.4471...	-0.0020	-5.501...	-7.912...	-5.247...	-0.0026	1.1176...
5	-0.0733	-1.268...	-0.0010	9.7225...	-0.0025	0.0021	-0.0026	0.0018	-1.205...	3.9443...	-0.0026	4.3156...	1.1409...	0.0017	-0.0019	-5.177...	-7.022...	-4.980...	-0.0042	2.7335...
6	-0.0733	-1.287...	-0.0010	9.9769...	-0.0026	0.0021	-0.0027	0.0019	-8.864...	7.9219...	-0.0030	4.9099...	-7.987...	3.4522...	-0.0024	-6.864...	-9.456...	-6.654...	-0.0040	2.1490...
7	-0.0733	-1.287...	-0.0010	9.9750...	-0.0026	0.0021	-0.0028	0.0019	6.6305...	-0.0069	-0.0030	4.9614...	-8.084...	-2.345...	-0.0024	-6.992...	-0.0010	-6.817...	-0.0033	1.3983...
8	-0.0733	-1.289...	-0.0010	9.9973...	-0.0026	0.0021	-0.0028	0.0019	-8.345...	1.8105...	-0.0031	5.0181...	-7.937...	2.8129...	-0.0025	-7.073...	-0.0010	-6.891...	-0.0034	-0.0011
9	-0.0733	-1.286...	-0.0010	9.9647...	-0.0026	0.0021	-0.0028	0.0019	-3.770...	-3.891...	-0.0030	4.8668...	-7.789...	2.0366...	-0.0024	-6.815...	-9.935...	-6.608...	-0.0029	2.4804...
10	-0.0733	-1.286...	-0.0010	9.9606...	-0.0026	0.0021	-0.0027	0.0019	-8.425...	4.7118...	-0.0030	4.8465...	-7.729...	0.0017	-0.0024	-6.751...	-9.585...	-6.545...	-0.0035	1.5856...
11	-0.0733	-1.275...	-0.0010	9.8079...	-0.0025	0.0021	-0.0022	0.0018	-1.595...	4.6128...	-0.0027	4.6128...	4.8021...	-1.789...	-0.0020	-5.643...	-7.654...	-5.466...	-0.0047	2.7620...
12	-0.0733	-1.289...	-0.0010	9.9954...	-0.0026	0.0021	-0.0028	0.0019	-1.028...	2.0299...	-0.0031	5.0218...	-7.947...	-0.0034	-0.0025	-7.061...	-0.0010	-6.885...	-0.0033	1.3586...
13	-0.0733	-1.281...	-0.0010	9.8854...	-0.0026	0.0021	-0.0028	0.0019	-8.424...	7.3407...	-0.0029	4.5846...	-7.288...	2.6519...	-0.0022	-6.298...	-9.126...	-6.088...	-0.0029	1.1550...
14	-0.0733	-1.263...	-9.933...	9.6636...	-0.0025	0.0020	-0.0026	0.0018	-0.0078	0.0703	-0.0026	4.1519...	-4.597...	0.0108	-0.0020	-5.542...	-7.661...	-5.326...	-0.0033	2.0921...
15	-0.0733	-1.273...	-0.0010	9.7907...	-0.0025	0.0021	-0.0027	0.0018	1.0546...	-0.0016	-0.0027	4.2528...	-8.646...	0.0027	-0.0021	-5.860...	-8.530...	-5.662...	-0.0027	1.1954...
16	-0.0733	-1.281...	-0.0010	9.8901...	-0.0026	0.0021	-0.0021	0.0019	-9.369...	1.7778...	-0.0029	4.5818...	-7.474...	3.8385...	-0.0023	-6.247...	-7.648...	-6.013...	-0.0013	0.0401
17	-0.0733	-1.289...	-0.0010	9.9946...	-0.0026	0.0021	-0.0028	0.0019	-9.330...	1.1264...	-0.0031	4.9902...	-7.812...	2.7551...	-0.0025	-7.103...	-0.0011	-6.883...	-0.0022	3.5733...
18	-0.0733	-1.278...	-9.885...	9.8541...	-0.0025	0.0021	-0.0026	0.0019	-9.919...	1.6824...	-0.0028	4.5999...	-2.775...	2.7435...	-0.0021	-5.771...	-6.774...	-5.539...	-0.0062	4.6884...
19	-0.0733	-1.250...	0.0020	9.3768...	-0.0024	0.0020	-0.0220	0.0019	-1.814...	-3.857...	-0.0027	9.0393...	-0.0097	7.1445...	-0.0021	-6.685...	-7.481...	-6.687...	-0.0068	8.5067...
20	-0.0733	-1.280...	-0.0010	9.8738...	-0.0026	0.0021	-0.0031	0.0021	-8.751...	9.1737...	-0.0029	4.5509...	-0.0018	2.7069...	-0.0058	-6.786...	0.0010	-2.743...	-0.0025	4.7415...
21	-0.0733	-1.212...	-9.558...	8.9829...	-0.0022	0.0018	-0.0022	0.0015	0.0052	-0.0487	-0.0016	1.1452...	-5.273...	0.7055	-0.0016	-4.139...	-6.585...	-3.569...	-7.962...	6.0938...
22	-0.0733	-1.270...	-0.0010	9.7481...	-0.0025	0.0021	-0.0026	0.0018	2.7787...	-0.0010	-0.0027	3.6370...	-0.0024	2.0972...	-0.0019	-5.611...	-8.328...	-5.432...	-0.0025	9.1389...
23	-0.0733	-1.287...	-0.0010	9.9869...	-0.0026	0.0022	0.0058	0.0019	-8.856...	7.8155...	-0.0030	4.9479...	-7.966...	2.8732...	-0.0024	-6.993...	-0.0010	-6.822...	-0.0033	1.3819...
24	-0.0733	-1.287...	-0.0010	9.9806...	-0.0026	0.0021	-0.0028	0.0019	-8.591...	5.3525...	-0.0030	4.9552...	-8.163...	1.9917...	-0.0024	-6.864...	-9.448...	-6.728...	-0.0049	3.0649...

图 5-54 特征向量矩阵

求得中心化后的核矩阵后，按照主元分析法 PCA 的运算思路进行降维处理计算（求得其特征值及特征向量，与 PCA 运算一致，不再一一阐述），并最终求得贡献率和累计贡献率，见表 5-24。

为了与主元分析 PCA 的数据降维投影进行对比，对经核主元分析降维处理后的投影数据进行可视化处理，如图 5-55 所示。根据特征属性 1~15 的投影值大小可知，当 Gaussian para = 1. 1328 时的数据投影大小相比 PCA 投影要相对集中，数据分散程度很小。因此，基于 KPCA 处理后的数据预处理效果更好；此外，从相关系数矩阵中可以看出预控指标之间具有较高的正负相关性，这种数据特点与 KPCA 的降维计算思路十分契合，其数据降维效果相比 PCA 更加理想。

表 5-24 贡献率和累计贡献率（保留四位小数）

序号	特征值	贡献率/%	累计贡献率/%	序号	特征值	贡献率/%	累计贡献率/%
1	14.3119	27.8815	27.8515	9	1.3952	3.1711	69.3514
2	5.0344	9.1488	37.0003	10	1.3851	3.0179	72.3693
3	3.3690	7.1841	44.1844	11	1.3061	2.7482	75.1175
4	3.9415	6.2823	50.4667	12	1.2405	2.6193	77.7368
5	1.7890	5.1457	55.6124	13	1.1764	2.5434	80.2802
6	1.5783	3.7870	59.3994	14	1.1631	2.4232	82.7034
7	1.4924	3.4616	62.8610	15	1.1137	2.3312	85.0346
8	1.4694	3.3193	66.1803				

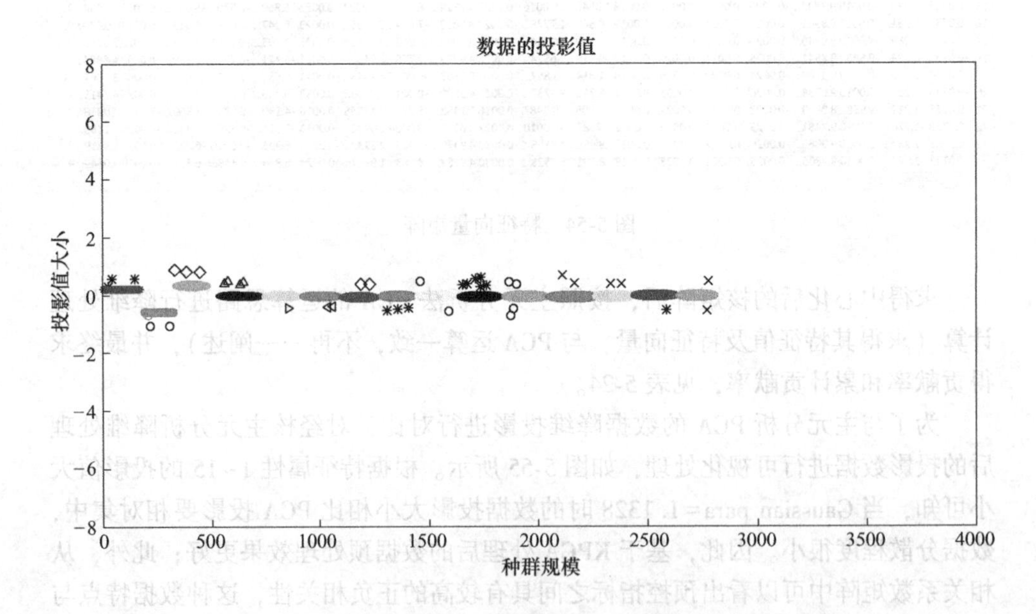

图 5-55 Gaussian para = 1.1328 时投影大小

5.4.2　模型训练精度分析

5.4.2.1　训练样本集

本次举例分析的训练学习样本合计有186组，其中，每一组的学习样本是依据前4个现场实际监测的数据得来的。而前3个（如 $x(1)\sim x(3)$）作为输入样本，第4个（$x(4)$）作为期望输出样本；第2个到第4个（如 $x(2)\sim x(4)$）作为输入样本，第5个（$x(5)$）作为期望输出样本，按照如此规律，形成了一个完整的基于广义回归神经网络GRNN模型的旧工业建筑再生利用施工安全预控训练样本集，见表5-25。

表5-25　实时监测的数据训练样本集

实际输入							期望输出
$x(1)$	$x(2)$	$x(3)$	$x(4)$	$x(5)$	$x(6)$	…	$x(14)$
$x(2)$	$x(3)$	$x(4)$	$x(5)$	$x(6)$	$x(7)$	…	$x(15)$
$x(3)$	$x(4)$	$x(5)$	$x(6)$	$x(7)$	$x(8)$	…	$x(16)$
⋮	⋮	⋮	⋮	⋮	⋮	⋮	⋮
$x(k)$	$x(k+1)$	$x(k+2)$	$x(k+3)$	$x(k+4)$	$x(k+5)$	…	$x(k+13)$

降维处理后的样本数据已做标准化处理，在设计模型的结构时，根据GRNN理论分析可知其模型结构分为四层，在此设计166组输入单元，20组输出单元，前166组输入数据用于机器训练学习，后20组数据用于验证预测精度，见表5-26。

5.4.2.2　网络的训练与精度分析

GRNN网络模型训练的过程即最优光滑因子 σ 确定的过程，这里将采用KPCA提取的15个主成分的再生利用施工安全风险等级数据，将其分为训练样本和测试样本，其中共166个量组划分为输入样本作为训练集带入QPSO-GRNN模型中进行学习，剩下20组作为验证集。以训练样本作为模型的输入的同时，适应度函数选为反归一化后的预测值和真实值之间的均方根误差（标准误差）RMSE，以RMSE最小化为目标，利用QPSO寻找最优的光滑因子 σ，确定最佳的KPCA-QPSO-GRNN模型，其迭代过程如图5-56、图5-57所示。

其中QPSO参数设置为：种群数 $n=80$；最大迭代次数 $N=200$；权重学习因子 $c_1=c_2=2$，惯性因子 $\omega_{\max}=0.8$，$\omega_{\min}=0.2$（权重学习因子和惯性因子的取值决定粒子飞行的速度和轨迹，对全局搜索能力和收敛性有着决定性的作用，通常设粒子最大速度 $V_{\max}=2$，本书取常数2，惯性因子最大值取0.8）；粒子维数 $D=1$。

表 5-26 降维处理后的投影数据

样本序列		Y_1	Y_2	Y_3	Y_4	Y_5	Y_6	Y_7	Y_8	Y_9	Y_{10}	Y_{11}	Y_{12}	Y_{13}	Y_{14}	Y_{15}
输入数据	1	-0.0059	-0.0099	0.0055	-0.0147	0.0006	-0.0104	0.0129	-0.0027	-0.0028	0.0144	-0.0042	0.0076	-0.0062	0.0056	-0.0033
	2	-0.0060	-0.0101	0.0056	-0.0152	0.0006	-0.0110	0.0139	-0.0002	-0.0061	0.0191	-0.0062	0.0118	0.0038	0.0077	-0.0048
	3	-0.0059	-0.0099	0.0054	-0.0145	0.0006	-0.0102	0.0126	0.0006	-0.0055	0.0154	-0.0040	0.0075	-0.0057	0.0054	-0.0032
	4	-0.0060	-0.0100	0.0055	-0.0149	0.0006	-0.0106	0.0133	0.0006	-0.0062	0.0175	-0.0049	0.0090	-0.0071	0.0069	-0.0041
	5	-0.0060	-0.0100	0.0056	-0.0150	0.0006	-0.0101	0.0135	0.0003	-0.0062	0.0184	-0.0054	0.0104	-0.0060	0.0080	-0.0049
	6	-0.0059	-0.0099	0.0054	-0.0146	0.0006	-0.0102	0.0127	0.0006	-0.0056	0.0155	-0.0040	0.0076	-0.0057	0.0054	-0.0032
	7	-0.0059	-0.0099	0.0054	-0.0146	0.0006	-0.0102	0.0127	-0.0051	-0.0006	0.0126	-0.0038	0.0071	-0.0060	0.0051	-0.0030
	8	-0.0059	-0.0099	0.0054	-0.0145	0.0006	-0.0102	0.0126	0.0006	-0.0055	0.0153	-0.0040	0.0074	-0.0056	0.0053	-0.0031
	9	-0.0059	-0.0099	0.0054	-0.0146	0.0006	-0.0102	0.0127	0.0003	-0.0053	0.0154	-0.0041	0.0076	-0.0058	0.0054	-0.0032
	10	-0.0059	-0.0099	0.0054	-0.0146	0.0006	-0.0102	0.0127	0.0006	-0.0056	0.0156	-0.0042	0.0078	-0.0044	0.0054	-0.0032
	11	-0.0060	-0.0100	0.0055	-0.0149	0.0006	-0.0099	0.0132	0.0003	-0.0059	0.0173	-0.0048	0.0098	-0.0067	0.0073	-0.0045
	12	-0.0059	-0.0099	0.0054	-0.0145	0.0006	-0.0102	0.0126	0.0005	-0.0054	0.0153	-0.0041	0.0078	-0.0020	0.0050	-0.0029
	⋮	⋮	⋮	⋮	⋮	⋮	⋮	⋮	⋮	⋮	⋮	⋮	⋮	⋮	⋮	⋮

续表 5-26

样本序列		Y_1	Y_2	Y_3	Y_4	Y_5	Y_6	Y_7	Y_8	Y_9	Y_{10}	Y_{11}	Y_{12}	Y_{13}	Y_{14}	Y_{15}
期望输出	167	-0. 0057	-0. 0099	0. 0055	-0. 0147	0. 0006	-0. 0105	0. 0126	0. 0007	-0. 0061	0. 0170	-0. 0051	0. 0102	-0. 0089	0. 0091	0. 0487
	168	-0. 0059	-0. 0099	0. 0055	-0. 0143	0. 0011	-0. 0102	0. 0126	0. 0006	-0. 0057	0. 0150	-0. 0040	0. 0075	-0. 0057	0. 0053	-0. 0031
	169	-0. 0031	-0. 0100	0. 0059	-0. 0160	0. 0008	-0. 0124	0. 0157	0. 0012	-0. 0108	0. 0322	-0. 0159	0. 0338	-0. 0388	0. 0896	0. 6706
	170	-0. 0057	-0. 0099	0. 0055	-0. 0146	0. 0006	-0. 0103	0. 0127	0. 0007	-0. 0061	0. 0150	-0. 0041	0. 0078	-0. 0060	0. 0057	-0. 0034
	171	-0. 0058	-0. 0098	0. 0054	-0. 0142	0. 0007	-0. 0104	0. 0128	0. 0007	-0. 0061	0. 0153	-0. 0043	0. 0078	-0. 0062	0. 0058	-0. 0038
	172	-0. 0060	-0. 0100	0. 0056	-0. 0141	0. 0009	-0. 0105	0. 0130	0. 0007	-0. 0062	0. 0169	-0. 0044	0. 0095	-0. 0073	0. 0087	-0. 0063
	173	-0. 0061	-0. 0102	0. 0058	-0. 0155	0. 0003	-0. 0116	0. 0139	0. 0009	-0. 0080	0. 0230	-0. 0070	0. 0153	-0. 0125	0. 0189	-0. 0136
	174	-0. 0059	-0. 0099	0. 0054	-0. 0146	0. 0006	-0. 0103	0. 0127	0. 0006	-0. 0056	0. 0157	-0. 0041	0. 0078	-0. 0060	0. 0057	-0. 0036
	175	-0. 0060	-0. 0101	0. 0053	-0. 0150	0. 0006	-0. 0109	0. 0136	0. 0008	-0. 0069	0. 0194	-0. 0057	0. 0113	-0. 0092	0. 0114	-0. 0082
	176	-0. 0059	-0. 0099	0. 0054	-0. 0144	0. 0008	-0. 0102	0. 0126	0. 0006	-0. 0055	0. 0152	-0. 0040	0. 0074	-0. 0057	0. 0043	-0. 0030
	177	-0. 0006	-0. 0092	0. 0060	-0. 0110	0. 0062	-0. 0103	0. 0127	0. 0008	-0. 0068	0. 0141	-0. 0042	0. 0080	-0. 0065	0. 0064	-0. 0035
	178	-0. 0059	-0. 0099	0. 0054	-0. 0146	0. 0007	-0. 0103	0. 0128	0. 0007	-0. 0062	0. 0153	-0. 0045	0. 0086	-0. 0070	0. 0094	-0. 0085
	179	-0. 0060	-0. 0104	0. 0059	-0. 0160	0. 0007	-0. 0123	0. 0158	0. 0012	-0. 0107	0. 0317	-0. 0158	0. 0334	-0. 0383	0. 0873	0. 6688
	180	-0. 0058	-0. 0101	0. 0062	-0. 0107	0. 0087	-0. 0105	0. 0129	0. 0010	-0. 0092	0. 0097	-0. 0039	0. 0081	-0. 0067	0. 0070	-0. 0048
	181	-0. 0060	-0. 0102	0. 0070	-0. 0056	0. 0129	-0. 0103	0. 0125	0. 0007	-0. 0066	0. 0155	-0. 0046	0. 0087	-0. 0073	0. 0071	-0. 0037
	182	-0. 0059	-0. 0099	0. 0054	-0. 0146	0. 0006	-0. 0102	0. 0127	0. 0006	-0. 0056	0. 0155	-0. 0041	0. 0076	-0. 0058	0. 0050	-0. 0023
	183	-0. 0060	-0. 0100	0. 0055	-0. 0149	0. 0006	-0. 0107	0. 0132	0. 0007	-0. 0064	0. 0179	-0. 0051	0. 0097	-0. 0077	0. 0084	-0. 0052
	184	-0. 0059	-0. 0099	0. 0055	-0. 0144	0. 0009	-0. 0102	0. 0126	0. 0007	-0. 0063	0. 0137	-0. 0039	0. 0073	-0. 0056	0. 0053	-0. 0031
	185	-0. 0059	-0. 0099	0. 0055	-0. 0140	0. 0012	-0. 0102	0. 0125	0. 0006	-0. 0055	0. 0152	-0. 0040	0. 0074	-0. 0056	0. 0052	-0. 0020
	186	-0. 0058	-0. 0100	0. 0049	-0. 0147	0. 0006	-0. 0106	0. 0131	0. 0007	-0. 0064	0. 0168	-0. 0048	0. 0095	-0. 0076	0. 0099	-0. 0083

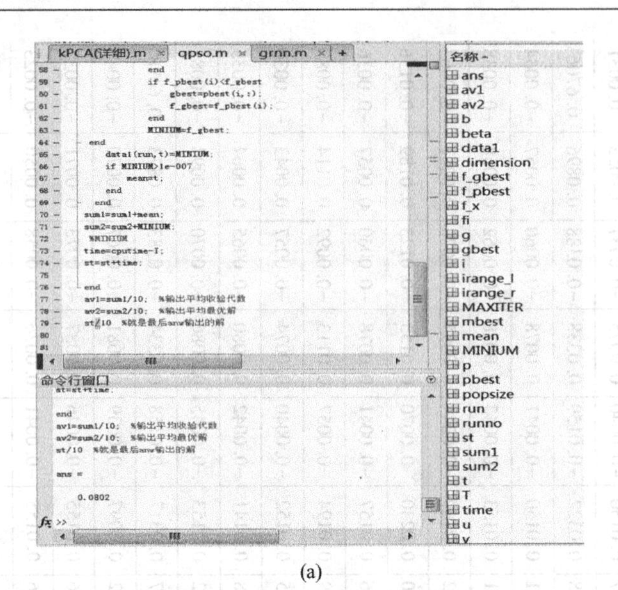

(a)

(b)

图 5-56　KPCA-QPSO-GRNN 模型迭代寻优过程

由迭代过程的分析结果可知，QPSO 在第 82 世代开始发生收敛，此刻对应的均方根误差最小，RMSE = 0.0397，计算对应的最佳 Spread 的参考值为 0.8。故确定光滑因子为 0.08。确定了光滑因子 σ 后，将样本数据导入 MatlabR2014a 中，设置好光滑因子 $\sigma = 0.08$，然后利用训练好的网络对测试样本进行预测和预估（伪代码见附录），分析结果见表 5-27、表 5-28。

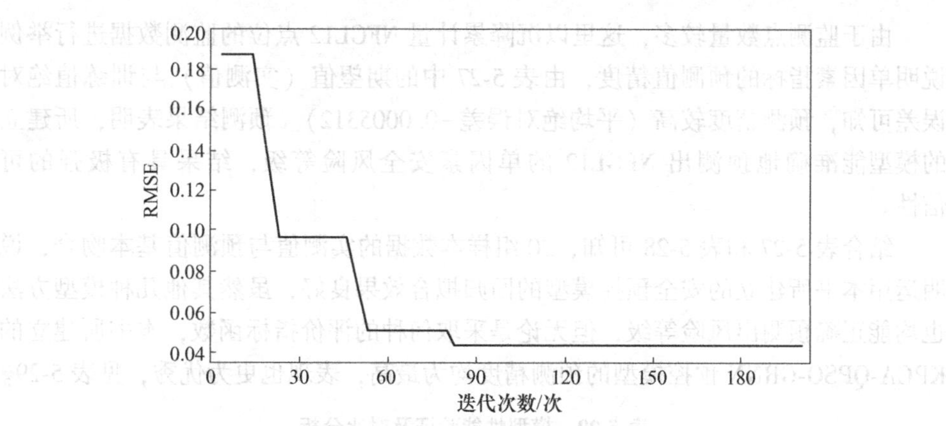

图 5-57　KPCA-QPSO-GRNN 模型迭代寻优过程（确定最佳光滑因子解）

表 5-27　GRNN 广义回归神经网络预测（预警）结果与绝对误差（NFGL12）

样本编号	期望值/mm	预测值/mm	绝对误差/mm	样本编号	期望值/mm	预测值/mm	绝对误差/mm
167	0.012 绿	0.012121 绿	-0.000121	177	0.026 绿	0.026014 绿	-0.000014
168	0.018 绿	0.017952 绿	0.000048	178	0.042 红	0.041982 红	0.000018
169	0.018 绿	0.017985 绿	0.000015	179	0.021 绿	0.021131 绿	-0.000131
170	0.032 黄	0.032114 黄	-0.000114	180	0.031 黄	0.031325 黄	-0.000325
171	0.001 绿	0.001035 绿	-0.000035	181	0.012 绿	0.011948 绿	0.000052
172	0.001 绿	0.009942 绿	-0.008942	182	0.011 绿	0.011042 绿	-0.000042
173	0.330 黄	0.330213 黄	-0.000213	183	0.003 绿	0.003002 绿	-0.000002
174	0.330 黄	0.330146 黄	-0.000146	184	0.011 绿	0.010321 绿	0.000679
175	0.020 绿	0.019894 绿	0.000106	185	0.020 绿	0.021321 绿	-0.001321
176	0.028 绿	0.028013 绿	-0.000013	186	0.011 绿	0.011123 绿	-0.000123

表 5-28　KPCA-QPSO-GRNN 广义回归神经网络预测结果与相对误差分析

样本编号	安全风险等级	风险等级预测值	相对误差/%	样本编号	安全风险等级	风险等级预测值	相对误差/%
167	Ⅰ	0.144539	3.319	177	Ⅰ	0.144638	2.058
168	Ⅰ	0.134632	3.174	178	Ⅳ	0.672125	2.167
169	Ⅲ	0.456563	2.319	179	Ⅱ	0.231256	2.178
170	Ⅰ	0.136311	3.282	180	Ⅰ	0.114157	3.163
171	Ⅰ	0.156421	3.042	181	Ⅰ	0.153133	3.324
172	Ⅰ	0.124513	2.019	182	Ⅰ	0.121234	3.304
173	Ⅰ	0.094512	3.055	183	Ⅰ	0.185674	3.244
174	Ⅱ	0.271257	2.179	184	Ⅱ	0.231256	2.097
175	Ⅱ	0.253416	2.284	185	Ⅲ	0.441461	2.252
176	Ⅱ	0.241756	2.120	186	Ⅲ	0.463232	3.318

注：MSRE = 0.0213，MAE = 0.0476，RMSE = 0.1238。

由于监测点数量较多，这里以沉降累计量 NFGL12 点位的监测数据进行举例说明单因素指标的预测值精度，由表 5-27 中的期望值（实测值）与训练值绝对误差可知，预测精度较高（平均绝对误差-0.0005312）。预测结果表明，所建立的模型能准确地预测出 NFGL12 的单因素安全风险等级，结果具有极强的可信性。

结合表 5-27 和表 5-28 可知，20 组样本数据的实测值与预测值基本吻合，说明运用本书所建立的安全预控模型的回归拟合效果良好，虽然其他几种模型方法也均能正确预测出风险等级，但无论是采取何种的评价指标函数，本书所建立的 KPCA-QPSO-GRNN 预控模型的预测精度均为最高，表现也更为优秀，见表 5-29。

表 5-29　模型性能验证及对比分析

序号	安全风险等级	MSRE	MAE	RMSE	误差率/%
1	RBF	0.0562	0.1532	0.3738	7.2378
2	GRNN	0.0421	0.1150	0.3525	7.6953
3	PSO-GRNN	0.0462	0.0954	0.1231	5.6130
4	PCA-GRNN	0.0330	0.0603	0.2854	11.6324
5	PCA-PSO-GRNN	0.0373	0.0642	0.2335	6.7832
6	KPCA-PSO-GRNN	0.0352	0.0574	0.1931	4.6230
7	本书提出的方法	0.0213	0.0476	0.1238	2.6931

5.4.3　预控分析结果

从上节可以看出，KPCA-QPSO-GRNN 安全预控模型的精度很高，可以满足重型机械加工场主厂房工程实际的要求，在此将其安全预控分析过程介绍如下。

5.4.3.1　多元耦合作用下单因素安全风险预警预控过程分析

通过对数据的自动化收集，并基于所建立的 KPCA-QPSO-GRNN 预控模型，可实时得到重型机械加工场主厂房再生利用施工中 45 个施工安全预控指标各自的风险等级预测结果（发展趋势），为方便描述，以单因素指标点位 NFGL12 的沉降速率在施工周期内的安全风险预警预控过程进行深入分析，如图 5-58 所示。

从图 5-58 中可以看出，代表实测值的黑色曲线在整个施工周期内风险整体可控，在第 73、75、76、77、78、83 和 85 施工周期段内的单因素风险等级为 b 级（处理后可接受），在第 74 个施工周期段内的单因素风险等级为 c 级（拒绝接受），其余施工周期段内的单因素风险等级均为 a 级（可忽略）。从风险等级的整体变化趋势可知，施工周期内总体风险是平稳的、可控的，但从第 72 施工周期段开始，施工风险等级预测曲线显示，风险正朝着危险的方向变化，在未来数天内达到 c 级（拒绝接受），随即发出单因素指标安全风险预警。针对预警报告，

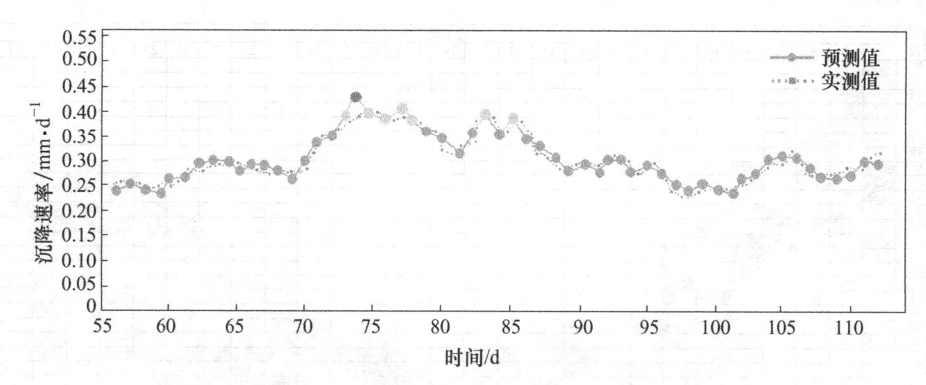

图 5-58 重型机械加工场主厂房再生利用施工单因素安全风险预警

在安全事故发生之前，通过提前介入并开展现场调查（排查检测报告、施工方案、临时措施、作业强度、荷载分布等），最后发现导致上述问题的主要原因是：在第 70 个施工周期段内，点位 NFGL12 处的排架柱因地基在服役期间长期受污水管浸泡（该侧为排水沟），地基土流失严重，承载力下降，且在内部增层过程中，随着新增改建结构层数的增加，荷载不断增大并传递至该处排架柱，导致其累计沉降暂时可控但变形速率超出了安全限值。至此，通过对该区域排架柱地基进行注浆加固处理后，该点位的沉降速率回归到了《建筑变形测量规范》（JGJ 8）规定的不大于 0.02~0.04mm/日沉降稳定性指标要求内，警报解除。

从单因素风险等级的预测结果能清晰确定未来某个时间节点上需重点关注的指标因素和所涉及的施工工序。在作业时间和施工工序上动态地对施工安全风险进行预测，实现了单因素风险的预警、预控，确保了多元耦合作用下的重型机械加工场主厂房再生利用施工过程中的结构安全可防可控。经现场调查，其安全风险等级预测趋势及预警结果非常接近工程实际的风险状态。

5.4.3.2 多元耦合作用下结构整体风险预估预控过程分析

通过对数据的自动化收集，并基于所建立的 KPCA-QPSO-GRNN 预控模型，可实时得到重型机械加工场主厂房再生利用施工过程的结构整体安全风险等级预测结果（发展趋势），考虑到施工周期内数据量较大，为方便描述，截取具有代表性的施工阶段，展开对整体风险预估预控结果的分析，如图 5-59 所示。

从总体上看，风险基本上呈“V”形分布，特别是Ⅰ级风险、Ⅱ级风险、Ⅲ级风险，分布的规律较其他风险明显。Ⅴ级风险随施工进度呈现随机分布。Ⅳ级风险随施工进度大致呈“阶梯形”分布，主要集中在构件切除、托梁轴柱、内部增层施工开始至施工完成期间。从施工段的角度分析，Ⅰ级风险主要分布在每个施工段的前期和后期，Ⅱ级风险主要分布在施工的前期，Ⅲ级风险主要分布在施工的中期，而Ⅳ级风险、Ⅴ级风险均是按照较低水平向较高水平，再降为低水

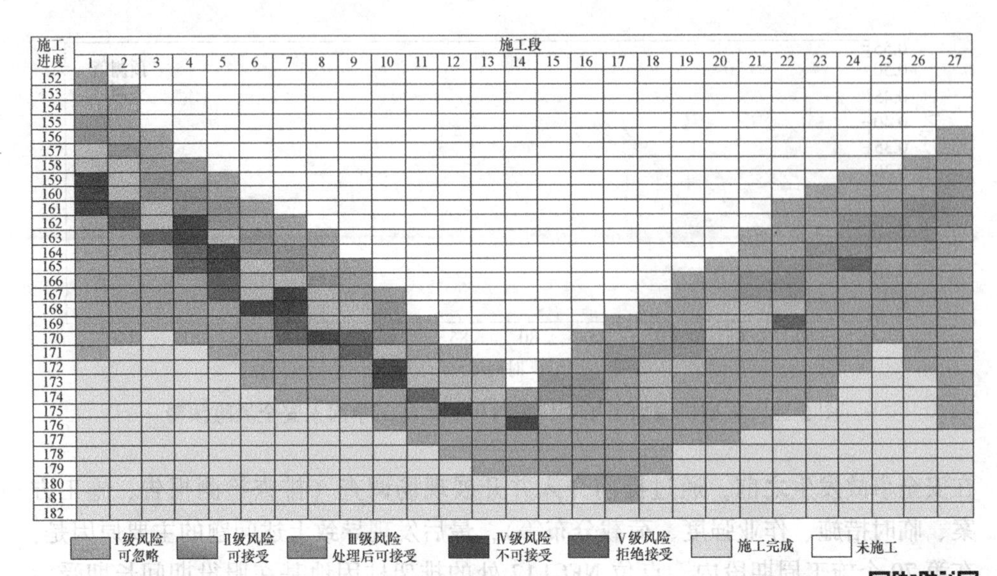

图 5-59 重型机械加工场主厂房再生利用施工结构整体安全风险预估

扫二维码
查看彩图

平的规律变化。按照上述“风险”预估报告，对不可接受的Ⅳ级风险、拒绝接受的Ⅴ级风险进行提前介入，锁定风险位置及时间，并立即组织人员对施工现场进行风险排查，先后对诸如施工方案、施工工序、作业环境、荷载变化等展开实地分析。通过现场排查准确高效地确认风险来源并提前采用有效措施进行预控，例如：托架安装过程中，因排架柱端部施工作业空间狭窄，工人未严格按施工工序进行柱端及托架两端的固定工作，并且卸荷支撑措施不到位，导致排架柱端部及牛腿柱端部侧移速率过大，且有不断发展的趋势，该诊断结果和实际情况相符合。在实际施工过程中，针对当天的风险情况，给出相应的安全应对建议。施工单位立即组织工人对存在问题区域进行返工和加固临时支撑等措施，接下来的监测周期内，侧移速率降低，侧移情况明显得到改善。依此类推，后一步的工作则继续按此方式进行，影响速率变化的不利因素被层层控制，直至侧移速率被有效地控制为止。

从整体的风险等级预估结果能清晰地确定未来某个时间节点上需重点关注和控制的施工区域，在作业时间和作业空间上动态地对重型机械加工场主厂房再生利用施工安全风险进行预测，实现风险的预警和预估，确保了多元耦合作用下的重型机械加工场主厂房再生利用施工过程中的结构安全可防可控。经现场调查其安全风险等级预测趋势及预估结果非常接近工程实际的风险状态。

5.4.3.3 其他典型项目实例验证过程分析

从上述分析可以看出，KPCA-QPSO-GRNN 模型预测准确度高，可以满足重型机械加工场主厂房工程实际的要求，KPCA 算法由核映射将数据映射到高维核空间，然后使用PCA方法进行非线性扩展处理，充分利用了高阶统计信息，对多元耦合作用下的旧工业建筑再生利用施工安全预控有重要的实践意义。但是鉴于模型的普遍性未知，为了验证模型是否适用于其他旧工业建筑再生利用项目，本文再引入FLYBC风雷仪表厂、LYTLJC洛阳拖拉机厂、SXGTC陕西钢铁厂再生利用施工过程中的相关监测数据加以验证，验证结果表明，改进后的GRNN广义回归神经网络在验证过程中表现出了极好的适应性，主要体现在数据收敛速度很快、数据分析精度很高，且与实测数据拟合程度较高等方面。此外，在具体的施工安全预控方面，能够实现如重型机械加工场主厂房再生利用施工安全预控的工作内容，达到了预期的效果，进而验证了模型的适应性和可信性。

参 考 文 献

[1] 李慧民 . 土木工程安全管理教程 [M]. 北京：冶金工业出版社，2013.

[2] 李慧民 . 土木工程安全检测与鉴定 [M]. 北京：冶金工业出版社，2014.

[3] 李慧民 . 土木工程安全生产与事故案例分析 [M]. 北京：冶金工业出版社，2015.

[4] 孟海，李慧民 . 土木工程安全检测、鉴定、加固修复案例分析 [M]. 北京：冶金工业出版社，2016.

[5] 李慧民 . BIM 技术应用基础教程 [M]. 北京：冶金工业出版社，2017.

[6] 彭涛 . 混凝土斜拉桥有限元模型修正与运营期时变效应研究 [D]. 长沙：长沙理工大学，2018.

[7] 朱盛奇 . 基于监测数据的结构施工过程性态分析 [D]. 哈尔滨：哈尔滨工业大学，2018.

[8] 唐清慧 . 基于改进 NSGA-Ⅲ算法的电力系统高维目标潮流优化研究 [D]. 厦门：厦门大学，2017.

[9] 曾巧 . 托梁抽柱施工过程模拟方法的研究 [D]. 哈尔滨：哈尔滨工业大学，2014.

[10] 金恩平 . 空间网格结构健康监测与安全性评价方法研究 [D]. 兰州：兰州理工大学，2011.

[11] 刘伟 . 空间网格结构健康监测系统关键技术研究 [D]. 哈尔滨：哈尔滨工业大学，2009.

[12] 李斌 . 基于 EI 及 MAC 混合算法的传感器优化布置研究 [D]. 西安：长安大学，2013.

[13] 李晓晨，聂兴信 . 充填管道磨损风险的 KPCA-PSO-GRNN 评估模型及应用 [J]. 有色金属工程，2019，9 (2)：84~92.

[14] 何亚伯，汪琴 . 基于典型相关分析的 GRNN 大跨度连续梁桥施工参数识别 [J]. 科学技术与工程，2013，13 (4)：942~946.

[15] 王民，赵渊，刘利，等 . 基于量子粒子群优化广义回归神经网络的语音转换方法 [J]. 液晶与显示，2018，33 (2)：165~173.

[16] 朱盛奇 . 基于监测数据的结构施工过程性态分析 [D]. 哈尔滨：哈尔滨工业大学，2018.

冶金工业出版社部分图书推荐